ALLE ZEIT WACH
1842

Rainer Friedrich

Umweltpolitische Maßnahmen zur Luftreinhaltung

Kosten-Nutzen-Analyse

Mit 32 Abbildungen und 12 Tabellen

Springer-Verlag
Berlin Heidelberg New York
London Paris Tokyo
Hong Kong Barcelona Budapest

Dr.-Ing. habil. Rainer Friedrich

Institut für Energiewirtschaft und Rationelle Energieanwendung
Universität Stuttgart
Heßbrühlstraße 49a, D - 70565 Stuttgart

ISBN 978-3-642-50989-6 ISBN 978-3-642-50988-9 (eBook)
DOI 10.1007/978-3-642-50988-9

Die Deutsche Bibliothek - CIP-Einheitsaufnahme
Friedrich, Rainer:
Umweltpolitische Maßnahmen zur Luftreinhaltung: Kosten-Nutzen-Analyse; mit 12 Tabellen / Rainer Friedrich. - Berlin; Heidelberg ; New York ; London ; Paris ; Tokyo ; Hong Kong; Barcelona ; Budapest: Springer 1993
ISBN 978-3-642-50989-6

Softcover reprint of the hardcover 1st edition 1993

Satz: Reproduktionsfertige Vorlagen vom Autor

62/3020 - 5 4 3 2 1 0 Gedruckt auf säurefreiem Papier

Vorwort

Luftverunreinigungen können jährliche Schäden in Milliardenhöhe verursachen; die Verminderung von Luftschadstoffemissionen ist daher dringend geboten. Allerdings ist reinere Luft nicht zum Nulltarif zu haben, vielmehr entstehen für die Maßnahmen zur Schadstoffminderung Kosten in Milliardenhöhe. Dies zeigt, daß eine verantwortungsvolle Umweltpolitik ökologische und ökonomische Folgen von Entscheidungen auf dem Gebiet der Luftreinhaltung gleichermaßen berücksichtigen muß. Insbesondere kommt es darauf an, Umweltschutzziele effizient, also mit möglichst geringen Kosten zu erreichen. Die vorliegende Arbeit soll dazu Hinweise und Entscheidungshilfen geben.

Im ersten Teil wird daher untersucht, wie effiziente Strategien zur Verminderung von Luftschadstoffen ermittelt werden können. Der hierfür entwickelte methodische Ansatz wird nicht nur theoretisch abgeleitet, sondern vielmehr anhand der Emissionsquellen eines Bundeslandes an einem realen Beispiel erprobt.

Im zweiten Teil der vorliegenden Arbeit wird untersucht, auf welche Weise der Staat erreichen kann, daß die als effizient erkannten Luftreinhaltemaßnahmen in der Praxis auch durchgeführt werden. Diese Problematik wird inzwischen in der Öffentlichkeit intensiv diskutiert. Da marktwirtschaftliche Mechanismen bei der Allokation von volkswirtschaftlichen Ressourcen offenbar Vorteile gegenüber zentralen staatlichen Planungen aufweisen, stellt sich die Frage, ob nicht auch beim Umweltschutz marktwirtschaftliche Instrumente zur Verbesserung der Effizienz der Luftreinhaltung beitragen können. In dieser Arbeit wird daher die Eignung verschiedener umweltpolitischer Instrumente zur Durchsetzung einer effizienten Luftreinhaltung untersucht und bewertet. Dies wird wiederum nicht abstrakt, sondern anhand von existierenden Emissionsquellen durchgeführt.

Bei der Bearbeitung dieser Studie wurde ich von einer Reihe von Kolleginnen und Kollegen unterstützt. Mein Dank gilt insbesondere Frau Dipl.-Ing. B. Boysen für die Bereitstellung von Daten aus dem Sektor Verkehr, Herrn Dipl.-Ing. P. Schaumann und Herrn cand. Inform. D. Walkenhorst für die Ermittlung von Daten im Bereich der Feuerungen und Herrn Dr. U. Fahl für das Zurverfügungstellen von Programmen zur Input-Output-Analyse. Mein besonderer Dank gilt auch Herrn Prof. Dr. A. Voß und Herrn Prof. Dr. A. Schatz für zahlreiche Hinweise und Anregungen sowie Frau B. Haßmann für das Schreiben des Manuskripts.

Stuttgart, im Juli 1993 R. Friedrich

Inhaltsverzeichnis

Abkürzungsverzeichnis

A	Untersuchungsfläche
A_{ik}	Abgabe pro emittierter Einheit des Schadstoffs k beim Emittenten i
E_{ik}	Emission des Schadstoffs k aus Emissionsquelle i
E_{iok}	Emission des Schadstoffs k aus Emissionsquelle i ohne Emissionsminderungsmaßnahmen
EM	Emissionsminderung
EM_{ijk}	Emissionsminderung des Schadstoffs k bei der Emissionsquelle i durch die Maßnahme oder Maßnahmenkombination j
i	Index zur Unterscheidung der verschiedenen Emissionsquellen i = (1,...,m)
I_k $(\vec{r})$	Immission (Schadstoffkonzentration) des Schadstoffs k am Ort $(\vec{r})$
j	Index zur Unterscheidung von Maßnahmen bzw. Maßnahmenkombinationen zur Verminderung von Luftschadstoffemissionen, j = (1,...,n)
K	Kosten
K_{ij}	Kosten der Durchführung der Maßnahme oder Maßnahmenkombination M_{ij} beim Emittenten i
k	Index zur Unterscheidung der Luftschadstoffe, k = (1,...,p)

M_l	Emissionsminderungsstrategien
M_{ij}	Maßnahme oder Maßnahmenkombination j zur Verringerung von Emissionen beim Emittenten i
S	Schaden durch Luftverunreinigungen
$s(\vec{r})$	Schaden durch Luftverunreinigungen am Ort $\vec{r}$
W	Wohlfahrt, Wohlfahrtsfunktion
Z_k	Preis für ein Zertifikat, das die Emission einer Einheit des Schadstoffs k erlaubt
$\alpha_{ik}(\vec{r})$	Ausbreitungsfunktion, beschreibt die Immission des Schadstoffs k am Ort $\vec{r}$ bei Emission einer Einheit von k beim Emittenten i
β_{ik}	Grenzschaden, der durch die Emission einer zusätzlichen marginalen Einheit des Schadstoffs k beim Emittenten i entsteht
β_{ik}^*	Grenzkosten der Minderung einer zusätzlichen Einheit des Schadstoffs k beim Emittenten i
$\gamma_k(\vec{r})$	Schaden am Ort $\vec{r}$ bei Erhöhung der Immission I_k am Ort $\vec{r}$ um eine Einheit
ΔSK_{ij}	spezifische Differenzkosten, Kosten pro zusätzlich vermiedener Emission einer Einheit Schadstoff bei Übergang von Maßnahme j-1 zu Maßnahme j beim Emittenten i
λ	Luftverhältnis bei Feuerungen und Motoren

1 Problemstellung

In den letzten Jahren hat die Luftreinhaltung in der Bundesrepublik Deutschland eine große Bedeutung in der politischen und öffentlichen Diskussion erlangt. Ursache für diesen Wertewandel war vor allem, daß beträchtliche Schäden auftraten bzw. in das öffentliche Bewußtsein rückten, als deren Verursacher die Luftschadstoffe vermutet werden. Beispielhaft sind hier die neuartigen Waldschäden zu nennen; aber auch Beeinträchtigungen der menschlichen Gesundheit und Schäden an Materialien bzw. Bauwerken werden den Luftschadstoffen angelastet. In jüngster Zeit werden zunehmend die Veränderungen des Klimas durch die Anreicherung von Treibhausgasen, insbesondere des Kohlendioxids, in der Atmosphäre diskutiert.

Als Folge davon hat die Politik reagiert und eine ganze Reihe von umweltpolitischen Maßnahmen zur Vermeidung der Luftverschmutzung eingeleitet. Beispiele sind der Erlaß der Großfeuerungsanlagenverordnung, die Novellierung der TA-Luft und die Einführung verschärfter Emissionsgrenzwerte bei Pkw. Diese und andere Maßnahmen haben - je nach Schadstoff und Emittentengruppe - zu mehr oder weniger drastischen Minderungen von Luftschadstoffemissionen geführt. Dennoch ist die Kritik an der Umweltpolitik nicht verstummt.

Da ist einmal die Kritik am Ausmaß der Emissionsminderung, die häufig aus der Sicht der Interessen des Einzelnen erfolgt. Vorherrschend sind zwei Argumente: Anforderungen, die die eigene Anlage (oder das eigene Auto usw.) betreffen, werden als zu weitgehend (teuer, wettbewerbsgefährdend) kritisiert; Anforderungen an andere (z. B. Industriebetriebe, Kraftwerksbetreiber) werden dagegen oft als zu niedrig empfunden. Die Frage, welches Emissionsniveau denn anzustreben ist, ist allerdings, wie im nachfolgenden Kapitel noch näher erläutert wird, mit wissenschaftlichen Mitteln bzw. 'objektiven' Verfahren nicht zu beantworten. Dies wird damit ein Streitpunkt bleiben, der durch die üblichen demokratischen Verfahren bewältigt werden muß.

Ist das Ziel der Luftreinhaltepolitik einmal festgelegt, so muß als nächstes die Frage beantwortet werden, welche Schadstoffminderungsmaßnahmen bei welchem Emittenten durchgeführt werden müssen, um das gewünschte Ziel mit den geringst möglichen Kosten für die Volkswirtschaft zu erreichen. Dasjenige Maßnahmenbündel, das dieses Kriterium erfüllt, wird im folgenden als optimale Schadstoffminderungsstrategie bezeichnet.

Die Ermittlung dieses optimalen Maßnahmenbündels ist jedoch aus mehreren Gründen nicht einfach:

- Zu berücksichtigen ist eine Vielzahl von unterschiedlichen Emittenten und Emittentengruppen mit jeweils unterschiedlichen Strukturen und der Möglichkeit, eine Vielzahl von verschiedenen, untereinander teilweise kombinierbaren Schadstoffminderungsmaßnahmen einzusetzen.
  Die Strukturen von Feuerungsanlagen >5 MW, insbesondere die Zusammensetzung der Kessel und der jeweils einsetzbaren Brennstoffe sowie Auslastung bzw. Fahrweise der Kessel, sind von Anlage zu Anlage verschieden. Somit sind auch die spezifischen Kosten von Minderungsmaßnahmen pro kg vermiedenem Schadstoff und damit die Effizienz der Maßnahmen von Anlage zu Anlage unterschiedlich. Es ist daher nicht möglich, die größeren Feuerungsanlagen zu Anlagenklassen zusammenzufassen, wenn man optimale Minderungsstrategien bestimmen will; vielmehr muß jede Anlage getrennt untersucht werden. Daß es überhaupt möglich ist, die entsprechende Menge von Einzeldaten für größere Untersuchungsgebiete zu ermitteln und zu verarbeiten, wurde erstmals durch eigene Arbeiten /1, 2/ gezeigt.

- Bei der Ermittlung der optimalen Emissionsminderungsstrategie ist zu berücksichtigen, daß die Maßnahmen sich bezüglich Effektivität und Kosten gegenseitig beeinflussen. Z. B. hängt die Effektivität, also die erzielte Emissionsminderung einer Rauchgasentschwefelungsanlage vom Schwefelgehalt des Rauchgases und damit vom Grad der Entschwefelung des eingesetzten Brennstoffs ab, die Effektivität und die Kosten einer DENOX-Anlage werden von den eingesetzten Primärmaßnahmen mit bestimmt. Einige Maßnahmen lassen sich weitgehend kombinieren, andere sind dagegen aus technischen Gründen nicht gleichzeitig einsetzbar.
  Eine getrennte Bewertung einzelner Maßnahmen, wie sie z. B. in /3, 4/ für den Sektor Kraftwerke durchgeführt wurde, ist somit allenfalls bei sehr einfach strukturierten Problemen zulässig. Im allgemeinen ist die Auswahl der optimalen Emissionsminderungsstrategie aus allen möglichen Strategien bzw. Maßnahmenbündeln erforderlich. Der Einsatz formalisierter Verfahren zur Optimierung, etwa der dynamischen Programmierung /20/ oder der linearen Programmierung /30/, versagt aber, wenn Emittenten und die jeweils möglichen Maßnahmen und Maßnahmenkombinationen in der für eine realitätsnahe Abbildung erforderlichen Anzahl, etwa für eine Region oder ein Bundesland, berücksichtigt werden sollen, da dann die entstehenden Rechenzeiten nicht mehr praktikabel sind.

- Die Luftreinhaltepolitik kann sich nicht nur einem Schadstoff widmen, sie muß vielmehr die gleichzeitige effiziente Minderung aller Schadstoffe zum Ziel haben. Dies verstärkt aber das angesprochene Problem der Beeinflussung der verschiedenen Maßnahmen untereinander; so kann eine Maßnahme - etwa der Einbau eines Katalysators bei Pkw oder die Substitution eines Brennstoffs durch einen anderen -, die die Emission eines bestimmten Schadstoffs mindern soll, gleichzeitig die Emission anderer Schadstoffe vermindern oder erhöhen. Maßnahmen zur Minderung eines Schadstoffs können den Einsatz von Maßnahmen zur Minderung eines anderen Schadstoffs verhindern oder begünstigen. In jedem Fall steigt die Zahl der zu berücksichtigenden Strategien erheblich an, wenn mehr als ein Schadstoff betrachtet werden soll.

Nicht zuletzt auf Grund dieser Schwierigkeiten sind geeignete Methoden zur Ermittlung der im Sinne einer Wohlfahrtsmaximierung optimalen Emissionsminderungsstrategie bei Vorliegen vieler Emittenten bisher nicht verfügbar. Daher werden im ersten Teil dieser Arbeit die theoretischen Grundlagen für ein neues Optimierungsverfahren entwickelt. Mit Hilfe dieses Verfahrens werden anschließend optimale Emissionsminderungsstrategien berechnet.

Ist die optimale Emissionsminderungsstrategie bekannt, so ist damit geklärt, mit welchen Maßnahmen das gewünschte Umweltschutzziel am kostengünstigsten erreicht werden kann. Es stellt sich nun die Frage, wie der Staat erreichen kann, daß diese als besonders effizient erkannten Maßnahmen von den Betreibern von emittierenden Anlagen auch tatsächlich durchgeführt werden. Offenbar müssen durch den Einsatz geeigneter umweltpolitischer Instrumente Rahmenbedingungen gesetzt werden, die die Betreiber von Emissionsquellen zu den erwünschten Handlungen veranlassen.

Das umweltpolitische Instrument, das die derzeitige Luftreinhaltepolitik kennzeichnet, ist die Auflage. Insbesondere wird die Schadstoffkonzentration im Rauchgas oder - bei Fahrzeugen -die emittierte Menge von Schadstoffen pro Fahrzyklus limitiert, wobei der Grenzwert von der Art des Brennstoffs, der Größenklasse der Feuerungsanlage, der Hubraumklasse des Fahrzeugs oder ähnlichen Größen abhängt.

Diese hauptsächlich mit Auflagen operierende Umweltpolitik wird jedoch von einer Reihe von Ökonomen mehr und mehr kritisiert.

Die Kritik wird dabei je nach Autor mehr oder weniger heftig vorgetragen; sie reicht von der Aussage, daß '...bei der Auflagenlösung eine gesamtwirtschaftlich ineffizientere Verwendung der Mittel im Umweltschutz wahrscheinlich zu sein scheint' /5/ bis zur Feststellung, daß der deutschen Luftreinhaltepolitik 'ein gravierendes allokationspolitisches Versagen, eine innovationshemmende Wirkung sowie ihre mangelnde Systemkonformität' /6/ zu bescheinigen sei.

Der hauptsächliche Einwand gegen die derzeit angewandte Auflagenpolitik ist, daß starre Auflagen die unterschiedlichen Emissionsminderungskosten der verschiedenen Anlagen, für die die Auflage gilt, nicht ausreichend berücksichtigten. Würde man dagegen je nach den individuellen Kosten und Möglichkeiten mal mehr, mal weniger Emissionen mindern als von der Auflage gefordert, so könne man gleich hohe Emissionsminderungen mit geringeren Gesamtkosten erreichen.

Ein weiterer Kritikpunkt ist, daß die derzeitigen Immissionsschutzregeln in zu geringem Maße Innovationen auf dem Gebiet von Luftreinhaltemaßnahmen förderten. Zwar gibt es Dynamisierungsklauseln in den Verordnungen zum Immissionsschutzgesetz, die es den Genehmigungsbehörden ermöglichen, die Auflagen für Neuanlagen entsprechend dem Stand der Technik zu verschärfen. Problematisch dabei sei jedoch, daß die Betreiber selbst absolut uninteressiert seien, den Stand der Technik zu verbessern und sich damit womöglich schärfere Auflagen einzuhandeln, so daß der Staat Weiterentwicklungen recht mühsam über Pilot- und Demonstrationsprojekte vorantreiben müsse.

Der Vorschlag der Ökonomie zur Vermeidung dieser Probleme lautet, umweltpolitische Instrumente einzusetzen, die bewirken, daß der Markt dafür sorgt, daß die volkswirtschaftlich optimale Emissionsminderungsstrategie realisiert wird. Diese Grundidee geht auf Pigou /7/ zurück. Dieser schlug 1932 in seinem Beitrag 'The Economics of Welfare' vor, daß die externen Kosten, die mit einer ökonomischen Aktivität verbunden sind, also die Kosten, die nicht der Verursacher, sondern andere, insbesondere die Allgemeinheit zu tragen haben, zu internalisieren seien, indem die Regierung eine Steuer in Höhe der externen Kosten erhebt. Diese Idee ist in der Tat bestechend, da durch die Internalisierung der externen Kosten der Betreiber einen Anreiz hat, die externen Kosten zu mindern, soweit dafür Möglichkeiten vorhanden sind, die kostengünstiger sind als die den vermiedenen externen Kosten entsprechenden Steuern. Darüber hinaus werden Produkte mit hohen externen Kosten, deren Herstellung also z. B. mit hohen Emissionen verbunden ist, stärker pönalisiert. Somit werden Substitutionsprozesse hin zu umweltverträglicheren Produkten im volkswirtschaftlich optimalen Ausmaß gefördert. Und schließlich führt die Steuer dazu, daß der Anlagenbetreiber ein hohes Eigeninteresse hat, die externen Kosten etwa auch durch Innovationen zu senken.

Es ist allerdings bis heute nicht möglich, die externen Kosten quantitativ zu ermitteln. Dieses Problem lösten Baumol und Oates /8/, indem sie im sog. Standard-Preis-Ansatz die Festlegung der anzustrebenden Umweltqualität einfach als politische Aufgabe definieren. Somit muß der Nutzen der Umweltpolitik nicht mehr wissenschaftlich ermittelt werden; vielmehr geht es nun darum, nach Festlegung des Ziels der Luftreinhaltepolitik marktwirtschaftliche Instrumente einzusetzen, um die gewünschte Umweltqualität mit möglichst niedrigem Aufwand zu erreichen.

Seither haben sich eine Vielzahl von Ökonomen der Fragestellung angenommen, welche Instrumente in Frage kommen und wie diese ausgestaltet sein müssen. Beispielhaft für die große Zahl von Veröffentlichungen seien hier die Arbeiten von Siebert /5,9/, Wicke /10/ und Kabelitz /6/ genannt.

Bei der Analyse der Veröffentlichungen zum Thema 'umweltpolitische Instrumente' fällt allerdings auf, daß die Beispiele, die zur Erklärung bzw. zur Überprüfung der dargelegten Theorien und Empfehlungen gewählt werden, überwiegend losgelöst von tatsächlichen Gegebenheiten konstruiert sind.

So findet man häufig, z. B. in /5/, zwei Firmen A und B, deren Kosten der Schadstoffminderung eine stetige und differenzierbare Funktion des Schadstoffminderungsgrades (also des Verhältnisses von abgeschiedener zu ursprünglicher Emission) sind. Die erste Ableitung dieser Funktion - also die Grenzkosten der Schadstoffbeseitigung - nimmt stetig zu; die zweite Ableitung ebenfalls. Diese Eigenschaften sind sehr vorteilhaft, um z. B. mit einem Lagrange-Ansatz die Kosten der Umweltnutzung zu optimieren, sie entsprechen jedoch, wie in Kap. 2

gezeigt wird, nicht den tatsächlichen Eigenschaften von Kosten der Schadstoffminderung bei real existierenden Anlagen.

Darüber hinaus weisen die Minderungskosten der beiden Firmen in den Beispielen gravierende Unterschiede auf. Dennoch gelten für die Firmen die gleichen Auflagen. Auch dies entspricht nicht der Praxis. Bei der vorhandenen Luftreinhaltepolitik sind die Auflagen vielmehr differenziert nach Brennstoffen, Feuerungsart und Anlagengröße, um solche Effekte wie beschrieben möglichst weitgehend zu vermeiden.

Daneben gibt es eine Reihe von praktischen Problemen, wie etwa Kontrollmöglichkeiten, Feststellung der Bemessungsgrundlage oder Verwaltungsaufwand, die ebenfalls nur unter Berücksichtigung der vorhandenen Anlagen bzw. der real vorhandenen Emittentenstruktur, nicht aber in einer theoretisch orientierten ökonomischen Analyse behandelt werden können.

Es liegt daher die Forderung nahe, die von ökonomischer Seite theoretisch abgeleiteten Vorteile der marktwirtschaftlichen Lösungen anhand konkreter Daten und Verhältnisse zu überprüfen.

Analysen, die die realen Verhältnisse auf dem Gebiet der Luftschadstoffemissionen betrachten, gibt es bisher in zweierlei Hinsicht:

Zum einen wurden die Erfahrungen, die in den USA mit marktwirtschaftlichen Instrumenten gesammelt wurden, ausgewertet (siehe z. B. /11, 19/). Angewandt werden in den USA die Methoden der 'Bubble'-, 'Banking'- und 'Offset-Policy'. Bei diesen Möglichkeiten handelt es sich darum,

- Neuanlagen in Belastungsgebieten zu ermöglichen, wenn dabei zum Ausgleich die Emissionen an Altanlagen stärker reduziert werden als neue Emissionen hinzukommen (offset-policy),
- daß Betreiber von Anlagen, die zu einer 'bubble' zusammengefaßt sind, nicht Einzelauflagen für jede Anlage erfüllen müssen, sondern nur insgesamt bestimmte Grenzwerte für alle Anlagen nicht überschreiten dürfen (bubble-policy),
- daß zusätzlich realisierte Emissionsminderungen über die Auflage hinaus, die nicht sofort für andere Anlagen im Rahmen einer offset- oder bubble-policy benötigt werden, als Gutschrift gespeichert werden können (banking).

Wie aus dieser Beschreibung hervorgeht, handelt es sich im wesentlichen um den Versuch, die bestehende Auflagenlösung zu ergänzen; darüberhinaus sind die Ausgangsbedingungen, insbesondere das Niveau der Auflagen, nicht auf deutsche Verhältnisse übertragbar, da in den USA häufig höhere Grenzwerte und damit größere Spielräume für Optimierungen bestehen.

Der einzige Beitrag, der Instrumente zur Luftreinhaltung anhand konkreter deutscher Emittentenstrukturen in größerem Maßstab untersucht, stammt von Rentz et. al. /20/. Allerdings beschränkt sich auch dieser Beitrag auftragsgemäß auf die Untersuchung des 'Bubble'-Konzepts.

Somit bleibt festzuhalten, daß eine vergleichende Untersuchung der wesentlichen Instrumente der Luftreinhaltepolitik, die von den tatsächlichen Gegebenheiten ausgeht, fehlt. Eine Bewertung und tragfähige Empfehlung von Instrumenten kann aber nur aufgrund der realen Situation, nicht dagegen aufgrund fiktiver Modelle durchgeführt werden.

Ziel des zweiten Teils dieser Arbeit ist es daher, das für eine rationale Luftreinhaltepolitik anzuwendende umweltpolitische Instrumentarium zu identifizieren. Hauptpunkt der Untersuchungen ist eine Analyse und Bewertung umweltpolitischer Instrumente unter Berücksichtigung

- der real existierenden Emittentenstruktur und
- der vorhandenen Möglichkeiten zur Emissionsminderung und deren Kosten.

Das Untersuchungsgebiet für eine solche Analyse muß einerseits genügend groß sein, um repräsentative Emittentenstrukturen aufzuweisen. Luftreinhaltepolitik wird auf der Ebene der Länder, des Staates und der EG betrieben und ist somit am Beispiel eines örtlichen Industriegebiets oder einer Gemeinde nicht ausreichend nachzuvollziehen. Andererseits sind zahlreiche Daten über die verschiedenen Emittenten erforderlich, so daß der dafür benötigte Aufwand das Gebiet begrenzt. Für diese Analyse wird daher ein Bundesland, und zwar Baden-Württemberg, als Untersuchungsgebiet ausgewählt.

Es besteht zweifellos Einigkeit darüber, daß ein umfassendes Luftreinhaltekonzept alle schädlichen Stoffe, die in die Luft emittiert werden, berücksichtigen muß. Es ist jedoch auch einsichtig, daß, um den Aufwand vertretbar zu halten, zunächst eine Auswahl unter den zu untersuchenden Schadstoffen getroffen werden muß. Für die vorliegende Untersuchung beispielhaft ausgewählt werden daher die Schadstoffe SO_2 und NO_x; nicht zuletzt deshalb, weil bei diesen mengenmäßig sehr bedeutsamen Schadstoffe am meisten über Emissionsfaktoren und Emittentenstruktur bekannt ist /21/.

Andere Schadstoffe sind entweder hinsichtlich der verursachten Schäden weniger bedeutsam (z. B. CO), oder es liegen noch keine ausreichenden Kenntnisse über die Emissionen vor (z. B. bei gasförmigen organischen Verbindungen).

Auch wenn 'nur' die Schadstoffe SO_2 und NO_x betrachtet werden, so ist die erforderliche Datenmenge doch erheblich. Dies mag etwa dadurch veranschaulicht werden, daß mehrere Millionen Emissionsquellen, darunter 2,3 Mio kleine Feuerungsanlagen, 2100 große (genehmigungspflichtige) Feuerungsanlagen mit ca. 5000 Kesseln sowie mehrere Millionen Fahrzeuge, die sich auf ca. 14 000 Straßenabschnitten außerhalb geschlossener Ortschaften sowie innerhalb der Siedlungsflächen der 1111 Gemeinden Baden-Württembergs bewegen und dabei zur Zeit etwa 70 Mrd. km pro Jahr zurücklegen, betrachtet werden müssen.

Der nachfolgende Bericht ist wie folgt gegliedert:

In Kap. 2 werden die Ziele einer rationalen Luftreinhaltepolitik, ausgehend vom Gesamtziel der Wohlfahrtsoptimierung, definiert. Unter Berücksichtigung der Kostenstruktur von Emissionsminderungsmaßnahmen und Annahmen über die Zusammenhänge zwischen den Luftschadstoffemissionen und den durch diese verursachten Schäden wird ein Verfahren abgeleitet, das zur Berechnung optimaler Emissionsminderungsstrategien eingesetzt werden kann.

Kap. 3 enthält eine Beschreibung der derzeit verfügbaren Techniken und Maßnahmen zur Minderung der SO_2- und NO_x-Emissionen.

In Kap. 4 wird dann das in Kap. 2 beschriebene Verfahren zur Berechnung effizienter Emissionsminderungsstrategien für die Emittenten eines konkreten Untersuchungsgebiets angewendet.

Da solche effiziente Bündel von Maßnahmen nicht nachträglich in der Vergangenheit, sondern nur in der Zukunft realisiert werden können, wird als Referenzjahr der Untersuchung das Jahr 2000 gewählt, d. h., es werden die Auswirkungen von Minderungsstrategien auf die Emissionen im Jahr 2000 abgeschätzt.

Dabei werden zwei Fälle untersucht. Zum einen wird analysiert, wie effiziente Minderungsstrategien ausgehend von einem Zustand ohne Emissionsminderungsmaßnahmen aussehen würden. Diese Ergebnisse werden verwendet, um die sich mit der derzeitigen Auflagenpolitik einstellenden Minderungsmaßnahmen mit denen einer optimalen Strategie vergleichen zu können.

In einer Variante dieser Rechnung wird berücksichtigt, daß durch die derzeitige Luftreinhaltepolitik ja bereits eine ganze Reihe von Maßnahmen implementiert ist. Es wird somit ausgehend von dem Zustand, der sich auf Grund der derzeit vorhandenen Umweltschutzverordnungen einstellt, untersucht, welche zusätzlichen Minderungsstrategien es gibt, um eine über das derzeit Erreichte hinausgehende Emissionsminderung zu erzielen.

Kap. 5 enthält eine Beschreibung der untersuchten umweltpolitischen Instrumente. Als Grundtypen werden Auflagen, Schadstoffsteuern und Zertifikate analysiert, daneben werden auch Varianten dieser Instrumente beschrieben.

Die drei genannten Instrumente werden in Kap. 6 im Hinblick auf die Erfüllung verschiedener Kriterien, nämlich der 'Zielerreichung', der 'dynamischen Anpassungsfähigkeit an veränderte Rahmenbedingungen', der 'Anreizwirkung zur Erzielung technischen Fortschritts' und der 'Kostenbelastung und Auswirkung auf die Wettbewerbsfähigkeit', untersucht und bewertet.

In Kap. 7 werden schließlich die wesentlichen Erkenntnisse kurz zusammengefaßt.

2 Grundzüge einer rationalen Luftreinhaltepolitik

2.1 Ziel einer rationalen Luftreinhaltepolitik

Luft und ihre Bestandteile sind lebensnotwendig für Menschen, Tiere und Pflanzen. Luft ist darüberhinaus erforderlich in der Produktion (z. B. als Druckluft), als Sauerstofflieferant für Verbrennungsvorgänge, zum Transport von Schall, Druck, Wärme und Wasserdampf und zu vielem anderem mehr. Für alle diese Verwendungszwecke steht die Luft kostenlos als öffentliches Gut zur Verfügung. Rein mengenmäßig ist Luft bzw. Sauerstoff für die angegebenen Zwecke mehr als ausreichend vorhanden.

Probleme ergeben sich aber auf Grund einer anderen Nutzung der Luft, und zwar der Verwendung als Medium für die Aufnahme und Verteilung von Schadstoffen. Die Einleitung von Schadstoffen in die Atmosphäre ist ein sehr bequemes und vor allem kostenloses Mittel zur Entsorgung von Schadstoffen. Die emittierten Stoffe werden transportiert und umgewandelt, sie gelangen schließlich zu Rezeptoren wie Haut, Lungenoberfläche, Blättern, Boden, Grundwasser, Oberflächenwasser, Materialien, bei denen sie - entweder direkt oder indirekt, z. B. über die Kette Boden-Pflanze-Tier-Mensch - Schäden verursachen.

Da diese Schäden den Verursachern, also den Emittenten, nicht angelastet werden und somit für diese keine Anreize zur Emissionsminderung bestehen, werden sie entsprechend dem Anfall von Luftschadstoffen bei den Emittenten ansteigen, solange der Staat nicht regulierend eingreift. Der Staat kann nun mit geeigneten Mitteln die Emissionen begrenzen oder vermindern, was zu einer Verminderung der Schäden führt. Andererseits entstehen dabei aber Kosten für die Emissionsminderung, für schadstoffärmere Produktionsprozesse, für die Verwendung von Alternativprodukten, die schadstoffärmer hergestellt werden, oder es entstehen Nachteile durch einen Verzicht auf bestimmte nur umweltschädigend herzustellende Produkte.

Man kann sich modellhaft die Luft in ihrer Eigenschaft als Aufnahmemedium für Schadstoffe als einen Produktionsfaktor, soweit es sich bei den Emittenten um Industriebetriebe handelt, bzw. als Konsumgut (für Emissionen der privaten Haushalte) vorstellen. Die Nutzung dieses Produktionsfaktors bzw. Konsumguts, also die Emission von Stoffen in die Atmosphäre verursacht Schäden. Diese Schäden können im Prinzip monetarisiert, also in Geldwerten ausgedrückt und als

Kosten des Produktionsfaktors Luft bezeichnet werden. Allerdings zahlt diese Kosten zum größten Teil nicht der Verursacher, also der Emittent, sondern der Geschädigte. Die Kosten des Produktionsfaktors Luft gehen nicht in die einzelbetriebliche Rechnung des Emittenten ein, es kommt somit nicht zu einer optimalen Begrenzung und Verteilung der Emissionsrechte, solange der Staat nicht eingreift.

Es ist somit Aufgabe des Staates, Rahmenbedingungen so zu setzen, daß die Emissionen so begrenzt sowie auf die verschiedenen Emissionsquellen verteilt werden, daß der Verlust für die gesamte Volkswirtschaft so gering wie möglich wird.

Allgemeiner ausgedrückt: die Aufgabe einer rationalen Luftreinhaltepolitik besteht darin, die Wirkungen von Luftschadstoffen so zu begrenzen sowie die Nutzungsrechte für Emissionen so zu verteilen, daß die Wohlfahrt maximiert wird.

Die zu maximierende Wohlfahrtsfunktion hängt dabei ab von der Güterproduktion, von der Umweltqualität, speziell der Luftqualität, von der Erfüllung wirtschaftspolitischer Ziele, etwa dem Beschäftigungsgrad, der Inflationsrate, der Zahlungsbilanz, von der Verteilung der erwirtschafteten Güter und von der Erfüllung persönlicher und individueller Ziele, etwa der Gesundheit, der Intensität der sozialen Kontakte, der persönlichen Freiheit usw..

Dabei ist als Randbedingung zu beachten, daß die einzusetzenden Produktionsfaktoren (Arbeit, Kapital, Energieträger, Bodenschätze, Boden und andere Umweltfaktoren) begrenzt sind.

Zwar lassen sich die Ziele einer rationalen Luftreinhaltepolitik so theoretisch definieren, operationale Handlungsanweisungen sind daraus aber nicht ableitbar, weil die Wohlfahrtsfunktion nicht bekannt ist.

Darüber hinaus ist umstritten, ob es überhaupt möglich ist, eine Wohlfahrtsfunktion in geschlossener Form aufzustellen. Zwar ist es prinzipiell möglich, Präferenzfunktionen für Individuen zu erstellen, also zu ermitteln, ob ein gegebener Zustand von einem Individuum besser oder schlechter beurteilt wird als ein alternativer Zustand. Probleme bereitet aber die Zusammenfassung dieser individuellen Funktionen zu einer Gesamtfunktion.

So wird etwa von den Vertretern der paretianischen Wohlfahrtstheorie angenommen, daß Nutzeneinheiten nur ordinal meßbar und daher nicht interpersonell vergleichbar sind. Sobald die Veränderung eines Zustands sowohl den Nutzen von Individuen erhöht als auch den Nutzen anderer Individuen vermindert, kann danach nicht mehr ermittelt werden, ob die Wohlfahrt sich gegenüber dem alten Zustand erhöht oder vermindert hat. Ein Pareto-Optimum ist dann erreicht, wenn es keine Zustandsänderungen unter Beachtung der gegebenen Restriktionen gibt, bei denen ein Individuum besser gestellt ist, ohne daß andere Individuen schlechter gestellt werden als vorher. Die Diskussion unter Ökonomen zur Wohlfahrtstheorie soll hier jedoch nicht ausführlich dargestellt werden (siehe hierzu z. B. /44/).

Um nun trotz der nicht bekannten Wohlfahrtsfunktion weiterzukommen, kann man die *Änderungen* der Wohlfahrt bei Durchführung verschiedener Umweltschutzstrategien untersuchen. Eine Umweltschutzstrategie ist dabei definiert als ein Bündel von Umweltschutzmaßnahmen bei den verschiedenen Umweltbeeinträchtigern. Hat man eine Umweltschutzstrategie definiert, so kann man deren Kosten und Nutzen ausgehend von einem Ausgangszustand (z. B. dem Zustand ohne Umweltschutzmaßnahmen oder dem derzeitigen Zustand) analysieren.

Die Strategie q, bei der die Summe aus den monetarisierten Umweltschäden und den Kosten des Umweltschutzes minimal ist, wird als optimale Umweltschutzstrategie bezeichnet:

$$S_q + K_q \overset{!}{=} \min \tag{2.1}$$

mit

K_q = Kosten der Umweltschutzstrategie q,
S_q = Umweltschäden, die nach Durchführung der Strategie q verbleiben.

Abb. 2.1 soll diese Definition am Beispiel von Luftschadstoffemissionen verdeutlichen.

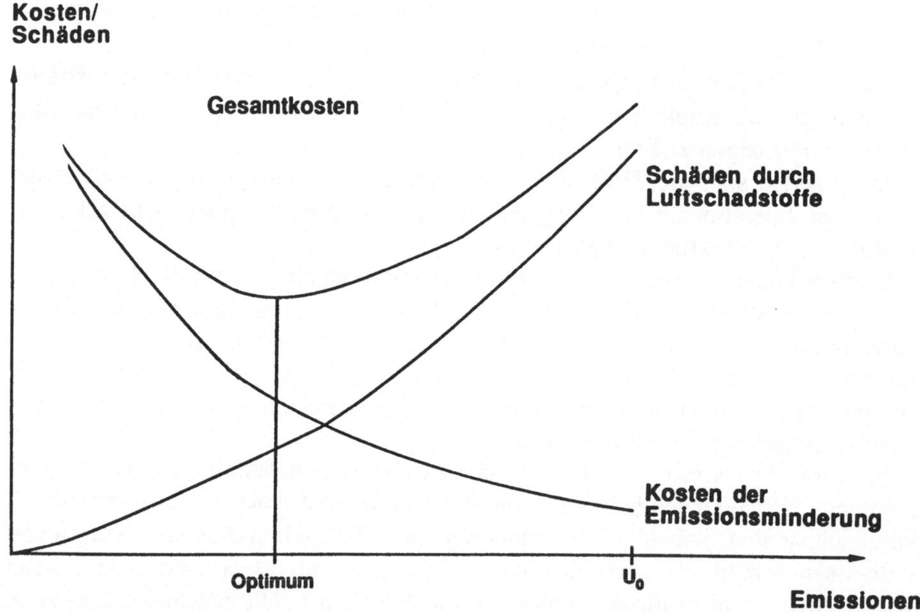

Abb. 2.1: Veranschaulichung der Definition der optimalen Umweltschutzstrategie (siehe Text)

Während die Kurve der Schäden bzw. Nachteile mit steigenden Emissionen anwächst, steigen die Emissionsminderungskosten mit sinkenden Emissionen. Das Minimum der Summe aus monetarisierten Nutzenverlusten durch die Emissionen und Kosten der Emissionsminderung ergibt sich dort, wo der Betrag der Steigung beider Kurven gleich ist. Dieses Minimum entspricht der optimalen Luftreinhaltung. Dabei sei in Erinnerung gerufen, daß die Kosten bzw. Nachteile von

Emissionen nicht nur Schäden, die wenigstens im Prinzip leicht monetär zu bewerten sind, wie Verwitterung und Verschmutzung von Außenflächen enthalten, sondern auch monetär schwieriger zu bewertende Schäden wie Gesundheits- oder Waldschäden bis hin zu Schäden wie Verminderung des Erholungswertes oder negative Empfindungen.

Der klassische Lösungsansatz der Umweltökonomie besteht nun darin, aus dem Kontinuum möglicher Zustände durch Formulierung von Randbedingungen und Anwendung der Methode der Lagrange-Multiplikatoren folgende Handlungsanweisung für eine rationale Umweltpolitik abzuleiten:

Es ist diejenige Umweltpolitik anzustreben, bei der die Grenzkosten der Schadstoffminderung gerade den monetarisierten Grenzschäden der Schadstoffemission entsprechen.

Abb. 2.2 verdeutlicht dies: der Schnittpunkt zwischen den monoton steigenden Grenzschäden der Umweltbelastung (bzw. der ersten Ableitung der Schadensfunktion) und den monoton steigenden Grenzkosten des Umweltschutzes (bzw. dem Negativen der ersten Ableitung der Kostenfunktion des Umweltschutzes) bezeichnet die optimale Umweltschutzstrategie. Denn dort ist die Steigung der Kurve, die die Summe aus Schäden und Kosten beschreibt, gleich Null und somit ein Minimum dieser Kurve erreicht.

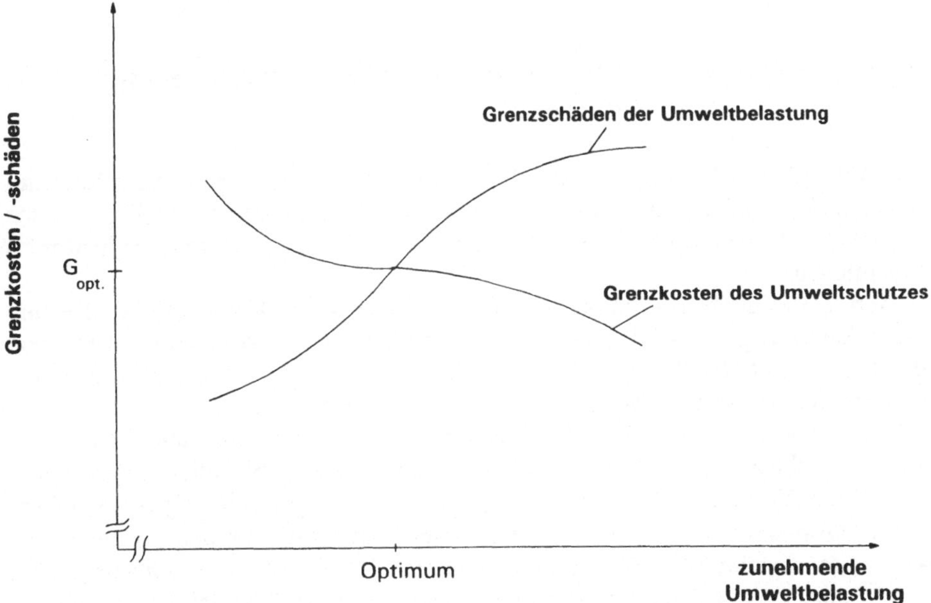

Abb. 2.2: Veranschaulichung der Definition der optimalen Umweltschutzstrategie bei differenzierbarer, konvexer Schadens- und Kostenfunktion

Bei der Herleitung dieser Regel mußten allerdings eine Reihe von Annahmen getroffen werden.

Diese lauten:

- Die Wohlfahrtsfunktion ist konkav (d. h. die zweiten partiellen Ableitungen ≤ 0) im nicht negativen Orthanten; das bedeutet z. B., daß der Zusatznutzen, der durch die Nutzung einer weiteren Einheit eines Gutes entsteht, mit steigender Zahl der produzierten Güter immer geringer wird.

- Die Schadensfunktion ist konvex, d. h., daß der Schaden, der durch eine zusätzliche Einheit emittiertem Schadstoff entsteht, mit steigenden Gesamtemissionen gleichbleibt oder ansteigt, nicht aber absinkt.

- Die Kostenfunktion der Schadensminderung ist stetig, differenzierbar und konvex; es wird also umso teurer, die Emission einer zusätzlichen Einheit Schadstoff zu mindern, je mehr Schadstoffemissionen bereits gemindert sind.

Die ersten beiden Annahmen scheinen zumindest für Teilbereiche des Untersuchungsprogramms plausibel, eine Überprüfung kann aber nicht stattfinden, weil weder über den Verlauf der Wohlfahrtsfunktion noch über den der Schadensfunktion ausreichend Kenntnisse vorliegen.

Die Kostenkurve der Emissionsminderung kann jedoch für Beispiele konkret ermittelt werden, so daß überprüft werden kann, ob diese Kostenkurven wirklich, wie gefordert, stetig, differenzierbar und konvex sind. Dies soll im nachfolgenden Teilkapitel erfolgen.

2.2 Analyse von Kostenkurven der Emissionsminderung

Die Abb. 2.3 und 2.4 zeigen beispielhaft die Kosten von Maßnahmen zur Reduzierung der SO_2- und der NO_x-Emissionen bei einem mit schwerem Heizöl gefeuerten Kessel. Die untersuchten Maßnahmen und deren Kosten sind genauer in Kap. 3 beschrieben.

Abb. 2.3 zeigt die Kosten der SO_2-Minderung für einen Kessel mit 60 MW und einer Auslastung von 4500 h pro Jahr. Der Nullpunkt kennzeichnet das Betreiben des Kessels mit Heizöl mit 2 % Schwefelgehalt ohne jede Emissionsminderungsmaßnahme. Davon ausgehend sind als Maßnahmen dargestellt

- der zunehmende Einsatz von Erdgas mit unterbrechbarer und nicht unterbrechbarer Lieferung an Stelle von schwerem Heizöl. Beim unterbrechbaren Vertrag muß an wenigen sehr kalten Tagen mit allgemein hohem Gasverbrauch auf leichtes Heizöl oder Flüssiggas umgestellt werden.
- der zunehmende Einsatz von schwerem Heizöl mit 1 % Schwefelgehalt, sog. max.-1-Ware, an Stelle der Normalware mit 2 % Schwefelgehalt.
- der Einsatz einer Rauchgasentschwefelungsanlage (REA) mit Anwendung des Kalkwaschverfahrens (siehe Kap. 3.1).
- der Einsatz einer REA nach dem Kalkwaschverfahren in Verbindung mit dem ausschließlichen Einsatz von max.-1-Ware.

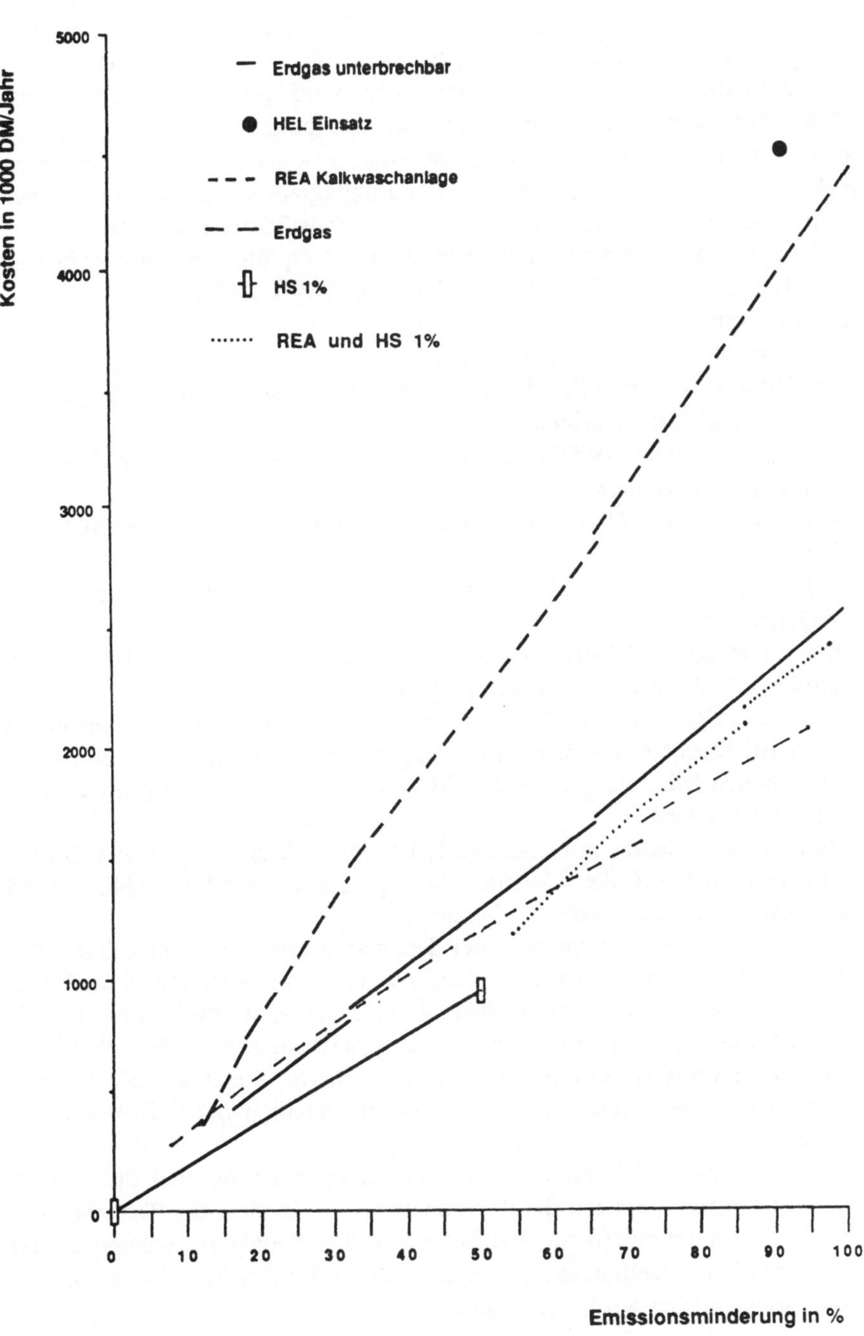

Abb. 2.3: Kosten von SO_2-Emissionsminderungsmaßnahmen in Abhängigkeit vom Grad der Emissionsminderung für einen mit schwerem Heizöl gefeuerten Kessel mit 60 MW Feuerungswärmeleistung.

- die Substitution des schweren Heizöls durch leichtes Heizöl mit 0,18 % Schwefelgehalt. Neben der dargestellten 100 %-Substitution wären auch Teilsubstitutionen möglich; deren Kosten hängen allerdings von Größe und Anzahl der zur Verfügung stehenden Tanks ab. Da zudem die Maßnahme ohnehin die höchsten Kosten verursacht, wird auf die Darstellung von Teilsubstitutionen bei dieser Maßnahme verzichtet.

Es zeigt sich, daß bis zu einer Minderung von 50 % der Einsatz von schwefelarmem Heizöl am günstigsten ist, höhere Minderungsgrade werden im betrachteten Fall am kostengünstigsten mit einer Rauchgasentschwefelungsanlage erzielt.

Abb. 2.4 zeigt die entsprechenden Kurven für NO_x für einen mit Schweröl gefeuerten Kessel mit 40 MW und einer Auslastung von 4500 h/a.
Berücksichtigt sind

- der Einsatz NO_x-armer Erdgasbrenner,
- die Kombination von Primärmaßnahmen (NO_x-arme Brenner, Abgasrückführung und Stufenverbrennung),
- der Einsatz einer DENOX-Anlage mit dem SCR (Selective Catalytic Reduction)-Verfahren,
- der Einsatz von NO_x-armen Brennern in Verbindung mit einer SCR-Anlage,
- der Einsatz kombinierter Primärmaßnahmen in Verbindung mit einer SCR-Anlage,
- die zunehmende Substitution von schwerem Heizöl durch Erdgas, wobei moderne NO_x-arme Gasbrenner eingesetzt werden.

Die Abbildung zeigt, daß die Durchführung von Primärmaßnahmen besonders preisgünstig ist. Damit lassen sich Minderungen von bis zu ca. 60 % erreichen. Für weitergehende Minderungen sind SCR-Anlagen in Verbindung mit Primärmaßnahmen einzusetzen.

Natürlich weisen Kessel mit anderen Leistungen, Auslastungen und Brennstoffen andere Kosten auf; die folgenden Aussagen, die anhand der Abb. 2.3 und 2.4 erläutert werden, gelten jedoch allgemein:

a) Es gibt isolierte Einzelpunkte, bei denen sich nicht durch marginale Kostenänderungen marginale Emissionsänderungen erzielen lassen, die Funktion ist somit nicht differenzierbar. So läßt sich z. B. ein Brenner nur als Ganzes durch einen NO_x-armen Brenner austauschen. Auch der "Null-Fall" ohne Emissionsminderungen ist i. a. ein isolierter Punkt, da jede noch so kleine marginale Änderung der Emissionen endlich hohe Kosten verursacht.

b) Die verschiedenen Techniken zur Emissionsminderung sind durch Teilfunktionen repräsentiert, die den zunehmenden Einsatz der Technik, also z. B. die kontinuierliche Vergrößerung des Katalysatorvolumens, der entschwefelten Teilmenge des Rauchgases oder des Anteils an Öl, der durch Gas ersetzt wird, darstellen.

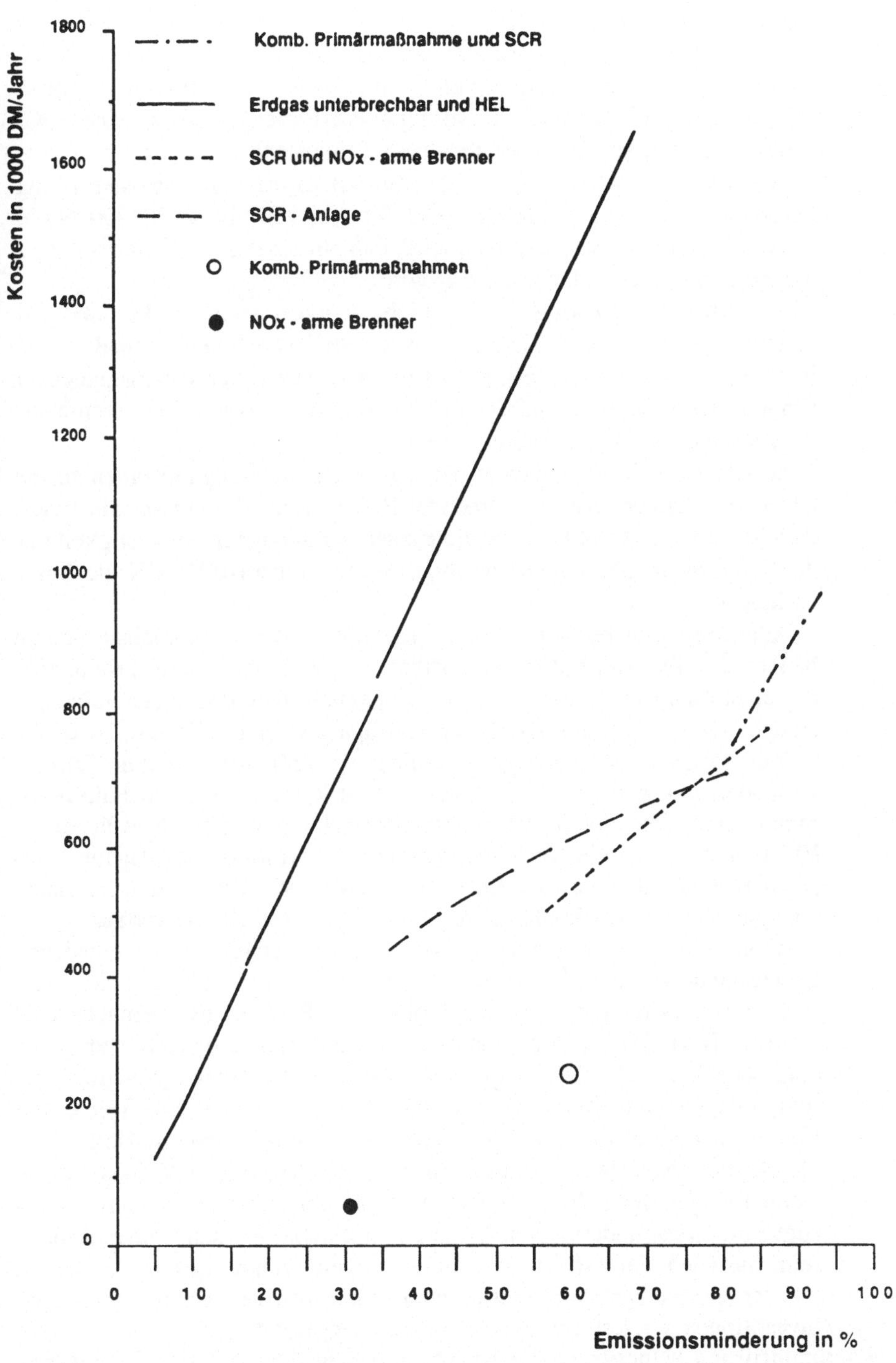

Abb. 2.4: Kosten von Maßnahmen zur Minderung von NO_x in Abhängigkeit vom Grad der Minderung für einen mit schwerem Heizöl gefeuerten Kessel mit 40 MW Feuerungswärmeleistung.

c) Innerhalb der Kurve für eine Technik kann es zu Unstetigkeitsstellen bzw. Kostensprüngen kommen. Dies ist in Abb. 2.3 und 2.4 am Beispiel des zunehmenden Erdgaseinsatzes dargestellt. Rohr, Druckregelanlagen und Brenner gibt es nur in bestimmten Normgrößen. Daher kommt es, sobald ein Übergang auf die nächste Normgröße erforderlich ist, zu einem Kostensprung, gefolgt von einer konkaven Teilkostenkurve.

Auch bei der REA in Abb. 2.3 kommt es zu einem Kostensprung. Dieser wird dadurch verursacht, daß für Anlagen ab ca. 50 000 Nm^3/h Rauchgasdurchsatz angenommen wird, daß ein zusätzlicher Mitarbeiter für die Betreuung der Anlage benötigt wird.

d) **Die Teilfunktionen sind häufig nicht konvex, sondern konkav.** Mit anderen Worten: die Minderung einer zusätzlichen Einheit Schadstoff ist in vielen Fällen kostengünstiger als die Minderung der vorangegangenen Einheit. Dies liegt daran, daß die Investitionen bei größer werdender Anlage einer Kostendegression unterliegen.

Somit sinken die Grenzkosten der Emissionsminderung mit zunehmender Größe der Anlage, also zunehmender Emissionsminderung ab, die zweite Ableitung der Teilfunktion, die die Kosten der Anlage in Abhängigkeit von der Emissionsminderung beschreibt, ist somit kleiner Null, die Kostenkurve ist konkav.

Allerdings gibt es hierzu auch Ausnahmen. Die wesentlichste betrifft Kessel, die überwiegend im Teillastbereich gefahren werden. Erhöht man bei einem solchen Kessel etwa die Kapazität einer Rauchgasreinigungsanlage von x % auf x + Δx % der Rauchgasmenge bei Vollast, so erhöht sich die Emissionsminderung um weniger als Δx %, weil bei allen Teillastzuständen mit weniger als x % der Vollast keine zusätzliche Emissionsminderung mehr durch die Kapazitätserhöhung erfolgt. Soweit dieser Effekt nicht durch die Kostendegression der Investition der Anlage kompensiert wird, führt dies ab einem bestimmten Minderungsgrad zu einem Übergang von einem konkaven zu einem konvexen Kurvenverlauf.

Informationen über die Häufigkeit des Auftretens der verschiedenen Lastzustände von emittierenden Anlagen sind i. a. nicht zugänglich. Daher muß dieser Aspekt bei den nachfolgenden Rechnungen vernachlässigt werden. Dies führt jedoch nicht zu wesentlichen Abweichungen vom optimalen Ergebnis. Dies liegt daran, daß im allgemeinen größere Feuerungsanlagen und Kraftwerke mehrere Kessel besitzen. Ein Teil dieser Kessel übernimmt die Grundlast, dabei wird häufig schweres Heizöl und Steinkohle eingesetzt. An diesen Kesseln, die fast immer Vollast fahren, werden wegen der höheren Emissionen und der hohen Auslastung bevorzugt Emissionsminderungsmaßnahmen eingesetzt. An den Spitzenlastkesseln, die auch Teillast fahren, werden wegen der geringeren Auslastung und der eingesetzten emissionsärmeren Brennstoffe Maßnahmen mit hohen Investitionen sowieso nur spät und selten eingesetzt.

Es kommen nun keineswegs alle Kurvenpunkte in Abb. 2.3 und 2.4 für eine optimale Emissionsminderung in Frage. Seien K_j die Kosten, EM_j die Emissionsminderungen durch eine Maßnahme j. Auszuschließen sind dann alle Maßnahmen

(K_j, EM_j), für die mindestens eine weitere Maßnahme (K_r, EM_r) existiert, für die gilt:

$$\begin{gathered} EM_j < EM_r \text{ und } K_j \geq K_r; \\ \text{oder} \\ EM_j = EM_r \text{ und } K_j > K_r. \end{gathered} \tag{2.2}$$

Das bedeutet, daß alle Kurventeilstücke bzw. Maßnahmen ausgeschlossen werden, die im Vergleich mit anderen Maßnahmen eine geringere Wirkung (Emissionsminderung) bei gleichen oder höheren Kosten oder die gleiche Emissionsminderung bei höheren Kosten aufweisen.

Schließt man alle Kurventeilstücke, die diese Bedingung erfüllen, aus, so erhält man eine eindeutige Kostenfunktion (d. h. zu jedem Minderungsgrad gibt es höchstens einen Kostenwert). Diese Kostenfunktion besteht aus

- isolierten Punkten und
- konkaven sowie vereinzelt auch konvexen differenzierbaren Teilfunktionen, die den zunehmenden Einsatz einer Minderungsmaßnahme repräsentieren.

Am Übergang zwischen zwei Teilstücken gibt es zwei Möglichkeiten:

- Entweder die ursprünglichen Maßnahmenteilkurven schneiden sich wie z. B. die Kurven "REA" und "REA mit Max-1-Ware" in Abb. 2.3. Dann weist die Kostenfunktion am Schnittpunkt einen Sprung der ersten Ableitung nach unten auf, die Grenzkosten sinken also sprunghaft.
- Oder die ursprünglichen Teilkostenkurven schneiden sich nicht. Dann erfolgt beim Übergang von einer Technologie mit geringerer maximaler Emissionsminderung auf eine andere Technologie ein Kostensprung $\Delta K>0$.

Die für ein Wohlfahrtsoptimum in Betracht kommenden Punkte lassen sich jedoch noch weiter einschränken. Es gilt folgender Satz:

Für ein Wohlfahrtsoptimum kommen - bei konkaven Teilkurven - nur die Emissionsminderungen in Frage, die durch obere Endpunkte der stetigen Teilkurven repräsentiert werden.

Den Beweis für die Gültigkeit dieses Satzes enthält Anhang A1. Anschaulich läßt sich der Satz durch folgende Überlegung erklären. Eine konkave Teilkurve bedeutet, daß die Kosten einer zusätzlichen Einheit geminderten Schadstoffs mit zunehmender Minderung immer kleiner werden, bis die maximale Minderung, also der obere Endpunkt der Teilkurve, erreicht ist. Ist der Einsatz der betrachteten Minderungstechnik überhaupt sinnvoll (weil die vermiedenen Grenzschäden höher sind als die Grenzkosten der Schadstoffminderung), so ist somit auch eine maximale Ausnutzung der Minderungstechnik sinnvoll.

Somit gilt:

Für ein Wohlfahrtsoptimum kommen nur folgende Teile der Kostenfunktion in Frage:

- singuläre Punkte,
- Randpunkte konkaver differenzierbarer Teilfunktionen,
- konvexe stückweise differenzierbare Teilfunktionen.

Damit ist aber gezeigt, daß die 'klassische' Vorgehensweise, d. h. die Identifizierung des Punktes auf der Kostenkurve, der bestimmte festgelegte Grenzkosten aufweist, nicht sinnvoll ist und nicht zur Identifizierung der optimalen Lösung führt. Liegt der gefundene Punkt nämlich auf einem konkaven Kurvenstück, so wurde nicht ein Maximum, sondern ein lokales Minimum der Wohlfahrtsfunktion ermittelt. Ein globales Maximum, das durch einen isolierten Punkt oder den oberen Endpunkt einer Teilkurve dargestellt wird, kann so überhaupt nicht gefunden werden.

2.3 Ansatz zur Ermittlung optimaler Emissionsminderungsstrategien

Wenn man dennoch zu operationalen Handlungsanweisungen für eine rationale Umweltpolitik kommen will, muß man das Optimierungsproblem unter Berücksichtigung der tatsächlichen Kostenverläufe der Schadstoffminderung und der fehlenden Kenntnisse über den Schaden, den die Emissionen anrichten, neu beschreiben. Dies soll im folgenden geschehen.

Schritt 1: Ermittlung einer Referenzentwicklung

Um die Änderungen von Kosten und Schäden, also die Änderung der Wohlfahrt, ermitteln zu können, die durch die Durchführung der verschiedenen möglichen Emissionsminderungsmaßnahmen entstehen, muß zunächst ein 'Referenzfall' bestimmt werden. In diesem Referenzfall werden alle die Parameter ermittelt, die für die Bestimmungen der o. g. Auswirkungen von Maßnahmen, also für die Berechnung der Kosten und der Minderung der Schadstoffemissionen, erforderlich sind. Dies sind insbesondere Brennstoffverbrauch, Emissionen und die für die Kosten entscheidende Emittentenstruktur (z. B. Größe, Leistung, Feuerungstyp, Auslastung, eingesetzte Brennstoffe einer Feuerungsanlage oder Hubraum, auf verschiedenen Straßentypen gefahrene Strecken, Kraftstoffart bei Pkw).

Da die zu untersuchenden Maßnahmen erst in zukünftigen Zeitperioden eingesetzt werden, sind die genannten Parameter für die Zukunft bereitzustellen. Es muß also eine Referenzentwicklung erstellt werden, die die sich möglicherweise einstellenden Parameterwerte bei Fortschreibung der derzeitigen Trends und Zusammenhänge und bei Fortbestand der derzeitigen politischen Rahmenbedingungen enthält.

Schritt 2: Auswahl von Maßnahmen zur Emissionsminderung

Aus den insgesamt vorhandenen Techniken und Möglichkeiten werden die für ein Wohlfahrtsoptimum in Frage kommenden Techniken und deren Auslegung bestimmt. Dabei wird Bedingung 2.2 berücksichtigt. Ebenso berücksichtigt wird, daß bei konkaven Teilkurven nur der obere Endpunkt, also der maximale Einsatz einer Technologie, in Betracht kommt.

Kombinationen verschiedener Maßnahmen werden, soweit technisch möglich, ebenfalls analysiert. Solche Kombinationen werden als neue eigenständige Maßnahmen interpretiert.

Somit lassen sich die ausgesuchten Maßnahmen als eindeutige Kostenfunktion mit isolierten Punkten und konvexen Kurvenstücken darstellen.

Um im folgenden eine überschaubare, einheitliche und hinreichend einfache Problemdarstellung zu erreichen, werden die konvexen Kurvenstücke diskretisiert, also durch eine endliche Anzahl von isolierten Punkten, die sich auf der Kurve befinden, einschließlich der Endpunkte der Kurve, ersetzt. Dies dient lediglich der Vereinfachung der Darstellung, die daraus abgeleitete Vorgehensweise bliebe auch ohne dieses Verfahren sinngemäß gültig. Außerdem läßt sich der Fehler, der theoretisch durch die Diskretisierung entsteht, durch Erhöhung der Anzahl der Punkte beliebig verkleinern.

Der wichtigste Grund zur Rechtfertigung dieser Maßnahme ist jedoch, daß die Annahme diskreter, also nicht für beliebige Minderungsgrade verfügbarer Technologien der Praxis eher entspricht. Die Bauteile von Rauchgasreinigungsanlagen sind eben nicht in beliebiger Größe erhältlich, sondern in verschiedenen Standardgrößen, so daß die Möglichkeit einer kontinuierlichen Veränderung der Emissionsminderungskapazität nicht gegeben ist.

Somit hat man es im folgenden nicht mit einem Kontinuum, sondern mit einer endlichen Anzahl von Emissionsminderungsmöglichkeiten zu tun, wenn man die optimale Luftreinhaltepolitik ermitteln will.

Schritt 3: Ermittlung der optimalen Maßnahmenkombination

Seien M_{ij}, j = (0,...,n) die möglichen Emissionsminderungsmaßnahmen bzw. Maßnahmenkombinationen eines Emittenten i. Der Fall j = 0 bezeichnet dabei das Fehlen von Minderungsmaßnahmen. Zu jeder Maßnahme M_{ij} gehört ein Vektor $(K_{ij}, EM_{ij1},..., EM_{ijp})$, der die Kosten und die dabei erreichten Minderungen der Emissionen der Schadstoffe k, k = (1,...,p), bezeichnet.

Damit lassen sich verschiedene Emissionsminderungsstrategien M_q durch Zusammenstellung jeweils einer Maßnahme oder einer anlagenbezogenen Maßnahmenkombination für alle Emittenten definieren:

$$M_q = (M_{1q},...,M_{mq})\,. \tag{2.3}$$

Um die optimale Luftreinhaltepolitik zu ermitteln, muß nun aus allen möglichen Emissionsminderungsstrategien M_q diejenige herausgefunden werden, bei der die Erhöhung der Wohlfahrt ΔW_q gegenüber der Referenzentwicklung maximal wird, für die also gilt:

$$\Delta W_q = -\Delta S_q - \sum_i K_{iq} \overset{!}{=} max. \qquad (2.4)$$

mit K_{iq} = Kosten für die Minderungsmaßnahme, die in Strategie q beim Emittenten i durchgeführt wird,

$-\Delta S_q$ = Schäden, die auf Grund der Minderungsmaßnahmen q gegenüber der Entwicklung ohne Maßnahmen vermieden werden.

Auch diese Gleichung führt allerdings noch nicht zu umsetzbaren Handlungsanweisungen, weil es beim derzeitigen Kenntnisstand nicht möglich ist, die Schäden ΔS_q auch nur annähernd zu bestimmen. Daher müssen weitere Annahmen bezüglich ΔS_q getroffen werden, um zu operationalen Handlungsanweisungen zu gelangen.

a) Als erstes wird die Annahme getroffen, daß der Zusammenhang zwischen Emission und Immission linear ist:

$$I_k(\vec{r}) = \sum_i \alpha_{ik}(\vec{r}) \cdot E_{ik} \quad \text{für alle k} \qquad (2.5)$$

mit

$I_k(\vec{r})$ = durchschnittliche Immissionen des Schadstoffs k während eines Betrachtungszeitraumes am Ort $\vec{r}$.

α_{ik} = Ausbreitungsfunktion für den Schadstoff k des Emittenten i, berücksichtigt u. a. die Wetterlagen während des Betrachtungszeitraums.

E_{ik} = durchschnittliche Emissionen des Schadstoffs k beim Emittenten i während des Betrachtungszeitraums.

Ein linearer Zusammenhang zwischen Emission und Immission ist vor allem dann eine zulässige Annahme, wenn die Rate der chemischen Umwandlung des Schadstoffs entweder klein oder aber näherungsweise konstant ist. Eine kleine Umwandlungsrate ergibt sich bei Stoffen, die wenig reaktiv sind, z. B. SO_2. Bei reaktiveren Stoffen, z. B. NO_x, vor allem aber einigen reaktiven gasförmigen Kohlenwasserstoffen, ist die chemische Umwandlung dagegen nicht vernachlässigbar. Diese ist zwar prinzipiell in α_{ik} berücksichtigt - allerdings mit konstanter Umwandlungsrate. Nicht berücksichtigt ist daher, daß die Umwandlungsrate sich ändert, wenn das Verhältnis der Konzentrationen der Reaktionspartner in der Luft sich ändert, etwa durch beträchtliche Verminderung der Emissionen eines der an der Reaktion beteiligten Schadstoffe, sowie bei Reaktionen höherer Ordnung.

b) Zweitens wird angenommen, daß der Schaden s durch den Schadstoff k von der Immissionskonzentration der anderen Schadstoffe unabhängig ist:

$$s(\vec{r}) = \sum_k s_k(I_k(\vec{r}), \vec{r}) = \sum_k s_k(\sum_i \alpha_{ik}(\vec{r}) E_{ik}, \vec{r}) . \tag{2.6}$$

Dies bedeutet, daß synergistische Wirkungen vernachlässigt werden. Eine Berücksichtigung synergistischer Wirkungen ist derzeit schon deshalb nicht möglich, weil quantitative Aussagen über synergistische Wirkungen fehlen.

Der gesamte Schaden, integriert über die gesamte Untersuchungsfläche A, beträgt dann:

$$S_{ges} = \sum_k \int_A s_k(\vec{r}) dA = \sum_k S_k(E_{ik}) . \tag{2.7}$$

c) Drittens wird angenommen, daß die Schadensfunktionen s_k (I_k) an jedem Ort konvex und monoton steigend sind, d. h., daß die marginalen Schäden an jedem Ort $\vec{r}$ mit wachsender Immission anwachsen oder gleichbleiben, nicht jedoch absinken.

Die aus diesen Annahmen folgenden Aussagen hinsichtlich der Berechnung optimaler Emissionsminderungsstrategien sollen zunächst für die Annahme einer linearen Schadensfunktion hergeleitet werden. Bei einer linearen Schadensfunktion ist der Schaden s_k am Ort $\vec{r}$ proportional zur Immission. Es gilt also:

$$\begin{aligned} S_{ges} &= \sum_k \int_A \gamma_k(\vec{r}) \cdot I_k(\vec{r})\, dA \\ &= \sum_{ik} \int_A \gamma_k(\vec{r}) \cdot \alpha_{ik}(\vec{r}) \cdot E_{ik}\, dA \\ &= \sum_{ik} \beta_{ik} E_{ik} \end{aligned} \tag{2.8}$$

mit $\beta_{ik} = \int_A \gamma_k(\vec{r}) \cdot \alpha_{ik}(\vec{r})\, dA$,

$\gamma_k(\vec{r})$: zusätzlicher Schaden am Ort $\vec{r}$ bei Erhöhung der Immissionen I_k am Ort $\vec{r}$ um eine Einheit,

β_{ik} : zusätzlicher Schaden im gesamten Untersuchungsgebiet bei Erhöhung der Emissionen des Schadstoffs k beim Emittenten i um eine Einheit.

Die Annahme einer linearen Schadensfunktion ist insbesondere dann eine brauchbare Hypothese, wenn über den tatsächlichen Verlauf der Schadensfunktion nichts bekannt ist.

Wird bei Vorliegen der Schadensfunktion 2.8 die Emissionsminderungsstrategie M_q durchgeführt, so sinken die Schäden um

$$\Delta S = -\sum_{ik} \beta_{ik} EM_{iqk} \tag{2.9}$$

mit

EM_{iqk} = Emissionsminderung des Schadstoffs k beim Emittenten i mit Minderungsstrategie q .

Setzt man Gl. 2.9 in Gl. 2.4 ein, so erhält man

$$\Delta W_q = \sum_{ik} \beta_{ik} EM_{iqk} - \sum_{i} K_{iq} . \tag{2.10}$$

Für die optimale Emissionsminderungsstrategie M_q muß gelten:

$$\sum_{ik} \beta_{ik} EM_{iqk} - \sum_{i} K_{iq} \overset{!}{=} max. \tag{2.11}$$

Da Kosten und Emissionsminderungen der verschiedenen Minderungsmaßnahmen eines Emittenten i von denen der anderen Emittenten unabhängig sind, läßt sich Gl. 2.10 aufteilen in m Gleichungen für alle Emittenten i:

$$\sum_{k} \beta_{ik} EM_{iqk} - K_{iq} \overset{!}{=} max. \quad \text{für alle } \mathbf{i = (1,...,m)}. \tag{2.12}$$

Entsprechend Gl. 2.8 bezeichnet β_{ik} den Grenzschaden, der entsteht, wenn die Emissionen des Schadstoffs k beim Emittenten i um eine Einheit erhöht werden. Gl. 2.12 besagt demnach, daß beim Emittenten i diejenige Minderungsmaßnahme bzw. Maßnahmenkombination zu wählen ist, bei der die Differenz aus vermiedenem Schaden und aufzuwendenden Kosten maximal wird.

In Gl. 2.12 müssen nicht alle Emissionsminderungsstrategien q bei einem Emittenten i untersucht werden. Weil die optimale Minderung beim Emittenten i nicht von den Maßnahmen bei den anderen Emittenten abhängt, genügt es, für jeden Emittenten die bei ihm möglichen Minderungsmaßnahmen j zu untersuchen; der Index q, der alle Minderungsstrategien, also alle Kombinationen von Maßnahmen bei allen Emittenten bezeichnet, kann daher in Gl. 2.12 durch den Index j ersetzt werden:

$$\sum_k \beta_{ik} EM_{ijk} - K_{ij} \overset{!}{=} max. \tag{2.13}$$

Die insgesamt optimale Luftreinhaltungsstrategie setzt sich dann zusammen aus den nach Gl. 2.13 ermittelten optimalen Maßnahmen für jeden Emittenten.

Bei Schadensfunktionen, bei denen der Zusammenhang zwischen Schäden und Immissionen linear ist, ist β_{ik} von der Höhe der Emissionen der verschiedenen Emittenten im optimalen Fall unabhängig.

Statt einer Optimierung unter Berücksichtigung einer sehr großen Anzahl von möglichen Kombinationen von Emissionsminderungsmaßnahmen bei den einzelnen Emittenten kann die optimale Emissionsminderung für jeden Emittenten getrennt ermittelt werden. Dies verringert den Optimierungsaufwand wesentlich.

Die Grenzschäden β_{ik} sind für jeden Emittenten und jeden Schadstoff unterschiedlich. Sie weisen auf den unterschiedlichen Schaden durch die Emission je einer zusätzlichen Einheit eines Schadstoffs bei den verschiedenen Emittenten hin.

Eine entsprechende Gleichung läßt sich für den allgemeinen Fall eines konvexen und monoton steigenden Verlaufs der Schadensfunktion ableiten. Diese Ableitung ist im Anhang A2 beschrieben.

Als Gleichung für die Berechnung der optimalen Minderungsstrategie M_q bei konvexer Schadensfunktion ergibt sich:

$$\sum_k \beta_{ik}(EM_{uqk}) \cdot EM_{iqk} - K_{iq} \overset{!}{=} max. \quad \text{für alle i.} \tag{2.14}$$

Damit ist formal derselbe Ausdruck wie in Gl. 2.13 abgeleitet. Allerdings ist β_{ik} nun nicht konstant wie bei einer linearen Schadensfunktion, vielmehr hängt β_{ik} vom erreichten Immissionsniveau der betrachteten Strategie und damit der Emissionsminderung aller Emittenten ab.

Die Gleichungen 2.14 können jedoch in einem iterativen Verfahren mit verhältnismäßig geringem Aufwand gelöst werden. Mit festgelegten $\beta_{ik}(EM_{uqk})$ wird eine Startlösung ermittelt. Diese ergibt eine Emissionsminderungsstrategie M_r (K_{ir}, EM_{irk}). Mit entsprechend veränderten $\beta_{ik}(EM_{urk})$ wird eine neue Lösung berechnet usw..

Würde man die Ausbreitungsfunktion für alle Emittenten und Schadstoffe und die Schadensfunktion für alle Orte und Schadstoffe kennen, so könnte man die Grenzschäden β_{ik} berechnen und die Gleichungen 2.14 lösen, um die optimale Emissionsminderungsstrategie zu erhalten.

Leider ist diese Voraussetzung derzeit noch nicht erfüllt. So sind quantitative Aussagen über den Zusammenhang zwischen Schäden und Immissionen nicht verfügbar. Darüber hinaus gibt es auch derzeit noch keine Gleichungen bzw.

Modelle, die den Zusammenhang zwischen Emissionen und Immissionen mit ausreichender Genauigkeit beschreiben können. Es existieren zwar verschiedene Ausbreitungsmodelle, wie etwa das Gauß-Modell der TA Luft oder Trajektorienmodelle, die zum Teil auch den Einfluß der Topographie berücksichtigen /34/, aber die errechneten Ergebnisse weisen im allgemeinen noch recht große Abweichungen von gemessenen Immissionskonzentrationen auf.

Somit lassen sich verläßliche Werte für β_{ik} derzeit nicht berechnen. Allerdings wird an diesen Aufgaben geforscht, es werden derzeit sowohl meteorologische Ausbreitungsmodelle entwickelt (z. B. /34-41/) als auch die Auswirkungen von Immissionen auf Mensch, Pflanzen, Tiere und Materialien untersucht.

Somit ist in Zukunft damit zu rechnen, daß genauere Informationen über die Schäden, die durch bestimmte Emissionen hervorgerufen werden, vorliegen.

Da dies aber derzeit nicht der Fall ist, wird - in Analogie zum Preis-Standard-Ansatz von Baumol und Oates /8/ - angenommen, daß die β_{ik}, also die Grenzschäden pro Einheit emittiertem Schadstoff, in einem politischen Entscheidungsprozeß festgelegt werden.

Sind die β_{ik} festgelegt, so ist - nach Lösung der Gl. 2.14 - auch das Emissions- und Immissionsniveau im optimalen Zustand festgelegt.

Es mag zunächst sehr schwierig erscheinen, die Grenzschäden β_{ik} festzulegen, da ja über die verursachten Schäden kaum Kenntnisse vorhanden sind.

Die β_{ik} lassen sich aber auch anders interpretieren. Sei l die optimale Minderungsstrategie. Dann folgt aus Gl. 2.14:

$$\sum_k \beta_{ik}(EM_{ilk} - EM_{iqk}) - K_{il} + K_{iq} > 0 \qquad (2.15)$$

bzw.

$$\beta_{ir} > ((K_i l - K_{iq}) - \sum_{k+r} \beta_{ik}(EM_{ilk} - M_{iqk})) / (EM_{ilr} - EM_{iqr}) \qquad (2.16)$$

für alle q $\neq l$.

Betrachtet man nur einen Schadstoff, so vereinfacht sich 2.16 zu:

$$\beta_{ir} > \frac{K_{il} - K_{iq}}{EM_{il} - EM_{iq}} \quad \text{für alle q} \neq l. \qquad (2.17)$$

β_{ir} bezeichnet also offenbar die maximalen Kosten pro Schadstoffeinheit, die zusätzlich aufgewendet werden dürfen, um die Emissionen weiter zu senken. Diese Interpretation ist auch noch gültig, wenn entsprechend Gl. 2.16 mehrere Schadstoffe k zugelassen werden. Die rechte Seite in Gl. 2.16 läßt sich erklären als Restkostendifferenz (Kostendifferenz abzüglich Gutschrift für die anderen ver-

Statt die Grenzschäden zu fixieren, kann somit auch jeweils festgelegt werden, welcher Betrag maximal aufgewendet werden soll, um eine Einheit eines Schadstoffs zu mindern. Darüber sind Vorstellungen schon eher vorhanden. So kann man sich z. B. an den bereits beschlossenen Maßnahmen und deren maximalen spezifischen Differenzkosten orientieren. Eine andere Möglichkeit sind Befragungen über die Zahlungsbereitschaft der Bevölkerung, wie sie z. B. in /35/ durchgeführt werden.

Schließlich ist es auch denkbar, ein gewünschtes Emissionsminderungsziel - z. B. Minderung der Emissionen gegenüber dem Referenzfall um x % - anzugeben, und die β dann so festzulegen, daß dieses Ziel mit den optimalen Maßnahmen gerade erreicht wird.

Das letztere Vorgehen erscheint zunächst ähnlich wie beim Preis-Standard-Ansatz zu sein, bei statischer Betrachtung ergeben sich die gleichen Emissionsniveaus. Es gibt jedoch zwei gravierende Unterschiede:

a) Bei Änderungen der äußeren Randbedingungen, z. B. bei Weiterentwicklung des Standes der Technik bei Emissionsminderungsmaßnahmen und damit veränderten Kosten der Emissionsminderung, ergeben sich bei dem hier vorgeschlagenen Vorgehen, d. h. bei festgehaltenen Grenzschäden, andere Lösungen von Gl. 2.14 und damit im optimalen Fall andere Emissionsminderungsmaßnahmen und andere Emissionsniveaus. Beim Preis-Standard-Ansatz muß dagegen das Emissionsniveau konstant bleiben. Auf Grund der anderen Kosten und Techniken sind die Grenzminderungskosten bei Erreichen dieses Emissionsniveaus jetzt aber verändert. Sie entsprechen dann nicht mehr den Grenzschäden β_{ik}, der optimale Zustand wird daher nicht mehr erreicht.

b) Es besteht bei dem vorgestellten Ansatz prinzipiell die Möglichkeit, die spez. Schäden β_{ik} für jeden Emittenten i individuell festzulegen. Dies ist insbesondere dann sinnvoll, wenn die Emissionen verschiedener Emittenten auf unterschiedliche Wirkobjekte einwirken. Vorstellbar sind etwa regionale Differenzierungen, wenn die Regionen unterschiedlich empfindliche oder wertvolle Pflanzen aufweisen. Möglich ist auch eine Differenzierung nach der Schornsteinhöhe.

Da bei dem hier vorgeschlagenen Verfahren die 'Grenzkosten' der Schadstoffminderung festgelegt werden, wird dieses Verfahren im folgenden auch als Grenzkostenansatz bezeichnet. Allerdings ist der Begriff Grenzkosten in diesem Zusammenhang nicht im mathematischen Sinne als erste Ableitung einer Kostenfunktion zu verstehen, weil eine stetige und differenzierbare Kostenfunktion nicht besteht, da zur Emissionsminderung nur einzelne individuelle Maßnahmen bzw. diskrete Punkte in einem Emissionen-Kosten-Koordinatensystem verfügbar sind. Als 'Grenzkosten' β^*_{ik} werden hier vielmehr die maximal aufzuwendenden spezifischen Differenzkosten beim Emittenten i zur Minderung einer zusätzlichen Einheit eines Schadstoffs k definiert. Dies wird im nachfolgenden Kap. 2.4 näher erläutert.

Sind die 'Grenzkosten' festgelegt, so können diese in Gl. 2.14 eingesetzt werden. Es besteht nur noch die Aufgabe, diese für jeden Emittenten i zu lösen.

Dazu betrachten wir einen Emittenten i mit den Minderungsmöglichkeiten M_{ij}, charakterisiert durch den Vektor der Kosten und Emissionsänderungen (K_{ij}, EM_{ijk}), j = (0,...,n).

Wie bereits erwähnt, handelt es sich um eine endliche Zahl von Maßnahmen, wobei jeweils die volle, mit einer Technik mögliche Emissionsminderung ausgeschöpft wird. Wesentlich ist, daß auch alle Kombinationen von Maßnahmen berücksichtigt werden, soweit diese technisch möglich sind, wobei jede Kombination dann als eigenständige neue Maßnahme definiert wird.

Hat man alle möglichen Maßnahmen und Maßnahmenkombinationen, deren Kosten K_{ij} und Emissionsminderungen (gegenüber dem Fall ohne Minderung) EM_{ijk} ermittelt, so kann numerisch die Wohlfahrtsänderung für jede Maßnahme nach Gl. 2.14 berechnet und diejenige mit dem höchsten Wohlfahrtsgewinn ausgewählt werden.

Beim Grenzkostenansatz und im Falle einer linearen Schadensfunktion (β_{ik} = konst.) ist das Optimum damit gefunden.

Falls jedoch nicht mit einer linearen, sondern mit einer konvexen monoton steigenden Schadensfunktion gerechnet werden soll, so müssen die β_{ik} auf Grund der veränderten Emissionsminderungen neu festgelegt und die optimalen Maßnahmen neu berechnet werden. Dieser Schritt wird iterativ mehrmals wiederholt.

Dieser Algorithmus ist - als EDV-Programm realisiert - wegen seiner Einfachheit auch für die Anwendung bei einer sehr großen Zahl von Emittenten geeignet. In den nachfolgenden Beispielen werden jeweils mehrere tausend Emittenten bzw. Emittentengruppen berücksichtigt.

2.4 Erstellung von Kostenfunktionen der Schadstoffminderung

Mit dem in Kap. 2.3 beschriebenen Ansatz lassen sich optimale Schadstoffminderungsstrategien bei gegebenen 'Grenzkosten' ermitteln.

Es fehlen jedoch noch Entscheidungsgrundlagen, die es dem Entscheidungsträger ermöglichen, 'Grenzkosten' bzw. erwünschte Emissionsniveaus zu bestimmen. Hilfreich wäre hier eine Darstellung, die das erreichte Emissionsniveau und die dabei einzusetzenden Minderungskosten in Abhängigkeit von den 'Grenzkosten' β^* angibt.

Im folgenden wird daher ein Verfahren zur Erstellung einer Kostenfunktion der Schadstoffminderung abgeleitet. Diese Kostenfunktion gibt den Zusammenhang zwischen Emissionsniveau, Minderungskosten und Grenzkosten an, wobei Emissionsniveau und Kosten sich auf die jeweils optimale Emissionsminderungsstrategie beziehen, also auf das Maßnahmenbündel, mit dem sich das zugehörige Emissionsniveau mit den geringstmöglichen Kosten erreichen läßt.

Daneben wird im folgenden nachgewiesen, daß - unabhängig von den einzuhaltenden 'Grenzkosten' - nur ganz bestimmte Maßnahmen überhaupt für eine optimale Minderungsstrategie in Frage kommen, während viele andere auf Grund der Kosten- und Emissionsminderungsrelationen von vornherein ausscheiden.

Um zu der gesuchten Kostenfunktion zu gelangen, wird folgendermaßen vorgegangen:

Zunächst müssen die Schadstoffe k in Schadstoffäquivalente umgerechnet werden.

In Gl. 2.14 ist berücksichtigt, daß eine Maßnahme gleichzeitig mehrere Emissionen beeinflussen kann. So lassen sich durch die Substitution von Kohle durch Erdgas die Emissionen von SO_2, NO_x, CO, Staub, Kohlenwasserstoffen und Schwermetallen simultan mindern. Andere Maßnahmen, etwa Rauchgasentschwefelungsanlagen, mindern dagegen im wesentlichen nur einen Schadstoff.

Sobald Maßnahmen vorhanden sind, die mehrere Schadstoffe mindern, ist eine getrennte Betrachtung der Minderung einzelner Schadstoffe nicht mehr sinnvoll.

Gl. 2.14 läßt sich zwar aufteilen in getrennte Gleichungen für die einzelnen Schadstoffe, wenn man die Maßnahmenkosten der Simultanmaßnahmen entsprechend aufteilt:

$$\beta_{ik} EM_{ijk} \left(1 - \frac{K_{ij}}{\sum_r \beta_{ir} EM_{ijr}}\right) \overset{!}{=} max. \text{ für alle i, k.} \tag{2.18}$$

Dies führt aber u. U. zu nicht konsistenten Lösungen: Während etwa zur SO_2-Minderung eine Umstellung auf Erdgas vorgenommen wird, ergibt die optimale NO_x-Minderung eine DENOX-SCR-Anlage ohne Brennstoffumstellung. Daher ist, sobald mehrere Schadstoffe gemindert werden sollen, eine simultane Betrachtung der Minderung aller Schadstoffe unumgänglich.

Dazu muß allerdings zunächst das Verhältnis der "Schädlichkeit" der Schadstoffe eines Emittenten festgelegt werden. Aus Gl. 2.14 geht hervor, daß eine Minderung von EM_{ijk} des Schadstoffs k einer Minderung

$$EM_{ijr} = \frac{\beta_{ik}}{\beta_{ir}} EM_{ijk} = C_{irk} \cdot EM_{ijk} \tag{2.19}$$

des Schadstoffs r äquivalent ist, dabei wird

$$C_{irk} = \frac{\beta_{ik}}{\beta_{ir}} \tag{2.20}$$

als Äquivalenzfaktor bezeichnet. Mit solchen Äquivalenzfaktoren lassen sich die verschiedenen Schadstoffe in eine gemeinsame Einheit, genannt Schadstoffäquivalent $E_{äq}$ umrechnen.

Um die Größe einer Einheit Schadstoffäquivalent festzulegen, kann man z. B. die Schädlichkeit eines Schadstoffäquivalents der des Schadstoffs 1 gleichsetzen.

Die gesamte Emissionsminderung einer Minderungsmaßnahme j beträgt dann ausgedrückt in Schadstoffäquivalenten:

$$EM_{ij,äq} = \sum_k \frac{\beta_{ik}}{\beta_{i1}} \cdot EM_{ijk} . \tag{2.21}$$

Setzt man $\beta_i = \beta_{i1}$, bezeichnet also β_i den bei Emission des Schadstoffs 1 entstehenden Grenzschaden, so kann Gl. 2.14 umgeformt werden in die Gleichung:

$$\beta_i \cdot EM_{ij,äq} - K_{ij} \overset{!}{=} max. \tag{2.22}$$

Im folgenden wird der Index äq aus Gründen der Übersichtlichkeit weggelassen:

$$EM_{ij} = EM_{ij,äq} .$$

Zur Darstellung der optimalen Lösung für beliebige β_i kann nun folgendermaßen vorgegangen werden:

a) alle Maßnahmen werden nach steigendem EM_{ij} geordnet:

$$EM_{ij} \leq EM_{i,j+1} \quad \text{für } j = (0,1,...,n\text{-}1). \tag{2.23}$$

b) Zwischen jeweils benachbarten Maßnahmen werden Differenzkosten und Differenzminderungen berechnet:

$$\Delta EM_{ij} = EM_{ij} - EM_{i,j-1} \quad \text{für } j = (1,...,n), \tag{2.24}$$

$$\Delta K_{ij} = K_{ij} - K_{i,j-1} . \tag{2.25}$$

c) Es werden spezifische Differenzkosten pro Schadstoffeinheit ΔSK_{ij} berechnet:

$$\Delta SK_{ij} = \frac{\Delta K_{ij}}{\Delta EM_{ij}} \quad \text{für } j = (1,...,n). \tag{2.26}$$

d) Es werden alle Maßnahmen j aus der Tabelle und aus der Auswertung gestrichen, für die gilt

$$\Delta SK_{ij} \geq \Delta SK_{i,j+1} , \tag{2.27}$$

weil diese Maßnahmen für ein Optimum nicht in Frage kommen.
Beweis:
Die Änderung der Wohlfahrt bei Übergang von Maßnahme j-1 zu Maßnahme j beträgt

$$\Delta W_j = \beta_i \Delta EM_{ij} - \Delta K_{ij} = (\beta_i - \Delta SK_{ij}) \Delta EM_{ij} \,. \tag{2.28}$$

Soll die Maßnahme j optimal sein, so muß $\Delta W_j > 0$, also $(\beta_i - \Delta SK_{ij}) > 0$ sein.

Führt man nun statt Maßnahme j die Maßnahme j + 1 durch, so ist

$$\Delta W_{j+1} = (\beta_i - \Delta SK_{i,j+1}) \cdot \Delta EM_{i,j+1} \tag{2.29}$$

Ist nun $\Delta SK_{ij+1} \leq \Delta SK_{ij}$, so ist wegen $(\beta_i - \Delta SK_{ij}) > 0$ auch der Ausdruck $(\beta_i - \Delta SK_{j+1})$ und damit die Änderung der Wohlfahrt positiv, somit kann die Maßnahme j nicht optimal sein.

Nach Streichen der für ein Optimum nicht relevanten Maßnahmen müssen die spezifischen Differenzkosten an den Stellen, an denen Maßnahmen wegfallen, neu berechnet werden.

Die obige Bedingung ist dann auch auf die neuen Differenzkosten anzuwenden.

Am Ende dieses Schrittes steht eine geordnete Reihe von Maßnahmen M_{ij}, j = 1, n', für die gilt:

$$\begin{aligned} EM_{ij} &< EM_{i,j+1}, \\ \Delta SK_{ij} &< \Delta SK_{i,j+1} \,. \end{aligned} \tag{2.30}$$

Nur diese Maßnahmen kommen für ein Optimum überhaupt in Frage.

e) Auswahl der optimalen Maßnahmen in Abhängigkeit von β_i:

Die optimale Maßnahme q ist diejenige, für die gilt:

$$\begin{aligned} \Delta SK_{iq} &\leq \beta_i, \\ \Delta SK_{i,j+1} &> \beta_i, \end{aligned} \tag{2.31}$$

Mit anderen Worten: es ist diejenige Maßnahme auszuwählen, deren spezifische Differenzkosten den Grenzschäden β_i bzw. den festgelegten 'Grenzkosten' β_i^* möglichst nahe kommen, sie aber nicht überschreiten.

Der Beweis ist relativ leicht zu führen:

Für j < q gilt:

Der Übergang von Maßnahme j zu Maßnahme j+1 führt zu Wohlfahrtsgewinnen, weil der Ausdruck

$$\Delta W = (\beta_i - \Delta SK_{i,j+1}) \cdot \Delta E_{i,j+1} \tag{2.32}$$

positiv ist (β_i ist größer als ΔSK_{j+1}). Also ist Maßnahme M_j nicht optimal.

Für j > q gilt:

Der Übergang von Maßnahme j auf Maßnahme j-1 führt zu Wohlfahrtsgewinnen, weil

$$\Delta W = (-\beta_i + \Delta SK_{ij}) \cdot \Delta E_{ij} \qquad (2.33)$$

positiv ist.

Für die Maßnahme q ist, wie man leicht erkennt, sowohl der Übergang auf jede Maßnahme j > q als auch auf jede Maßnahmen j < q mit Wohlfahrtsverlusten verbunden.

Daher führt die Durchführung der Maßnahmen q für jeden Emittenten zu einem absoluten Maximum der Gl. 2.14.

Man kann nun die Punkte (EM_{ij}, K_{ij}) der möglichen optimalen Maßnahmen in ein Koordinatensystem eintragen. Verbindet man die benachbarten Punkte, so erhält man einen konvexen Polygonzug. In jedem Punkt des Polygonzuges gibt es eine rechtsseitige und eine linksseitige Ableitung (Steigung). Die optimale Maßnahme wird durch den Eckpunkt des Polygonzugs dargestellt, dessen rechtsseitige Ableitung größer als β^*_i ist, während die linksseitige kleiner oder gleich β^*_i ist.

Somit gilt: Für eine optimale Minderungsstrategie kommen je nach eingesetzten 'Grenzkosten' alle Maßnahmen in Frage, die auf dem einhüllenden konvexen Polygonzug liegen (siehe Abb. 2.5). Alle Punkte bzw. Maßnahmen oberhalb dieses Polygonzuges (im schraffierten Bereich von Abb. 2.5) kommen dagegen für eine optimale Luftreinhaltestrategie von vornherein nicht in Frage.

Ein wesentliches Merkmal dieses Ergebnisses ist, daß die Auswahl der optimalen Maßnahme nicht von den durchschnittlichen Minderungskosten pro Einheit Schadstoff abhängt, wie man zunächst vermuten würde, sondern von den spezifischen Differenzkosten pro Schadstoffeinheit beim Übergang von der Maßnahme mit der nächst geringeren Minderung zur betrachteten Maßnahme.

Dies soll an einem fiktiven Beispiel verdeutlicht werden: Zwei Emittenten mit Emissionen von je 100 kg Schadstoff/a besäßen beide die Möglichkeit, 90 kg/a bei Minderungskosten von 5 DM/kg Schadstoff zu reduzieren (Schadstoffminderungstechnologie I). Emittent A kann alternativ auch eine Minderungstechnologie II mit Kosten von 2 DM/kg einsetzen, die jedoch nur maximal 50 % = 50 kg/a mindert. Bei Emittent B sei diese Möglichkeit nicht gegeben.

Werden die Grenzschäden zu 6 DM/kg angenommen und eine lineare Schadensfunktion angesetzt, so ergibt sich für das Optimum folgendes:
Emittent B muß um 90 kg/a mindern, weil die spez. Differenzkosten dieser Maßnahme verglichen mit der einzigen Alternative, dem Fall ohne Maßnahmen, kleiner als 6 DM/kg sind.

Emittent A setzt dagegen nur Minderungstechnologie II ein und reduziert die Emissionen nur um 50 %, weil die spezifischen Kosten bei Übergang von Technologie II auf Technologie I
Δ SK = (5 DM/kg · 90 kg - 2 DM/kg · 50 kg) / 40 kg = 8,75 DM/kg
betragen und damit höher sind als die Grenzschäden β.

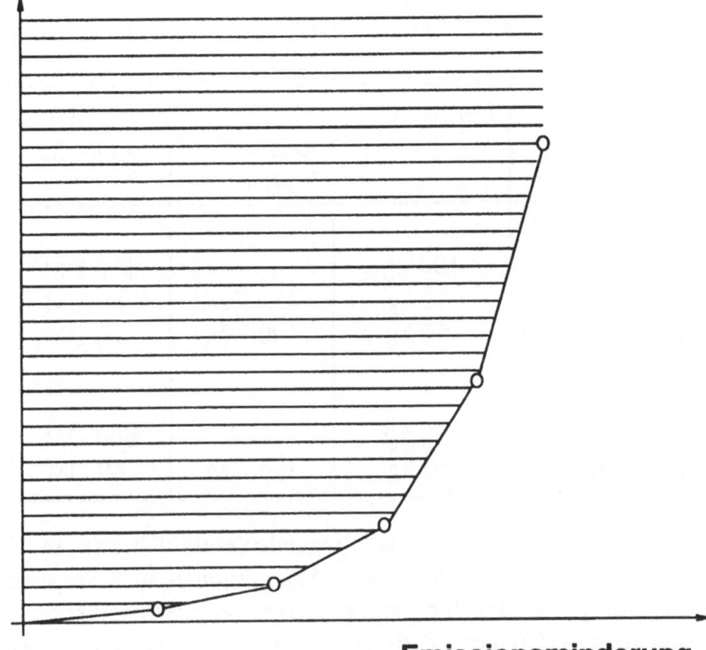

Abb. 2.5: Schematische Darstellung des Zusammenhangs zwischen Kosten, Emissionsminderung und Grenzschaden bei einem Emittenten

Obwohl somit Technologie I bei beiden Emittenten gleiche Kosten und gleiche Emissionsminderungen aufweist, wird sie für Werte von β zwischen 5 DM/kg und 8,74 DM/kg zur Erreichung eines Wohlfahrtsoptimums nur beim Emittenten A, nicht aber beim Emittenten B eingesetzt.

Daß dieses Ergebnis richtig ist, verdeutlicht für den Fall $\beta = 6$ DM/kg Tab. 2.1, die - in diesem Fall für eine lineare Schadensfunktion - die Gesamtkosten aus monetarisierten Schäden und Minderungskosten ausweist.

In der Tat sind die Gesamtkosten am geringsten, wenn bei Emittent B Technologie I, bei Emittent A aber Technologie II eingesetzt wird, obwohl in beiden Fällen die durchschnittlichen Minderungskosten von Technologie I gleich sind.

Bis jetzt wurde die Optimierung getrennt für die einzelnen Emittenten durchgeführt. Für die weiteren Überlegungen ist es jedoch wünschenswert, wieder die Emittenten als ganzes zu betrachten, um die gesamte Emissionsminderung und die gesamten dazu aufzuwendenden Kosten im Optimum ablesen zu können.

Auch hier gilt es zunächst, die Emissionsminderungen der verschiedenen Emittenten in eine gemeinsame Einheit umzurechnen. Dazu wird berücksichtigt, daß eine Einheit EM_i hinsichtlich der Schäden äquivalent ist zu β_i/β_j Einheiten von EM_j.

Auf diese Weise lassen sich alle EM_{ij} in "Schadstoffäquivalente" EM_j umrechnen. Die Minderemission einer Einheit des Schadstoffäquivalents EM bei jedem Emittenten verringert die Schäden um den gleichen Betrag.

In erster Näherung kann man $\beta_i = \beta$ = konstant setzen, die Emissionen verschiedener Emittenten also gleich bewerten. Dies ist insbesondere im Hinblick auf die bereits mehrfach angesprochenen mangelhaften Kenntnisse über Ausbreitung

Tabelle 2.1: Minderungskosten und monetarisierte Schäden bei zwei Emittenten, s. Text

	Emissionen	Minderungskosten	Schäden 6 DM/kg	Gesamtkosten
Emittent A				
ohne Maßnahme	100 kg	-	600 DM	600 DM
Technologie I	10 kg	450 DM	60 DM	510 DM
Technologie II	50 kg	100 DM	300 DM	400 DM
Emittent B				
ohne Maßnahme	100 kg	-	600 DM	600 DM
Technologie I	10 kg	450 DM	60 DM	510 DM

und verursachte Schäden eine naheliegende vereinfachende Annahme. Darüberhinaus ist es selbst bei Kenntnis von Ausbreitungs- und Schadensfunktionen sehr mühsam, für jeden einzelnen von mehreren tausend Emittenten die Grenzschäden zu berechnen, sodaß hier Vereinfachungen bzw. Pauschalierungen vermutlich auch dann erforderlich sind.

Zur Erstellung einer Kostenkurve der gesamten Emissionsminderung werden alle Maßnahmen M_j für alle Emittenten i nach ihren spezifischen Differenzkosten ΔSK_j geordnet.

Man erhält dann eine Rangfolge von Maßnahmen M_l mit

$$\Delta SK(M_l) \leq \Delta SK(M_{l+1}) . \tag{2.34}$$

Trägt man nun, mit M_1 beginnend, die kumulierten Differenzkosten über den kumulierten Differenzemissionsminderungen auf, also die Punkte (E_r, K_r) mit

$$E_r = \sum_{j=1}^{r} \Delta EM_j \quad \text{und} \tag{2.35}$$

$$K_r = \sum_{j=1}^{r} \Delta SK_j , \tag{2.36}$$

so erhält man eine integrale Kostenkurve der Emissionsminderung für alle Emittenten eines Untersuchungsgebiets. Eine solche Kurve ist schematisch in Abb. 2.6 dargestellt.

Bei dieser Kostenkurve handelt es sich um einen stetigen, konvexen Polygonzug. Jeder Eckpunkt dieses Polygonzugs repräsentiert eine Emissionsminderungsstrategie, die dann optimal ist, wenn

$$\Delta SK(M_q) \leq \beta < \Delta SK(M_{q+1}) . \tag{2.37}$$

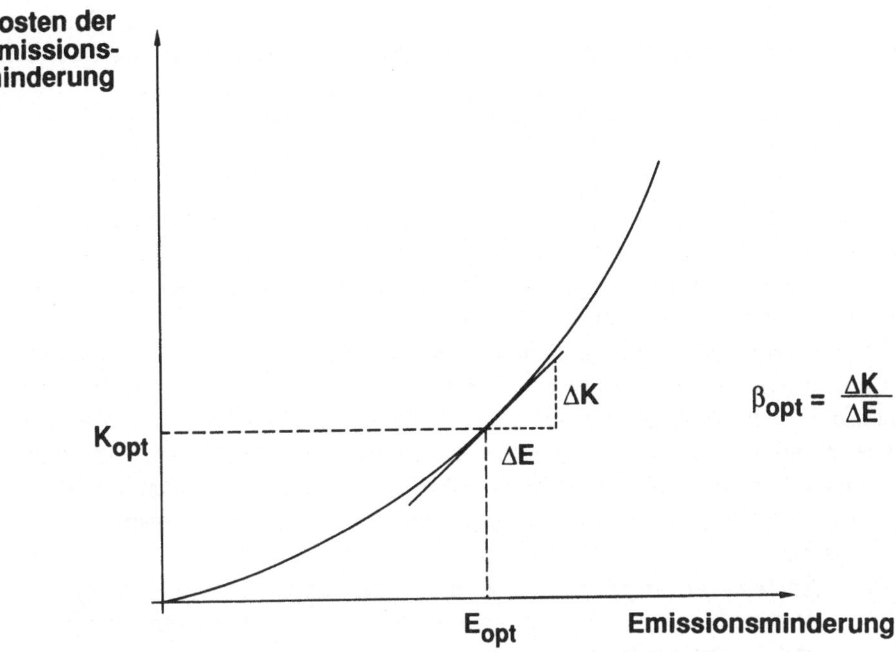

Abb. 2.6: Kostenkurve der Emissionsminderung, schematische Darstellung; die Kurve stellt einen konvexen Polygonzug dar, der auf Grund der Vielzahl der Eckpunkte 'glatt' erscheint.

Aus dieser Kurve kann folgendes entnommen werden:

1) *die minimalen Kosten, um eine gewünschte Emissionsminderung zu erreichen,*
2) *die maximale Emissionsminderung, die mit gegebenen Kosten erreicht werden kann,*
3) *der spezifische Grenzschaden $\beta = \Delta K / \Delta E$, der mit einer vorgegebenen Emissionsminderung oder vorgegebenen Minderungskosten korrespondiert,*
4) *Emissionsminderung E_{opt} und Kosten K_{opt}, die bei vorgegebenen spezifischen Differenzkosten der Schadstoffminderung im optimalen Fall entstehen.*

Eine solche Kurve ist demnach sehr gut geeignet, um das gewünschte Luftreinhalteziel festzulegen, da die wesentlichen Determinanten der Entscheidung, nämlich Kosten und Emissionsminderung, auf einen Blick deutlich werden.

Ist das Ziel der Luftreinhaltung einmal festgelegt, der optimale Zustand also bestimmt, dann kann anhand der Grunddaten, die zum Aufbau der Kostenkurve verwendet wurden, auch exakt festgestellt werden, welche Einzelmaßnahmen bei jedem Emittenten durchgeführt werden müssen, um eine optimale Luftreinhaltung zu erreichen.

Näherungsweise läßt sich die Kostenkurve auch nach dem folgenden vereinfachten Verfahren ermitteln. Für jeden Wert β_j einer Folge von Grenzschäden wird für alle Emittenten i Gl. 2.14 gelöst. Es ergibt sich für jeden Emittenten i und jedes β_j eine optimale Emissionsminderungsmaßnahme, die durch die Emissionsminderung EM_{ij} und die Kosten K_{ij} charakterisiert ist. Trägt man nun die Werte

$$EM_j = \sum_i EM_{ij}, \quad K_j = \sum_i K_{ij}$$

in ein Koordinatensystem ein und verbindet die berechneten Punkte durch eine Kurve, so erhält man eine näherungsweise Darstellung der oben definierten Kostenkurve. Je mehr Stützpunkte j berechnet werden, umso genauer stimmt die so ermittelte Kurve mit der tatsächlichen überein.

Damit ist eine Methode entwickelt, die es gestattet, eine optimale Emissionsminderungsstrategie zu bestimmen und die Maßnahmen, die dazu bei jeder Emissionsquelle durchgeführt werden müssen, festzulegen. Im Sinne der Wohlfahrtsmaximierung ist es nun Aufgabe der Umweltpolitik zu erreichen, daß diese als optimal erkannten Maßnahmen auch in die Praxis umgesetzt werden. Dafür stehen prinzipiell die folgenden drei Grundtypen von umweltpolitischen Instrumenten zur Verfügung:

- *Erstens kann jedem einzelnen Emittenten die jeweils optimale Maßnahme vorgeschrieben werden. Dieses entspricht einer differenzierten Auflagenpolitik.*
- *Zweitens kann eine Steuer in Höhe der Grenzkosten β festgesetzt werden. Dies bewirkt im Idealfall, daß die Emittenten die jeweils optimale Maßnahme selbst ermitteln und durchführen.*
- *Drittens kann das gewünschte Emissionsniveau E_{opt} festgelegt werden, es aber den Emittenten überlassen bleiben, dieses möglichst kostengünstig zu erreichen. Dies kann z. B. mit Hilfe von handelbaren Zertifikaten erfolgen.*

Alle drei umweltpolitischen Instrumente - Auflage, Steuer und Zertifikate - führen in der Theorie gleichermaßen zum optimalen Ergebnis. Im Rahmen einer Anwendung in der Praxis ergeben sich jedoch Differenzierungen in bezug auf die Erreichung der optimalen Maßnahmen zur Emissionsminderung sowie weitere Vor- und Nachteile zwischen diesen drei prinzipiell verfügbaren Instrumenten, auf die in Kapitel 6 näher eingegangen wird.

3 Emissionsminderungsmaßnahmen

Die Ermittlung optimaler Emissionsminderungsstrategien setzt die Kenntnis der Eigenschaften der in Frage kommenden Emissionsminderungsmaßnahmen, insbesondere des Minderungsgrades und der Kosten, voraus. Der Minderungsgrad ist dabei als Quotient aus vermiedenen zu ursprünglich vorhandenen Emissionen definiert.

Im folgenden werden die für die Berechnung der Emissionsminderungsstrategien herangezogenen Emissionsminderungsmaßnahmen beschrieben. Es werden nur diejenigen Maßnahmen berücksichtigt,

- die bereits heute verfügbar sind, für die somit Kosten und Minderungsgrad einigermaßen verläßlich ermittelbar sind, und
- die nennenswerte Einsatzchancen bzw. Marktpotentiale besitzen, weil sie zumindest in speziellen Einsatzgebieten Vorteile gegenüber Konkurrenzmaßnahmen aufweisen.

3.1 Maßnahmen zur Minderung von SO_2-Emissionen

Schwefeldioxid (SO_2) entsteht bei der Verbrennung durch Oxidation des im Brennstoff vorhandenen Schwefels. Das entstandene SO_2 wird, soweit keine Rückhaltemaßnahmen getroffen werden, fast vollständig mit dem Rauchgas emittiert. Eine Ausnahme bilden Kohlefeuerungen, bei denen ein Teil des Schwefels in der Asche gebunden wird. Dieser Anteil beträgt bei Steinkohle etwa 5 %, bei Braunkohle bedingt durch den hohen Anteil an basischen Oxiden bis zu 40 %.

Prinzipiell gibt es folgende Möglichkeiten zur Reduzierung der SO_2-Emissionen:

- Substitution der eingesetzten Brennstoffe durch schwefelärmere Brennstoffe,
- weitergehende Entschwefelung von Brennstoffen,
- Zugabe von Additiven bei der Verbrennung,
- Rauchgasentschwefelung (nur bei Feuerungsanlagen).

Bei der Substitution von Brennstoffen, etwa von Kohle und schwerem Heizöl durch leichtes Heizöl und Erdgas, kommt es nicht nur zu SO_2-, sondern auch zu NO_x-Minderungen. Diese Maßnahmenkategorie wird daher in Kap. 3.3 bei den Maßnahmen zur simultanen Minderung von SO_2 und NO_x behandelt.

3.1.1 Brennstoffentschwefelung

Kohle:

Die Schwefelgehalte von Kohle schwanken je nach Herkunftsgebiet und Kohlequalität stark. Dabei ist zu unterscheiden zwischen dem anorganisch gebundenen Schwefel, der meist in Form von Pyrit vorliegt, und dem organisch gebundenen Schwefel.

Nach der Förderung wird die Kohle aufbereitet, dabei wird durch Aufmahlen und anschließende Trennvorgänge ein großer Teil des Pyrits abgetrennt. Die aufbereitete Kohle enthält somit vor allem organisch gebundenen Schwefel.

In den Steinkohlekraftwerken in Westdeutschland wird in den größeren Feuerungsanlagen vor allem Vollwertkohle eingesetzt, deren mittlerer Schwefelgehalt bei etwa 0,95 % (roh) liegt. Etwa 75 % bis 85 % dieses Schwefels liegen organisch gebunden vor.

Der Pyritgehalt könnte durch eine weitergehende Zerkleinerung der Kohle bis zu Teilchengrößen von 1-2 mm noch weiter abgesenkt werden, allerdings treten dabei erhebliche Mehrkosten auf. Verfahren, die Bakterien einsetzen, um Pyrit zu löslichen Eisensalzen zu oxidieren, befinden sich noch im Versuchsstadium.

Zur Entfernung des organisch gebundenen Schwefels könnten im Prinzip chemische Verfahren eingesetzt werden. Solche Verfahren müßten jedoch erst großtechnisch entwickelt und erprobt werden.

Eine andere Möglichkeit zur Reduzierung der SO_2-Emissionen besteht im Einsatz von schwefelarmer Importkohle. Solche schwefelarme Kohle ist in größeren Mengen in Südafrika, Australien, Kanada und USA vorhanden. Der Schwefelgehalt dieser Kohlen liegt bei maximal 0,55 %. Einzelne Zechen in Australien und Kanada liefern auch Kohle mit Schwefelgehalten von unter 0,3 %, jedoch ist die Kapazität dieser Zechen beschränkt; zudem lassen sich diese Kohlen wegen ihrer Mahlbarkeitseigenschaften nur zum Teil in den vorhandenen Feuerungsanlagen einsetzen.

Durch den Einsatz von schwefelarmer Importkohle ließen sich die spezifischen Emissionen also fast halbieren, und dies bei erheblichen Kosteneinsparungen, weil Importkohle wesentlich billiger als heimische Kohle ist. Dennoch wird diese Maßnahme bei der Ermittlung optimaler Minderungsstrategien nicht berücksichtigt, weil die derzeitige Energiepolitik die Substitution von heimischer Kohle durch Importkohle durch entsprechende Maßnahmen (Kohleausgleichsabgaben, Verstromungsgesetze) weitgehend verhindert, wobei die Erhaltung von Arbeitsplätzen und die Erhaltung der Versorgungssicherheit als Gründe angegeben werden.

Schweres Heizöl:

Schweres Heizöl wird derzeit als Normalware mit ca. 2 % Schwefelgehalt und als schwefelarme oder "max-1"-Ware mit einem Schwefelgehalt von ca. 1 % angeboten.

Der Anteil der schwefelarmen Ware an der Produktion des schweren Heizöls einer Raffinerie hängt vor allem vom Schwefelgehalt der eingesetzten Rohölsorten ab.

Um den Anteil der schwefelarmen Ware zu erhöhen, könnte der Schwefelgehalt der schwefelreichen Rückstände aus der Destillation z. B. auf ca. 0,8 bis 1 % Schwefelgehalt mit Hilfe eines direkten katalytischen Entschwefelungsverfahrens reduziert werden. Für dieses Verfahren, das nur bei Rohölsorten mit niedrigem Schwefelgehalt anwendbar ist, gibt die Mineralölwirtschaft folgende Kosten an /23, 25/:

Entschwefelung von Atmosphärenrückstand:
120-150 DM/t (3-3,8 DM/GJ),

Entschwefelung von Vakuumrückstand:
200-250 DM/t (5-6,2 DM/GJ).

Diese Kosten sind so hoch, daß das so erzeugte schwefelarme schwere Heizöl teurer als leichtes Heizöl oder Erdgas wäre. Daher wird sich dieses Verfahren wohl nicht durchsetzen, vielmehr werden die Raffinerien einer Konversion der Rückstände in leichtere Produkte im allgemeinen den Vorzug geben.

Für die nachfolgenden Berechnungen wird, ausgehend von den derzeit verfügbaren Schwerölsorten, als Minderungsmaßnahme der Einsatz von max-1-Ware anstelle von Normalware vorgesehen, wobei Mehrkosten von 2,36 DM/MWh entstehen.

Leichtes Heizöl/Diesel:

Die Entschwefelung von leichtem Heizöl bzw. Diesel (Mitteldestillat) wird in der Bundesrepublik seit langem durchgeführt, sie erfolgt durch hydrierende Raffination. Von 1979 bis 1987 wurde in der 3. BImSchV ein Schwefelgehalt von maximal 0,3 % vorgeschrieben, seit 1988 gilt auf Grund der Novellierung der 3. BImSchV ein maximaler Wert von 0,2 %. Die tatsächlichen Schwefelgehalte liegen i. a. etwas unterhalb der Grenzwerte, sie hängen vom Schwefelgehalt der eingesetzten Rohölsorten ab. Offizielle Angaben über den mittleren Schwefelgehalt liegen nicht vor, für die Berechnungen in diesem Bericht wird beim Grenzwert 0,3 % (0,2 %) ein tatsächlicher mittlerer Schwefelgehalt von 0,28 % (0,18 %) angesetzt.

Eine weitergehende Entschwefelung auf bis zu 0,1 % ist technisch i. a. möglich, allerdings mit steigenden Kosten verbunden.

Die Kosten hängen u. a. von der eingesetzten Rohölsorte, der Anlagenkapazität und der vorhandenen Kapazität zur Herstellung von Wasserstoff in den Raffinerien ab, sie können daher stark schwanken. Für die Rechnungen werden folgende Werte eingesetzt:

maximaler Schwefelgehalt	durchschnittlicher Schwefelgehalt	Mehrkosten gegenüber 0,3 %-Ware
0,3 %	0,28 %	-
0,2 %	0,18 %	6,5 DM/t (0,15 DM/GJ)
0,15 %	0,15 %	17 DM/t (0,40 DM/GJ)
0,10 %	0,10 %	66,5 DM/t (1,56 DM/GJ)

3.1.2 Zugabe von Trockenadditiven

Beim *Trockenadditivverfahren (TAV)* werden schwefeleinbindende trockene Additive (z. B. CaO, $Ca(OH)_2$, $CaCO_3$, $Ca(OH)_2 \cdot Mg(OH)_2$, $CaCO_3 \cdot MgCO_3$) in den Verbrennungsprozeß oder das Rauchgas eingebracht. Es bildet sich Calciumsulfit und -sulfat, das zum größten Teil zusammen mit dem nicht verbrauchten Additiv im Staubabscheider der Anlage abgeschieden werden muß /50/.

Das Trockenadditivverfahren (TAV) wird daher lediglich bei Kohlefeuerungen eingesetzt, da nur bei diesen ausreichend dimensionierte Staubabscheider vorhanden sind. Bei Schwerölanlagen ist die Staubkonzentration des Rauchgases (ohne Additive) wesentlich niedriger als bei Kohlefeuerungen; durch Asche, Ruß und Flugkoks werden im Normalbetrieb Feststoffkonzentrationen von bis zu 300 mg/ Nm^3 erreicht, in großen Feuerungen liegen sie unter 50 mg/ Nm^3. Bei Kohlefeuerungen enthält das Rauchgas dagegen Flugstaubgehalte von 2000 bis 30000 mg/Nm^3 je nach Aschegehalt der Kohle. Hinter Schwerölfeuerungen fehlen daher i. a. Staubabscheider für die großen beim TAV entstehenden Staubmengen; dies gilt auch für die vereinzelt eingesetzten Elektrofilter, deren Abscheideflächen zu gering sind. Zwar wäre prinzipiell der Einbau größer dimensionierter Elektrofilter bei Einsatz des TAV bei Schwerölfeuerungen möglich, dadurch wird aber das TAV so teuer, daß es gegenüber anderen Verfahren, z. B. der nassen Rauchgasentschwefelung, nicht mehr wirtschaftlich ist.

Das TAV wird somit nur in Kohlefeuerungen eingesetzt. Dabei gibt es prinzipiell drei Möglichkeiten zur Zugabe der Additive:

- Zumischung der Additive zum Brennstoff,
- Einblasung der Additive um die Flamme,
- Einblasung der Additive oberhalb des Flammenbereichs.

Der erreichte Minderungsgrad hängt ab von /23/:

- der Temperatur; optimal ist die Wirkung der Additive bei einer Temperatur von 800 bis 1100 °C, 1100 °C sollten nicht überschritten werden, da sonst eine Sinterung des Additivs erfolgt;
- der Durchmischung der reagierenden Stoffe,
- der Korngröße des Additivs; kleine Korngrößen, also große Oberflächen, erhöhen die Wirksamkeit,
- der Verweilzeit der Reaktionspartner im optimalen Temperaturbereich.

Besonders günstige Bedingungen liegen bei ***Wirbelschichtfeuerungen*** vor, da dort Temperaturen von 850 °C und eine gute Durchmischung in der Wirbelschicht mit langen Verweilzeiten vorherrschen. Daher lassen sich Abscheidegrade von 80 - 90 % erreichen.

Eine Umrüstung bestehender Rost- oder Staubfeuerungen auf Wirbelschichtfeuerung ist aber nicht möglich, sodaß der Einbau einer Wirbelschichtfeuerung nur bei vollständigem Ersatz von Altanlagen oder bei Neuanlagen erfolgen kann. Wegen der relativ langen Lebensdauer von Kohlerostfeuerungen von 30 Jahren und mehr ist aber nicht damit zu rechnen, daß bis zum Jahr 2000 ein nennenswerter Teil der vorhandenen Kohlekessel erneuert werden muß. Der Ersatz noch betriebsbereiter Feuerungen durch Wirbelschichtfeuerungen ist aber in jedem Fall teurer als die Nachrüstung der Anlagen durch Schadstoffminderungsmaßnahmen, sodaß der Zubau von Wirbelschichtfeuerungen hier nicht weiter betrachtet wird.

Durch Zumischung von Additiven zur Kohle bei Rostfeuerungen werden nur begrenzte Minderungen erreicht. So wurden im Heizkraftwerk Ulm Entschwefelungsgrade von 12-26 % bei Ca/S-Verhältnissen von 2 bis 3,5 erzielt /26/. Bessere Minderungsgrade von 37 % (bei Ca/S = 2) bis ca. 45 % (bei Ca/S = 3) werden im Versuch durch den Einsatz fertig gemischter Kohlebriketts mit Additiven erzielt. Erste sehr grobe Abschätzungen weisen Mehrkosten solcher Briketts von 25 DM/t Kohle aus, hinzu kommen zusätzliche Deponiekosten von 34 DM/t. Diese Mehrkosten von umgerechnet ca. 7 DM/MWh verschlechtern die Wettbewerbsposition der Kohle erheblich.

Da solche Industriebriketts mit Additiven auf dem Markt nicht erhältlich sind, werden sie bei den nachfolgenden Rechnungen aber nicht berücksichtigt.

Die Trockenadditiveinblasung in die bzw. oberhalb der Flamme (primäres TAV) macht Investitionen von etwa 20 - 45 DM/kW erforderlich.

Wegen der hohen Temperaturen in der Flamme (bei Wanderrostfeuerungen zwischen 1000 und 1400 °C) und dem dadurch entstehenden Sintereffekt ist der Schadstoffminderungsgrad bei Einblasung in die Flamme geringer als bei der Einblasung oberhalb der Flamme. Es sind Minderungsgrade von ca. 60 % bei einem Ca/S-Verhältnis von 3 erreichbar /1/.

Das primäre TAV wird bei den Berechnungen von Emissionsminderungsstrategien für Kohlerostfeuerungen eingesetzt. Als Mindestleistung der Anlage werden etwa 15 MW angesetzt, unterhalb dieser Leistung erscheint wegen steigender spezifischer Investitionen ein Einsatz der TAV ökonomisch nicht mehr sinnvoll.

Die Trockenadditiveinblasung in das Rauchgas (sekundäres TAV) wird im nachfolgenden Abschnitt (Rauchgasentschwefelung) behandelt.

3.1.3 Rauchgasentschwefelung

Verfahren zur Rauchgasentschwefelung können prinzipiell unterschieden werden in nasse, halbtrockene und trockene Verfahren.

Bei den nassen Verfahren erfolgt eine Absorption des SO_2 in flüssigen Absorptionsmitteln.

Bei den halbtrockenen Verfahren wird das Absorptionsmittel zwar in flüssiger Form eingebracht, nach Verdampfen des Wassers liegen aber die Reaktionsprodukte in fester Form vor und werden mit dem Staubfilter aus dem Rauchgas entfernt.

Trockene Verfahren schließlich arbeiten ohne flüssige Lösungen.

Nasse Verfahren

Es gibt eine Vielzahl von unterschiedlichen nassen Rauchgasentschwefelungsverfahren, die sich vor allem durch die eingesetzten Sorbentien und die Endprodukte unterscheiden.

Bei den Naßverfahren muß das Rauchgas auf Sättigungstemperaturen (ca. 50 °C) abgekühlt werden, es ist daher nach der Rauchgasentschwefelung eine Wiederaufheizung erforderlich, die im allgemeinen durch Wärmetausch zwischen Roh- und Reingas mit Regenerativ-Wärmetauschern (REGAVO) erfolgt.

Auf dem Markt durchgesetzt hat sich das *Kalkwaschverfahren*, es hat derzeit in Europa einen Marktanteil von ca. 90 %.

Bei diesem Verfahren wird das Rauchgas nach der Entstaubung und der Abkühlung im REGAVO in einem Wäscher im Gegenstrom mit einer Waschsuspension alkalischer Absorbentien ($Ca(OH)_2$, CaO, $CaCO_3$) beaufschlagt. Durch Reaktion mit dem SO_2 entsteht Calciumsulfit. Dieses wird zum Teil unter Einfluß des Restsauerstoffes zu Sulfat aufoxidiert. Das restliche Sulfit wird im Wäschersumpf durch Einblasung von Luft in Sulfat (Gips) umgewandelt, anschließend aufbereitet und bis zu einer Restfeuchte von 10 % entwässert. Das Endprodukt Gips kann an die Baustoffindustrie abgegeben werden.

Die vereinfachte Bruttoreaktion des Prozesses lautet:

$$Ca(OH)_2 + SO_2 + H_2O + 1/2\ O_2 \rightarrow CaSO_4 \cdot 2H_2O\ .$$

Der Abscheidegrad einer solchen Anlage für SO_2 beträgt bis zu 95 %, daneben werden auch Fluoride, Chloride und Schwermetalle abgeschieden.

Das Verfahren ist auch für kleinere Feuerungsanlagen (ab ca. 5 MW) einsetzbar. Dabei sind die Investitionen pro kW zum Teil sogar niedriger als bei großen Anlagen (> 50 MW), weil einige Verfahrensteile speziell für Kleinanlagen entwikkelt wurden und dabei auf spezielle Werkstoffe (z. B. Kunststoffe) zurückgegriffen wurde, die in größeren Anlagen nur bedingt einsetzbar sind /1/.

Als Endprodukt ergibt sich bei den Kleinanlagen zum Teil nur ein Sulfat/-Sulfitgemisch, das nicht zu Gips verarbeitet wird, sondern auf Sonderdeponien gebracht werden muß.

Neben den Kalkwaschverfahren gibt es eine Fülle von anderen Verfahren, z. B.

- Absorption mit Na_2SO_3 (Wellmann-Lord-Verfahren), Endprodukt Schwefel, chemisch aufwendige Anlage;
- Absorption mit MgO, Endprodukt SO_2-Reichgas, für Industriebetriebe, die SO_2 direkt weiterverarbeiten können;
- Absorption mit NH_3 (Walther-Verfahren), Endprodukt $(NH_4)_2\ SO_4$ (evtl. als Dünger verwendbar);

- Oxidation/Absorption mittels H_2O_2, Endprodukt Schwefelsäure;
- physikalische Rauchgaswäsche (Solinox-Verfahren), Endprodukt SO_2-Rauchgas, das möglichst im Betrieb weiterverwendet werden sollte;
- Doppelalkaliverfahren (Zugabe von NaOH und CaO), Endprodukt $CaSO_3/CaSO_4$-Gemisch;
- Absorption auf Natriumbasis (NaOH, Na_2CO_3), das Endprodukt $NaSO_3/NaSO_4$ muß auf abgedichteten Sonderdeponien gelagert werden.

Alle Verfahren erreichen SO_2-Abscheidegrade von 90 bis 95 %. Keines der genannten Verfahren kann gegenüber dem meistens eingesetzten Kalkwaschverfahren Kostenvorteile erzielen. Der Einsatz der genannten sonstigen Verfahren ist daher auf Anlagen mit ganz speziellen Randbedingungen, etwa dem Bedarf des Anlagenbetreibers nach SO_2 oder Schwefel, begrenzt.

Es ist somit nicht erforderlich, alle genannten Verfahren bei der Ermittlung von Emissionsminderungsstrategien zu berücksichtigen. Vielmehr wird als Referenzverfahren stellvertretend für alle nassen Rauchgasentschwefelungsverfahren das Kalkwaschverfahren herangezogen.

Dabei wird das Erreichen eines SO_2-Abscheidegrads von 95 % angenommen. Die benötigten Investitionen in Abhängigkeit vom Rauchgasvolumenstrom zeigt Abb. 3.1, der bereits erwähnte Kostensprung bei ca. 75 000 m^3 Rauchgas pro Stunde auf Grund geänderter Werkstoffe bei größeren Anlagen ist deutlich erkennbar.

Die bisherigen Betrachtungen galten Rauchgasentschwefelungsanlagen (REA), die im wesentlichen bei genehmigungspflichtigen Feuerungen > 1 MW einsetzbar sind.

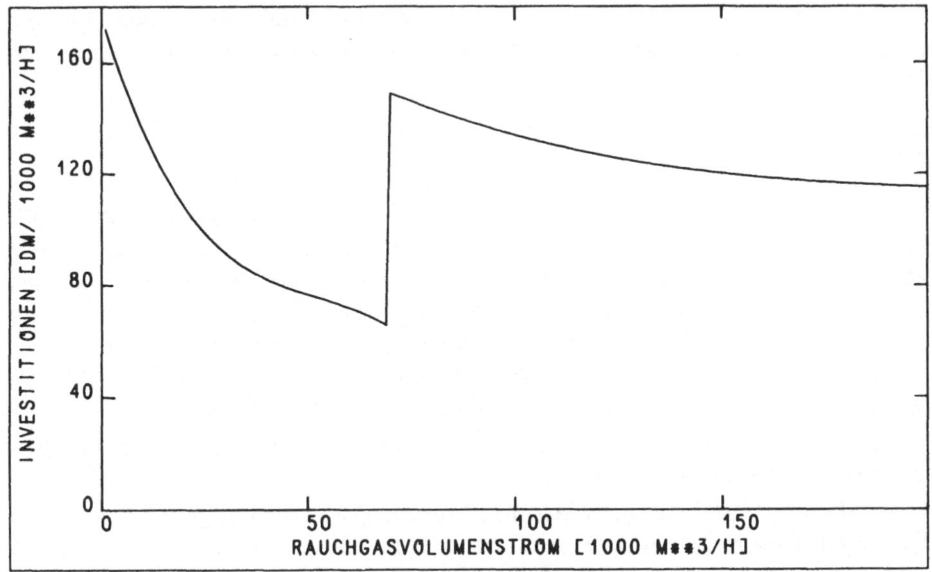

Abb. 3.1: Investitionen für Rauchgasentschwefelungsverfahren mit Calcium-Verbindungen in Abhängigkeit vom Rauchgasvolumenstrom

Auch für die nicht genehmigungspflichtigen kleineren Anlagen ist eine Rauchgasentschwefelung möglich. Für Anlagen mit Feuerungswärmeleistungen zwischen ca. 200 und 1000 kW ist der sogenannte Abgas-Turbowäscher erhältlich. Mit diesem Gerät lassen sich Abscheidegrade für SO_2 von ca. 90 % erreichen. Die Investitionen betragen ca. 90 - 105 DM/kW, die Betriebskosten etwa 1 - 5 DM/MWh.

Für die Optimierungsrechnungen wird diese Anlage sowohl für Kohlekessel als auch für Kessel, die mit leichtem Heizöl befeuert werden, bei den nicht genehmigungspflichtigen Anlagen > 200 kW eingesetzt.

Halbtrockene Verfahren

Beim *Sprühabsorptionsverfahren* wird eine Absorptionssuspension bestehend aus Wasser und einem Absorbens (CaO, $Ca(OH)_2$, $CaCO_3$, NaOH) als Tröpfchen in den Rauchgasstrom eingedüst. Der Wasseranteil der Suspension verdampft, das Sorbens reagiert mit SO_2 und Halogenverbindungen zu festen Sulfat/Sulfitgemischen.

Dieses feste Endprodukt wird am Staubabscheider der Anlage abgeschieden. Das Verfahren kann daher nur eingesetzt werden, wenn der Staubabscheider ausreichend groß dimensioniert ist. Das Endprodukt muß entweder auf Sonderdeponien gelagert oder zu technischem Anhydrid aufoxidiert werden.

Wie bei der nassen Kalkwäsche sind Schwefelabscheidegrade von 95 % erreichbar. Die Kosten des Sprühabsorptionsverfahrens liegen bei kleinen Anlagen deutlich höher als beim nassen Kalkwaschverfahren, bei größeren Anlagen (> 50 MW) sind sie vergleichbar, evtl. lassen sich geringe Kostenvorteile erzielen /1/.

Somit ist eine getrennte Berücksichtigung dieses Verfahrens bei den Optimierungsrechnungen nicht erforderlich, es wird vielmehr durch das Referenzverfahren 'nasse Kalkwäsche' mit vertreten.

Trockene Verfahren

Hierunter fällt zum einen das bereits erwähnte *Trockenadditivverfahren (TAV)*. Die Absorbentienzugabe zum Rauchgas erfolgt beim sekundären TAV aber nicht wie beim primären TAV im Kessel, sondern in einem Reaktor, der sich i. a. hinter einem Vorabscheider für die Flugasche befindet. Reaktionsprodukte sind Sulfat/Sulfitgemische, die auf Inertdeponien gelagert werden müssen.

Die Abscheidegrade liegen mit 70 - 80 % höher als beim primären TAV, allerdings liegen auch die Investitionen mit 60 - 120 DM/kW höher.

Neben den sekundären TAV wird als weiteres trockenes Verfahren das *Aktivkoksverfahren* /46/ berücksichtigt.

Bei diesem Verfahren, auch Bergbau-Forschungs-Verfahren genannt, wird das SO_2 durch Adsorption an Aktivkoks aus dem Rauchgas entfernt. Die Adsorption findet in einem mit Aktivkoks gefüllten Reaktor bei Temperaturen von 90 °C bis 150 °C statt. In Verbindung mit ebenfalls adsorbiertem Wasser und Sauerstoff entsteht Schwefelsäure:

$$2SO_2 + 2H_2O + O_2 \rightarrow 2H_2SO_4 .$$

In einer weiteren Verfahrensstufe, die auch zentral beim Hersteller des Verfahrens erfolgen kann, wird durch Erhitzen des aus dem Reaktor entfernten beladenen Aktivkokses ein SO_2-Reichgas gewonnen, das zu Schwefelsäure oder Schwefel weiterverarbeitet werden kann.

Es sind Abscheidegrade von ca. 90 % erreichbar. Der Einsatzbereich sind Feuerungsanlagen für Kohle und schweres Heizöl mit Leistungen zwischen 0,5 und 100 MW. Die Investitionen betragen etwa 120 - 200 DM/kW, die Betriebskosten etwa 5,5 DM/MWh.

Das Verfahren läßt sich bei zusätzlicher NH_3-Eindüsung auch zur NO_x-Minderung einsetzen.

3.2 Maßnahmen zur Minderung von NO_x-Emissionen

NO_x entsteht bei der Verbrennung von Energieträgern durch Oxidation von Stickstoff. Dabei sind drei sehr komplexe Reaktionsmechanismen beteiligt:

- Thermisches NO_x entsteht vor allem bei Temperaturen oberhalb 1300 - 1600 °C durch Oxidation des molekularen Stickstoffs (N_2) mit atomarem Sauerstoff. Die entstehende NO_x-Menge kann näherungsweise durch folgende Gleichung ausgedrückt werden:

$$[NO] = K_1 \cdot \exp(-K_2/T) \cdot [N_2] \cdot [O_2]^{1/2} \cdot t$$

mit K_1, K_2 = Konstanten
T = Temperatur (°K)
t = Verweilzeit.

  Die NO-Bildung steigt somit mit steigender Temperatur an und ist direkt proportional zur Stickstoffkonzentration, zur Quadratwurzel der Sauerstoffkonzentration und zur Verweilzeit.
- Promptes NO_x bildet sich durch Oxidation von HCN, welches wiederum durch Reaktion des molekularen Stickstoffs mit Brennstoffkohlenwasserstoffen während der Brennstoffumsetzung entsteht. Die Entstehung des prompten NO_x hängt vom Luftüberschuß und der Temperatur in der Flamme ab, sein Anteil an den gesamten NO_x-Emissionen ist relativ gering.
- Brennstoff-NO_x entsteht durch Oxidation des organisch im Brennstoff gebundenen Stickstoffs. Die Menge an Brennstoff-NO_x hängt nur wenig von der Temperatur ab. Bestimmend ist neben der Sauerstoffkonzentration in der Verbrennungszone vor allem der Stickstoffgehalt im Brennstoff. Dieser beträgt bei Steinkohle ca. 0,8 bis 1,5 %, bei schwerem Heizöl ca. 0,3 %; Erdgas enthält kaum chemisch gebundenes N. Es wird jedoch nur ein Teil des Brennstoffs-NO_x umgewandelt (ca. 10 - 25 % bei Kohle). Der

Umwandlungsgrad sinkt mit steigendem Stickstoffgehalt im Brennstoff. Bei Verbrennungstemperaturen unter ca. 800 - 100 °C bildet das Brennstoff-NO_x den Hauptanteil der gesamten NO_x-Emissionen.

Die NO_x-Bildung hängt somit nicht nur vom eingesetzten Brennstoff, sondern wesentlich auch vom Typ und der Bauart der Feuerung, der Brennereinstellung und der Last bzw. bei Fahrzeugen von der Motorbauart und der Motoreinstellung ab. NO_x-Emissionen unterliegen daher starken Schwankungen.

Prinzipiell kommen folgende Möglichkeiten zur Minderung von NO_x-Emissionen in Betracht:

- Primärmaßnahmen, die die Entstehung von NO_x vermindern,
- Sekundärmaßnahmen, die das NO_x im Rauchgas bzw. Abgas reduzieren,
- Brennstoffsubstitutionen (diese werden, da auch SO_2 gemindert wird, in Kap. 3.3 behandelt).

3.2.1 Primärmaßnahmen

Aus der Beschreibung der Entstehung von NO_x bei der Verbrennung folgt, daß sich die NO_x-Bildung durch folgende Maßnahmen reduzieren läßt:

- die Reduzierung der Flammentemperatur,
- die Verminderung der Sauerstoffkonzentration in der Verbrennungszone durch Reduzierung des Luftüberschusses,
- die Reduzierung der Verweilzeit im Bereich hoher Temperaturen.

Wegen der unterschiedlichen eingesetzten Technologien wird die Umsetzung dieser Maßnahmen für die Emittentengruppen genehmigungsbedürftige Anlagen, nicht genehmigungsbedürftige Anlagen und Verkehr getrennt betrachtet.

Unter genehmigungsbedürftigen Anlagen sind dabei die Anlagen zu verstehen, die nach der 4. BImSchV eines Genehmigungsverfahrens bedürfen, u. a. sind dies Feuerungsanlagen für bestimmte feste Brennstoffe ab 1 MW, für leichtes Heizöl ab 5 MW und für Gas ab 10 MW (siehe Kap. 4).

Primärmaßnahmen bei genehmigungsbedürftigen Anlagen:

Bereits durch eine *optimale Brennereinstellung* u. U. verbunden mit einem Tausch der Brennerdüsen lassen sich in vielen Fällen die NO_x-Emissionen erheblich senken. Effizient ist insbesondere die Absenkung des Luftüberschusses auf das niedrigst mögliche Niveau, das noch eine sichere und vollständige Verbrennung ermöglicht. Bei manchen Feuerungen lassen sich auch durch eine *Reduzierung der Luftvorwärmung* NO_x-Minderungen erreichen, allerdings kann dabei eine signifikante Reduzierung des thermischen Wirkungsgrades erfolgen. Eine Quantifizierung der durchschnittlich erzielbaren Emissionsminderungen durch solche Maßnahmen ist allerdings nicht möglich, weil Erfahrungswerte hierfür bisher nur für wenige Einzelfälle vorliegen.

Eine andere Möglichkeit ist der Austausch der vorhandenen Brenner durch sogenannte *NO_x-arme Brenner*.

Bei diesen Brennern, die in zahlreichen Varianten angeboten werden, wird die Verbrennungsluft gestuft so eingegeben, daß in der Kernzone die Verbrennung unterstöchiometrisch, also unter Sauerstoffmangel erfolgt, während in den äußeren Zonen Luftüberschuß herrscht, um eine möglichst vollständige Verbrennung zu erreichen. Dies kann noch ergänzt werden durch eine lokale Rauchgasrezirkulation in der inneren Verbrennungszone. Minderungen der NO_x-Emissionen bis 50 % sind erreichbar.

Die beiden folgenden Maßnahmen sollen eine Verbrennung unter Sauerstoffmangel in der primären Verbrennungszone gewährleisten. Um eine vollständige Verbrennung zu ermöglichen, müssen diese Maßnahmen durch die Zuführung zusätzlicher Luft in der sekundären Verbrennungszone ergänzt werden.

Bei der ***Stufenverbrennung*** werden die verschiedenen Brenner einer Feuerung mit unterschiedlichen Luftverhältnissen betrieben. So wird bei der zweistufigen Verbrennung die untere Brennerreihe unterstöchiometrisch, die obere dagegen überstöchiometrisch betrieben. Auch Konzepte mit dreistufiger Verbrennung sind im Versuchsstadium.

Bei dem Verfahren der ***Oberluftzugabe*** wird ein Teil (ca. 15 - 30 %) der benötigten Verbrennungsluft durch getrennte Auslässe oberhalb der obersten Brennerreihe in den Feuerraum gegeben, die Brenner werden entsprechend unterstöchiometrisch gefahren.

Während die Stufenverbrennung sich ohne große Änderungen der Feuerung verwirklichen läßt, erfordert die Oberluftzugabe z. B. das Anbringen zusätzlicher Öffnungen in der Wand des Feuerraums. Es sind mit beiden Verfahren Emissionsminderungen von bis zu 40 % bei Kohlefeuerungen, 30 % bei Schwerölfeuerungen und 35 % bei Gasfeuerungen erreichbar.

Diese Maßnahmen sind vor allem bei größeren Feuerungsanlagen einsetzbar, da bei kleineren Anlagen unter Umständen die Verweilzeit im Kessel geringer ist, was zu unvollständiger Verbrennung führen kann.

Durch eine ***Abgasrezirkulation*** wird die Sauerstoffkonzentration in der Verbrennungszone verringert und die Flammentemperatur reduziert.

Emissionsminderungsgrade von bis zu

25 % bei Steinkohlefeuerungen,
30 % bei Schwerölfeuerungen,
33 % bei Gasfeuerungen

sind erreichbar /1/. Bei nachträglich eingebauten Abgasrezirkulationsanlagen kann der erhöhte Massenfluß sowie die Stabilität der Verbrennung Probleme bereiten. Die Kosten für den nachträglichen Einbau einer Rauchgasrezirkulation sind im allgemeinen höher als die für NO_x-arme Brenner.

Primärmaßnahmen bei nicht genehmigungsbedürftigen Anlagen

Auch bei den kleineren, nicht genehmigungspflichtigen Anlagen zielen die eingesetzten Primärmaßnahmen darauf ab, die Flammentemperatur, die Verweilzeit und die Sauerstoffkonzentration abzusenken.

Zunächst sollen Minderungsmaßnahmen bei Kesseln, die mit leichtem Heizöl betrieben werden, diskutiert werden /42/. Solche Kessel verfügen im allgemeinen über Gebläsebrenner mit Druckzerstäubern. Die Emissionen solcher Anlagen betragen im Mittel etwa 50 kg NO_x pro TJ Brennstoffwärme (Heizwert).

Verminderungen dieser Emissionen lassen sich durch den Einbau sogenannter *Blaubrenner* erreichen. Bei diesen Brennern strömt das Öl-Luft-Gemisch in ein Mischrohr ein, in das auch heißes Verbrennungsgas von außerhalb des Mischgebers angesaugt wird. Dadurch werden die vorhandenen Öltropfen verdampft. Außerhalb des Mischrohres verbrennt das Ölgas-Luft-Gemisch mit rußfreier, blauer Flamme. Die rußfreie Flamme erlaubt eine Brennereinstellung nahe am stöchiometrischen Wert (λ = 1,1), die NO_x-Emissionen liegen dann um ca. 20 bis 25 % unter denen herkömmlicher Gelbbrenner. Gleichzeitig verbessert sich auch der Wirkungsgrad der Heizanlage. Blaubrenner sind für Leistungen von 10 bis 50 kW auf dem Markt erhältlich; die Mehrkosten gegenüber herkömmlichen Gelbbrenner betragen etwa 350 DM.

Betreibt man diese Brenner mit höherem Luftüberschuß (ca. 1,4), so wird die Flammentemperatur abgesenkt, die Emissionen lassen sich dann um bis zu 60 % (20 - 32 kg NO_x/TJ) senken. Dadurch verschlechtert sich allerdings der Wirkungsgrad, sodaß keine Brennstoffeinsparungen mehr realisiert werden können.

Weitere Verbesserungen werden bei Blaubrennern im Versuch durch den Einsatz einer Rauchgasrückführung erreicht, da hier die Verminderung der Flammentemperatur mit einer Absenkung des Sauerstoffpartialdrucks verbunden ist. Problematisch hierbei ist eine Verschlechterung der Flammstabilität und der Zündwilligkeit; diese Brenner sind auf dem Markt noch nicht erhältlich.

Bei ***Ölgelbbrennern mit gestufter Verbrennungsluftzufuhr*** wird die zugeführte Verbrennungsluft durch eine Verteilerblende in Kern- und Sekundärluft geteilt. Dadurch wird eine unterstöchiometrische Verbrennung im Flammenkern erreicht, ergänzt um eine überstöchiometrische Restverbrennung bei geringeren Temperaturen im Ausbrandbereich. Es werden NO_x-Minderungen von ca. 28 % erreicht.

Die Mehrkosten werden zum Teil durch Brennstoffeinsparungen infolge des verbesserten Wirkungsgrades ausgeglichen. Es sind Brenner mit Leistungen zwischen 14 und 1100 kW verfügbar.

Beim ***Ölgelbbrenner mit Rezirkulation heißer Brenngase zur Flammenwurzel*** bewirkt ein aus Hochtemperaturkeramik gefertigter Mischkopf eine Rezirkulation heißer Verbrennungsgase. Emissionsminderungen von etwa 15 % sind erreichbar, der Leistungsbereich erstreckt sich von 11 bis 34 kW.

Zur Erdgasverbrennung sind derzeit üblicherweise Spezialkessel mit Brennern ohne Gebläse (atmosphärische Brenner) eingesetzt. Diese weisen Emissionen von ca. 23 bis 112 kg NO_x/TJ (unterer Heizwert) auf. Durchschnittlich entstehen etwa 60 kg NO_x/TJ. Bei ***Gasspezialkesseln mit Brennern ohne Gebläse und stetig geregelter Gaszufuhr*** erfolgt eine stetige Regelung der Gaszufuhr bei konstant gehaltenem Luftstrom. Im Teillastbereich ergeben sich dadurch eine geringere Wärmestromdichte im Brennerraum und ein höherer Luftüberschuß. Die dadurch erreichte Flammenkühlung bewirkt eine Reduzierung der NO_x-Emissionen um etwa 27 %, nennenswerte Mehrkosten entstehen nicht.

Die NO_x-Emissionen lassen sich bei atmosphärischen Brennern technisch einfach durch *Edelstahleinsätze (Glühkörper)* im Flammenbereich reduzieren. Diese Einsätze entziehen den Flammen Wärme und strahlen sie an die Feuerraumwand ab. Die dadurch erreichte Flammenkühlung reduziert die NO_x-Emissionen um ca. ein Drittel. Es entstehen nur geringe Mehrkosten, der Nutzungsgrad der Anlage bleibt unverändert.

Setzt man statt Gasspezialkesseln mit atmosphärischem Brenner *Öl/Gas-Kessel mit Gasgebläsebrenner* ein, so wird eine bessere Gas-Luft-Mischung und damit ein Absinken der NO_x-Emissionen von ca. 50 % erreicht. Durch den erzielbaren niedrigeren Luftüberschuß ergibt sich zudem ein besserer Wirkungsgrad. Die Mehrinvestitionen betragen bei Anlagen für Einfamilienhäuser (20 kW) ca. 600 DM, bei 1 MW-Anlagen ca. 15 000 DM; die spezifischen Mehrkosten pro kW sinken bei größeren Anlagen somit erheblich. Dies führt dazu, daß bei größeren Anlagen (ab etwa 100 - 200 kW) die Mehrinvestitionen durch die eingesparten Brennstoffkosten mehr als ausgeglichen werden, bei kleineren Anlagen ist dies nicht der Fall.

In *Gasbrennwertkesseln mit Pulsationsbrenner* findet eine pulsierende Verbrennung statt (ca. 60 Zündungen pro Sekunde). Die geringe Verweildauer in Verbindung mit einer teilweisen Rauchgasrückführung bei der Pulsation führt zu NO_x-Emissionen, die nach Herstellerangaben um ca. zwei Drittel unter denen eines atmosphärischen Brenners liegen. Kessel mit Pulsationsbrennern werden nur in einer Leistungsgröße von 25 kW angeboten und sind etwa doppelt so teuer wie herkömmliche Anlagen. Bei Nachrüstung muß, wie bei anderen Brennwertkesseln auch, der Schornstein umgerüstet werden, da sonst durch die bei niedrigen Abgastemperaturen entstehende Säure der Schornstein versottet. Dadurch wird aber der Einsatz dieser Kessel zusätzlich erheblich verteuert, sodaß die Marktchancen des Geräts zumindest bei Altbauten gering sind.

Bei Kesseln mit *überstöchiometrisch vormischendem Brenner* werden Gas und Luft mit Gebläseunterstützung überstöchiometrisch vorgemischt, der Luftüberschuß beträgt 20-40%. Nach Herstellerangaben lassen sich durch die homogene Temperaturverteilung im Bereich der Ausbrandstrecke Temperaturspitzen vermeiden und dadurch Emissionsminderungen um bis zu 80 % erreichen.

Tab. 3.1 zeigt die wesentlichen Daten der genannten Technologien im Zusammenhang.

Ausgehend von diesen Daten werden folgende Techniken zur Ermittlung der optimalen Minderungsstrategien ausgewählt:

- bei Ölbrennern ≤ 50 kW:
  Blaubrenner mit Luftüberschuß, NO_x-Emissionen 35 kg/TJ, Mehrkosten ca. 350 DM/Brenner,
- bei Ölbrennern ≥ 50 kW:
  Gelbbrenner mit gestufter Luftzufuhr, NO_x-Emissionen 37,5 kg/TJ, Mehrkosten ca. 500 DM/Brenner,
- bei Gasbrennern und -kesseln:
  * Edelstahleinsätze (Glühkörper), NO_x-Emissionen 40 kg/TJ, Mehrkosten ca. 1 DM/kW,

* Gasgebläsebrenner, NO_x-Emissionen 30 kg/TJ, Mehrkosten je nach Leistung, 15-38 DM/kW,
* überstöchiometrisch vormischende Brenner (< 100 kW), NO_x-Emissionen 10 kg/TJ, Mehrkosten je nach Leistung 10-30 DM/kW.

Tabelle 3.1: NO_x-Emissionsfaktoren und Jahresnutzungsgrade verschiedener Brennertechnologien für Anlagen < 1 MW /42/

Technologie	NO_x-Emissionen kg/TJ	Jahresnutzungsgrade %
a) leichtes Heizöl		
Gebläsebrenner (Standard)	36-94	84-87
Blaubrenner		
nahstöchiometrisch (≤ 50 kW)	34-43	85-88
mit Luftüberschuß (≤ 50 kW)	20-32	84-87
Gelbbrenner		
mit gestufter Luftzufuhr	38	84-89
mit Rauchgasrezirkulation (< 50 kW)	33	84-87
b) Erdgas		
atmosphärischer Brenner		
Standard	23-112	83-86
stetig ger. Gaszufuhr	42-60	83-86
Glühkörpereinsatz	40	83-86
Gasgebläsebrenner		
Standard	18-34	85-88
Pulsationsbrenner (25 kW)	20	92-99
überstöchiometrische Vormischung (< 100 kW)	6-16	86-87

Primärmaßnahmen bei Fahrzeugmotoren

Wesentlichen Einfluß auf die Emissionen eines Ottomotors haben die Gemischbildung, die Brennraumform und das Verdichtungsverhältnis, der Zündzeitpunkt und die Ventilsteuerzeiten. Durch Beeinflussung dieser Parameter lassen sich somit die NO_x-Emissionen vermindern. Dabei treten jedoch u. U. Zielkonflikte hinsichtlich der Optimierung von Energieverbrauch und Leistung auf. Wird z. B. der Zündwinkel NO_x-mindernd in Richtung spät verstellt, so sinken die NO_x-Emissionen um ca. 30 %, gleichzeitig erhöht sich aber der Kraftstoffverbrauch und die Leistung sinkt um ca. 5 % ab.

Niedrigere NO_x-Emissionen lassen sich auch durch *Verringerung des Verdichtungsverhältnisses* erzielen, da dadurch das Temperaturniveau im Brennraum reduziert wird, diese Maßnahme ist aber ebenfalls mit Mehrverbräuchen und Leistungsminderungen verbunden.

Besonders interessant ist die Anwendung des ***Magerkonzepts***. Wie Abb. 3.2 zeigt, sinken die NO_x-Emissionen mit zunehmendem Luftüberschuß stark ab. Auch die Kohlenwasserstoffemissionen und der Kraftstoffverbrauch weisen bei einem Luftverhältnis von $\lambda \approx 1{,}2$ bis 1,3 ein Minimum auf. Um die Verbrennung solcher magerer Gemische über einen weiten Last- und Drehzahlbereich ohne Zündaussetzer zu ermöglichen, müssen allerdings verschiedene Maßnahmen vor, im und hinter dem Motor durchgeführt werden, z. B. Änderungen am Gemischbildungsorgan und Saugrohr, der Form des Brennraums, der Art und Lage der Zündkerze und dem Aufbau und der Bestückung der Abgasanlage.

Bei $\lambda \approx 1{,}3$ sind NO_x-Minderungen von bis zu 50 % erreichbar. Durch weitere Abmagerung (bis $\lambda \approx 1{,}7$) können die NO_x-Emissionen im Prinzip noch weiter abgesenkt werden, wobei die dann wieder steigenden Kohlenwasserstoffemissionen durch einen nachgeschalteten Oxidationskatalysator weitgehend vermieden werden können. Allerdings setzt das Auftreten von Zündaussetzern und die abnehmende Laufruhe des Motors einer weitergehenden Abmagerung Grenzen.

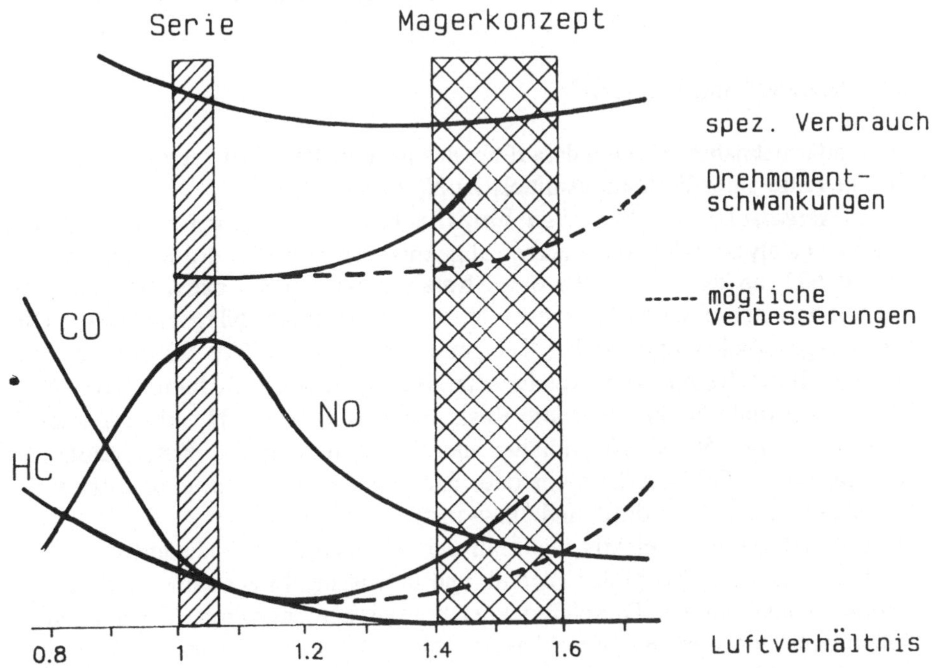

Abb. 3.2: Zusammenhang zwischen Luftverhältnis, Emissionen und Kraftstoffverbrauch bei Ottomotoren

Bisher ist erst ein PKW mit Magermotor auf dem Markt erhältlich. Das Magerkonzept wird daher hier noch nicht als Stand der Technik angesehen und bei den Strategierechnungen nicht berücksichtigt.

Eine weitere Möglichkeit zur Reduzierung von NO_x-Emissionen durch Primärmaßnahmen ist die *Abgasrückführung*. Allerdings ist diese direkt mit einer Verschlechterung des Wirkungsgrades und einer Erhöhung der Kohlenwasserstoffemissionen verbunden. Je nach Lastzustand lassen sich Minderungen der NO_x-Emissionen um 40 bis 60 % erreichen, bei einer Erhöhung des Kraftstoffverbrauchs um ca. 10 % und Investitionen von ca. 400 DM. Die Abgasrückführung kann sowohl bei Otto- wie bei Dieselmotoren angewendet werden. Zur Verminderung der VOC- und CO-Emissionen sollte diese Maßnahme bei Dieselmotoren mit einem Oxidationskatalysator kombiniert werden - die Investitionen betragen dann insgesamt etwa 1100 DM.

Bei Diesel-Lastkraftwagen ist die Identifizierung und Quantifizierung von Minderungsmaßnahmen noch kaum möglich, weil entsprechende Meßdaten fehlen und spezielle Minderungstechniken auf dem Markt nicht angeboten werden.

Es ist allenfalls auf die *Ladeluftkühlung* hinzuweisen. Diese bewirkt bei Nennleistung nicht nur eine Verminderung des Kraftstoffverbrauchs um ca. 5 %, sondern auch eine NO_x-Minderung um bis zu 40 %. Im Leerlauf und unteren Lastverlauf erhöhen sich allerdings im allgemeinen CO-, Ruß- und VOC-Emissionen beträchtlich. Da Kosten für die Ladeluftkühlung nicht zu ermitteln waren, wurde diese Maßnahme bei den Strategierechnungen nicht berücksichtigt.

3.2.2 Sekundärmaßnahmen

Sekundärmaßnahmen zielen darauf ab, das im Rauchgas bzw. Abgas enthaltene NO_x mit Hilfe eines Reduktionsmittels zu N_2 zu reduzieren.

Beim *selektiven katalytischen Verfahren*, das üblicherweise mit SCR für "selective catalytic reduction process" abgekürzt wird, erfolgt die Reduktion von NO und NO_2 an der Oberfläche eines Katalysators, der als aktive Bestandteile Metalloxide enthält; als Reduktionsmittel wird Ammoniak (NH_3) eingesetzt. Die SCR-Anlage arbeitet optimal bei Temperaturen zwischen 340 °C und 380 °C; unterhalb dieses Temperaturbereichs setzt die gewünschte Reduktion von NO_x nicht ein, oberhalb beginnen andere Reaktionen (z. B. von NH_3 mit O_2), zudem besteht ab etwa 450 °C die Gefahr einer Beschädigung des Katalysators. Je nachdem, ob der SCR-Reaktor vor oder nach dem Elektrofilter eingesetzt wird, unterscheidet man "high-dust" und "low-dust"-Anordnungen.

Das Verfahren heißt selektiv, weil nur der Schadstoff NO_x reduziert wird.

SCR-Anlagen sind Stand der Technik und inzwischen hinter zahlreichen Großfeuerungen und einigen Diesel-Blockheizkraftwerken installiert. Es sind NO_x-Minderungen von etwa 85 % erreichbar. Prinzipiell sind zwar auch höhere Abscheidegrade möglich, dabei besteht aber die Gefahr eines unerwünscht hohen NH_3-Schlupfes, also des Entweichens von Ammoniak mit den Abgasen.

Abb. 3.3 zeigt die spezifischen Investitionen des SCR-Verfahrens.

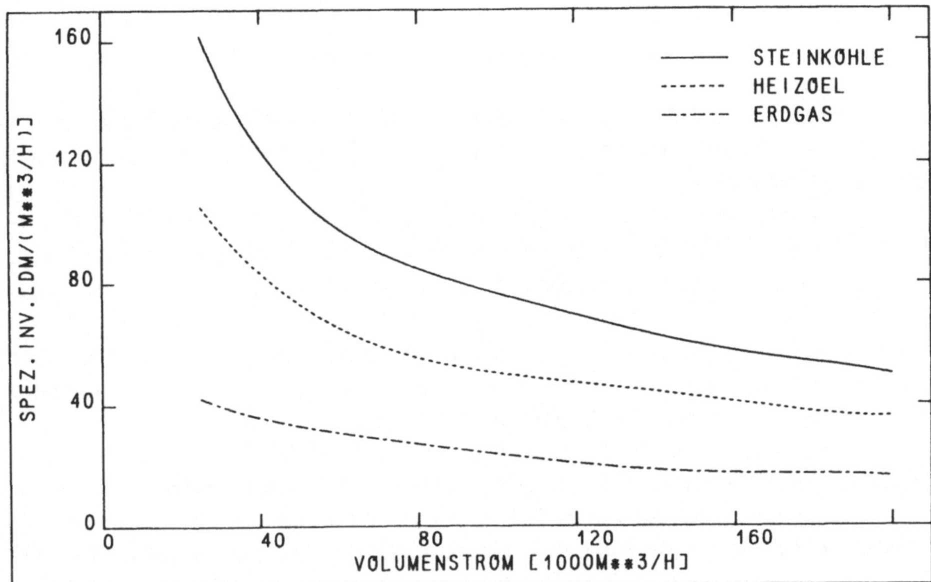

Abb. 3.3: Investitionen pro m^3/h Rauchgasvolumenstrom für SCR-Anlagen (ohne Katalysator) /1/, /42/

Neben den Investitionen sind noch die Kosten für Personal, Betriebsmittelverbrauch (NH_3, el. Energie, Dampf), Wartung und die Katalysatorkosten zu berücksichtigen. Letztere betragen etwa 31.000 - 35.000 DM/m^3 Katalysatorvolumen. Es werden Katalysatorstandzeiten von ca. 3 Jahren bei Kohle, 5 Jahren bei Öl und 7 Jahren bei Gas angenommen.

Bei ***selektiven, nicht-katalytischen Reduktionsverfahren,*** sogenannten SNCR (Selective non-catalytic reduction process)-Verfahren, wird Reduktionsmittel nach der Ausbrandzone unter Gegenwart von Sauerstoff in das Rauchgas eingedüst. Ein Katalysator wird nicht verwendet. Die folgenden beiden Verfahren sind auf dem Markt:

Beim *Harnstoff-Lanze-Verfahren* erfolgt die Eindüsung von Harnstoff als Reduktionsmittel mit einer Art "Lanze". Das Verfahren kann in mit schwerem Heizöl gefeuerten Kesseln mit einem Leistungsbereich von 5 - 20 MW eingesetzt werden. Die NO_x-Minderung beträgt etwa 20 %. Wesentlich für die NO_x-Minderung ist die Eindüsung an der richtigen Stelle, da das Verfahren vor allem bei Temperaturen zwischen 800 °C und 1000 °C funktioniert. Um bei Temperaturschwankungen z. B. durch Laständerungen die gewünschten NO_x-Minderung zu erhalten, wird die Lanze mit einer Verstelleinrichtung im Brennraum bewegt. Die Investitionen für das System liegen bei 200 000 DM für einen 20 MW-Kessel.

Ähnlich funktioniert das *NO_x-OUT-Verfahren* eines anderen Herstellers, auch hier wird Harnstoff als Reduktionsmittel verwendet. Das Verfahren ist für alle Brennstoffe ab einer Kesselfeuerungswärmeleistung von etwa 60 MW einsetzbar. Die erreichbare NO_x-Minderung beträgt bis zu 50 %.

Beim *Adsorptions- / Reduktionsverfahren* handelt es sich um eine Variante des bereits zur SO_2-Minderung beschriebenen Bergbauverfahrens. Bei diesem Verfahren wird NH_3 in das Rauchgas, das weitgehend SO_2-frei sein muß, eingedüst. Das an Aktivkoks adsorbierte NO wird dann durch das NH_3 reduziert.

Bei diesem Verfahren werden Minderung der NO_x-Emissionen bis zu 85 % erreicht. Die Investitionen betragen etwa 140 bis 170 DM/kW, die Betriebskosten 4 bis 6 DM/MWh.

Alle bis jetzt genannten Verfahren werden bei genehmigungspflichtigen Anlagen eingesetzt. Bei kleineren, nicht genehmigungsbedürftigen Anlagen, etwa Hausheizanlagen, sind diese Verfahren, z. B. das SCR-Verfahren, zwar prinzipiell technisch ebenfalls einsetzbar, verfügen hier jedoch wegen der hohen spezifischen Investitionen einerseits und der geringeren Ausgangsemissionen andererseits über ein sehr schlechtes Kosten-Effektivitäts-Verhältnis. Daher werden für kleinere Anlagen derzeit keine Sekundäranlagen angeboten.

Nicht selektive katalytische Reduktionsverfahren (NSCR) werden im Sektor Verkehr hinter Viertakt-Ottomotoren eingesetzt. Nicht selektiv bedeutet, daß nicht nur NO_x, sondern auch andere Schadstoffe gemindert werden.

Beim *Dreiwegkatalysator mit Lambda-Sonde* werden simultan die drei Schadstoffgruppen NO_x, CO und VOC aus dem Abgas entfernt. Dies erfolgt in einem Katalysator, der aus einem wabenförmigen Keramikkörper als Trägermaterial besteht. Auf diesen ist die katalytisch wirksame Edelmetallschicht, bestehend aus Platin und Rhodium, aufgetragen.

Im Katalysator werden CO und VOC oxidiert und gleichzeitig NO_x reduziert, CO und VOC werden somit als Reduktionsmittel eingesetzt. NO_x wird jedoch nur dann weitgehend reduziert, wenn sich kaum Luftsauerstoff im Abgas befindet. Daher ist ein stöchiometrischer Motorbetrieb erforderlich, um hohe NO_x-Minderungen zu erreichen. Dieser erfolgt durch eine automatische Gemischregelung, die das Luft-Kraftstoff-Gemisch in einem sehr engen Bereich um $\lambda = 1$ konstant hält. Da somit der Motor nicht im verbrauchsoptimalen Bereich gefahren wird, erhöht sich der Kraftstoffverbrauch um etwa 5 bis 10% /42/.

Ein hoher Konvertierungsgrad wird erst bei Abgastemperaturen von 400 °C erreicht. Nach einem Kaltstart und während der Warmlaufphase erfolgt somit noch keine wesentliche Reduzierung der Emissionen. Dies senkt den durchschnittlichen Reduktionsgrad im Stadtverkehr um ca. 10 Prozentpunkte ab /42/.

Bei einem neuen Katalysator in betriebswarmem Zustand werden NO_x-Reduktionsgrade von mehr als 90 % erreicht. Allerdings nimmt die Wirksamkeit des Katalysators mit zunehmender Lebensdauer ab. Für die nachfolgenden Berechnungen wird daher von einem durchschnittlichen NO_x-Emissionsminderungsgrad von 70 % im Stadtverkehr, 80 % auf Landstraßen und 90 % auf Autobahnen ausgegangen.

Technisch weit weniger aufwendig ist der *ungeregelte Dreiwegkatalysator*. Da ungeregelt, hängt hier die Schadstoffminderung vom jeweiligen Lastzustand (genauer: vom Luftverhältnis) ab. Im fetten Bereich beträgt die NO_x-Minderung bis zu 90 %, während die CO- und VOC-Minderungen geringer sind. Im Teillast bereich ($\lambda > 1$) erreichen die NO_x-Minderungen nur etwa 40 %, während VOC und CO zu 80 bis 90 % reduziert werden. Im Mittel wird eine etwa 50 %ige

Schadstoffminderung erreicht, anders als beim geregelten Katalysatorkonzept treten keine Verbrauchserhöhungen und Leistungsminderungen ein.

Zur Ermittlung der Kosten einer Katalysatoranlage wurden die Preise von verschiedenen Pkw-Modellen, die es sowohl mit als auch ohne Katalysatorkonzept zu kaufen gibt, ermittelt und ausgewertet. Die sich ergebenden Durchschnittskosten zeigt Tab. 3.2.

Tabelle 3.2: Durchschnittliche Kosten des Katalysatorkonzepts bei Neufahrzeugen (DM)

	Dreiwegkatalysator	
Hubraum	geregelt	ungeregelt
< 1000 cm^3	1000 DM	300 DM
1000-1400 cm^3	1000 DM	600 DM
1400-2000 cm^3	1210 DM	770 DM
> 2000 cm^3	1580 DM	880 DM

Bei den Kostenrechnungen muß berücksichtigt werden, daß Katalysatoren sowohl NO_x als auch CO und VOC mindern. Die genannten Kosten können daher nicht nur der NO_x-Verminderung angelastet werden, vielmehr muß eine Aufteilung der Kosten auf die Schadstoffe vorgenommen werden. Dazu wird die Schädlichkeit der Schadstoffe im Verhältnis der MAK-Konzentrationswerte, also im Verhältnis NO_x:VOC:CO = 1,25:1:0,01, gewichtet.

3.3 Maßnahmen zur simultanen Minderung von SO_2 und NO_x

Zur gleichzeitigen Minderung von SO_2 und NO_x durch eine Maßnahme bieten sich folgende Maßnahmengruppen an:

- die Substitution von Brennstoffen,
- die Rauchgasreinigung mit Simultanverfahren,
- die Energieeinsparung.

3.3.1 Substitution von Brennstoffen

Wird ein Brennstoff, z. B. Kohle oder schweres Heizöl, durch einen anderen ersetzt, so ändern sich sowohl die SO_2- als auch die NO_x-Emissionen. Die SO_2-Emissionen hängen im wesentlichen von den Schwefelgehalten der Brennstoffe ab. Schwieriger sind die Änderungen der NO_x-Emissionen zu ermitteln, da hier neben dem Brennstoff die eingesetzten Technologien entscheidend sind.

Tab 3.3 zeigt den Schwefelgehalt und die SO_2-Emissionsfaktoren verschiedener derzeit angebotener Brennstoffe.

Tabelle 3.3: Schwefelgehalt (in Gewichts-%) und Emissionsfaktoren verschiedener Brennstoffe

Brennstoff	Schwefelgehalt (Gewichts-%)	mittlerer Emissionsfaktor (kg pro TJ Brennstoffwärme)
heim. Steinkohle	0,9 - 1,1	640
leichtes Heizöl (bis 2/1988)	< 0,3	130
leichtes Heizöl (ab 3/1988)	< 0,2	87
schweres Heizöl Normalware	1,9 - 2,0	940
schweres Heizöl, max.-1-Ware	0,9 - 1,0	480
Benzin	0,001 - 0,06	10
Erdgas	~ 0	~ 0

Werden Brennstoffe mit höheren durch solche mit niedrigeren Emissionsfaktoren ersetzt, so sinken die SO_2-Emissionen. Bei der Berechnung der Emissionsminderung sind die unterschiedlichen Jahresnutzungsgrade der verschiedenen Feuerungsanlagen zu berücksichtigen.

Typische NO_x-Emissionen für verschiedene Feuerungstechniken sind in Tab. 3.4 dargestellt.

Je nachdem, welche Ausgangs- und welche Substitutionstechnik gewählt wird, ergeben sich unterschiedliche NO_x-Emissionsminderungen. Bei den Hausheizungen kommt noch hinzu, daß zwischen Einzel- und Sammelheizung unterschieden werden muß. Wird bei einer Substitution gleichzeitig von Einzelheizung (etwa Kohleeinzelöfen) auf Sammelheizung umgestellt, so erhöht sich der Nutzenergiebedarf erfahrungsgemäß um ca. 36 %, weil bei der Sammelheizung aus Komfortgründen meist der überwiegende Teil der Wohnung beheizt wird, während bei der Einzelheizung in vielen Fällen nur die gerade benutzten Räume bedarfsgerecht geheizt werden.

Die Kosten einer Brennstoffsubstitution setzen sich im wesentlichen zusammen aus

- der Differenz der Brennstoffkosten,
- den Anschlußgebühren bei leitungsgebundenen Energieträgern,
- den Kosten für einen Öltank bei Einsatz von leichtem Heizöl,
- der Differenz der Investitionen bzw. der Zusatzinvestitionen.

Bei nicht genehmigungsbedürftigen Anlagen wird eine Brennstoffsubstitution erst dann vorgenommen, wenn die alte Feuerung sowieso erneuert werden soll, als Mehrinvestitionen werden dann die Differenzkosten zwischen der bisher eingesetzten und der neuen Technologie verwendet.

Die größeren genehmigungsbedürftigen Feuerungsanlagen besitzen wesentlich höhere Lebensdauern, sodaß bis zum Betrachtungsjahr 2000 nur ein kleiner Teil dieser Anlagen erneuert werden muß. Hier wird angenommen, daß im allgemeinen

Tabelle 3.4: Mittlere NO_x-Emissionsfaktoren für verschiedene Brennstoffe und Feuerungstechniken (ohne Sekundärmaßnahmen zur Schadstoffminderung)

A) Genehmigungsbedürftige Feuerungen (> 1 MW)

	[mg/Nm³]	[kg/TJ]
Steinkohle		
Staubfeuerung, trockener Ascheabzug	850-1200	295-400
Staubfeuerung (trocken) mit NO_x-armen Brennern	650	225
Schmelzfeuerung	1500-1700	520-590
Rostfeuerung	400	160
stationäre atm. Wirbelschicht	200-400	85-160
zirkulierende Wirbelschicht	100-200	40-85
schweres Heizöl		
mit Standardbrennern	650	200
mit NO_x-armen Brennern	450	140
leichtes Heizöl		
mit Standardbrennern	470-800	145-247
mit NO_x-armen Brennern	250	77
Erdgas		
mit Standardbrennern	400-650	115
mit NO_x-armen Brennern	200	57
Holz	200	125

B) Nicht genehmigungsbedürftige Feuerungen (< 1 MW)

	Emissionsfaktor kg/TJ
Kohle	50
leichtes Heizöl:	
Standardgelbbrenner	50
NO_x-armer Gelbbrenner	38
Blaubrenner	20-43
Erdgas:	
atmosphärischer Brenner	60
NO_x-armer atm. Brenner	40
Gebläsebrenner	30
NO_x-armer Gebläsebrenner	10

eine Brennstoffsubstitution durch die Umrüstung des bestehenden Kessels und den Einbau von neuen Brennern erfolgen kann.

Bei Einsatz von Erdgas entstehen zusätzliche Kosten für die Anschlußleitung und die Druckregelanlage.

Einen Sonderfall stellen Mischfeuerungen dar, bei denen schon bisher mehrere Brennstoffe zum Einsatz kommen. Bei diesen Kesseln wird angenommen, daß die Ausweitung des Einsatzes eines Brennstoffes zu Lasten eines anderen außer den Brennstoffpreisdifferenzen keine weiteren Kosten verursacht.

Die zur Berechnung der Brennstoffpreisdifferenzen eingesetzten Brennstoffpreise zeigt Tab. 3.5.

Tabelle 3.5: Kosten der Energieträger in DM/MWh frei Verbraucher in Baden-Württemberg (ohne Steuern) im Jahr 2000 /33/.

	mittlere	untere	obere
	Variante		
Kraftwerke:			
Heimische Kohle	38.84	38.84	38.84
Importkohle	20.62	15.86	32.52
Heizöl EL	38.41	26.86	67.60
Erdgas	29.04	22.46	47.84
Heizöl S (1 % S)	28.65	21.89	47.97
Heizöl S (2 % S)	26.26	19.50	45.58
Industrie:			
Heimische Kohle	39.03	39.03	39.03
Importkohle	25.59	20.82	37.49
Heizöl EL	45.17	31.59	79.50
Erdgas nicht unterbrechb.	44.52	31.62	77.13
Erdgas unterbrechbar	37.75	29.20	62.19
Heizöl S (1 % S)	31.51	24.07	52.76
Heizöl S (2 % S)	28.88	21.44	50.13
Verkehr:			
Normalbenzin	66.64	46.77	116.88
Superbenzin	72.46	52.59	122.70
Dieselkraftstoff	61.93	43.47	108.63
Haushalte:			
Steinkohlenbriketts	94.72	94.72	94.72
Braunkohlenbriketts	97.07	97.07	97.07
Heizöl EL	58.41	41.00	102.45
Erdgas	60.10	42.69	104.14

Unterstellt man - ausgehend von einem weltweit reichlichen Energieangebot und von langfristig steigenden Kosten der Förderung von Primärenergieträgern - die Realisierung leichter Marktlagengewinne durch eine wieder erstarkte OPEC, so ergeben sich die in Tab. 3.5 als mittlere Variante bezeichneten Preise im Jahr 2000. Mit diesen Werten wird im folgenden generell gerechnet.

Um die Auswirkungen von möglichen anderen Energieträgerpreisentwicklungen untersuchen zu können, werden darüberhinaus zwei weitere Szenarien der Energieträgerpreise des Jahres 2000 aufgestellt, die die Bandbreite der möglichen Entwicklung der Preise eingrenzen sollen.

Die untere Variante geht von günstigen Förderbedingungen und einem starken Wettbewerb, der erfolgreiche Kartellbildungen verhindert, aus. Die obere Variante unterstellt dagegen stärkere Marktlagengewinne, sodaß die Preise über den Grenzkosten liegen, was eine wirksame Kartellbildung voraussetzt. Allerdings sind die Preise der oberen Variante dadurch begrenzt, daß ein Preisniveau, das über dem von mengenmäßig bedeutsamen Alternative liegt, langfristig nicht durchsetzbar ist. Solche Alternativen sind etwa die Gewinnung von Ölen aus extremen (z. B. arktischen) Lagen und aus Ölschiefern und -sänden sowie die Gewinnung von flüssigen Energieträgern aus Erdgas.

Es stellt sich die Frage, ob durch erhebliche Substitutionen eines Energieträger durch einen anderen, also durch erhebliche Änderungen der Nachfrage nach Energieträgern, nicht auch die Preisrelationen sich ändern. Insbesondere könnte es auf Grund von Energieträgersubstitutionen zu einem Absinken der Nachfrage nach heimischer Steinkohle und schwerem Heizöl und einem Mehrverbrauch von leichtem Heizöl und insbesondere Erdgas kommen.

Solange diese Änderungen im wesentlichen auf die Bundesrepublik beschränkt sind, sind allerdings gravierende Preisänderungen nicht zu erwarten. So hat die Mineralölindustrie in den letzten Jahren gezeigt, daß sie durchaus in der Lage ist, sowohl ihre Raffineriekapazität insgesamt an eine gesunkene Nachfrage anzupassen als auch durch Veränderung der Raffineriestruktur, insbesondere dem Zubau von Crackern, dem wachsenden Anteil leichter Produkte an der Nachfrage Rechnung zu tragen, ohne daß dies zu wesentlichen Änderungen der Preisrelationen geführt hätte. Was das Erdgas anbelangt, so haben die Erdgaslieferanten auf Grund großzügig abgeschlossener Lieferverträge derzeit Absatzprobleme, zudem wären eine Reihe von Erdgasanbietern, etwa Norwegen, Rußland, Iran, Algerien und andere, nur zu gerne bereit, bei steigender Nachfrage Lieferverträge abzuschließen, sodaß steigende Nachfrage bei Erdgas nicht zu höheren Preisen führen muß.

3.3.2 Rauchgasreinigung mit Simultanverfahren

In der Literatur, z. B. /23/, werden eine ganze Reihe von Verfahren diskutiert, bei denen gleichzeitig SO_2 und NO_x aus dem Rauchgas entfernt werden.

Beispielhaft erwähnt seien:

- das *Walther-Verfahren:*
  Bei diesem Verfahren werden in mehreren Waschtürmen unter Zugabe einer Waschlösung, die im wesentlichen aus Ammoniumsalzen besteht, Ammoniumsulfat, Ammoniumnitrat und Ammoniumsulfatsalpeter erzeugt. Die Endprodukte können u. U. als Dünger in der Landwirtschaft verwendet werden. Der großtechnische Einsatz beim Großkraftwerk Mannheim war jedoch nicht erfolgreich.
- das *Elektronenstrahlverfahren* bzw. EBDS (Electron-Beam-Dry-Scrubber - Verfahren) /48/:
  Beim EBDS-Verfahren wird das Rauchgas mit Elektronen bestrahlt, SO_2- und NO_x-Moleküle werden dabei angeregt und über einen Radikal-Bildungsmechanismus mit vorher zugefügtem Ammoniak und mit Wasser zu kristallinem Ammoniumnitrat und Ammoniumsulfat umgewandelt. Das Salzgemisch wird anschließend in einem Staubabscheider abgeschieden. Das Verfahren befindet sich noch in der Entwicklung, die bisherigen Forschungsergebnisse lassen wesentliche Vorteile gegenüber den bereits auf dem Markt eingeführten getrennt wirkenden Verfahren nicht erkennen.
- das *Adsorption-/Reduktionsverfahren* (Bergbauforschungsverfahren):
  Bei diesem Verfahren strömt das Rauchgas durch zwei Aktivkokswanderbetten. Im ersten Aktivkoksbett wird das SO_2 adsorbiert, im zweiten wird - nach Zugabe von Ammoniak - NO_x an der als Katalysator fungierenden Aktivkoksschicht reduziert. Da die SO_2- und NO_x-Minderung somit im wesentlichen nacheinander erfolgt, wird dieses Verfahren hier nicht als Simulationsverfahren eingeordnet, sondern in zwei getrennte Verfahren für SO_2 und NO_x aufgeteilt. Diese Verfahren sind bereits in den Teilkapiteln, die sich mit der SO_2- bzw. NO_x-Reduzierung aus dem Rauchgas beschäftigen, diskutiert worden.

Daneben existieren noch eine Reihe weiterer Verfahren. Keines dieser Verfahren wird aber derzeit in der Bundesrepublik großtechnisch eingesetzt. Da die Chancen der Anwendung von Simultanverfahren somit sehr gering sind, werden sie bei den nachfolgenden Rechnungen nicht berücksichtigt.

3.3.3 Energieeinsparung

Durch Energieeinsparmaßnahmen lassen sich der Energieträgereinsatz und damit auch die Emissionen verringern. Bleiben die spezifischen Emissionen von den Einsparmaßnahmen unbeeinflußt, so verringern sich die Emissionen im selben Verhältnis wie die Einsparungen. Es sind jedoch sowohl Verringerungen der spezifischen Emissionen, etwa der NO_x-Emissionen bei Teillast, als auch Erhöhungen, etwa durch häufigeres An- und Abfahren von Feuerungen, möglich.

Die ganze Bandbreite der möglichen Energiesparmaßnahmen im Rahmen dieser Studie zu untersuchen, erscheint kaum möglich. Es werden daher hier beispielhaft Maßnahmen im Bereich der Wärmedämmung von Wohnhäusern ausgewählt und bei den Rechnungen berücksichtigt.

Speziell wurde die Dämmung der Außenwände, des Daches und der Kellerdekke sowie der Einbau von Isolierglasfenstern betrachtet. Diese Maßnahmen werden nur an Häusern, die vor 1977 gebaut wurden, berücksichtigt, da 1977 die erste Wärmeschutzverordnung in Kraft trat, die eine wesentliche Verbesserung der Dämmung von Neubauten mit sich brachte.

Die bei Durchführung der genannten Maßnahmen jeweils erzielbaren Energieverbrauchs- und Emissionsreduzierungen zeigt Tab. 3.6.

Tabelle 3.6: Verringerung des Nutzenergiebedarfs und Kosten pro m^2 Wohnfläche und Jahr bei Durchführung von Wärmedämmaßnahmen, nach /23/.

Maßnahme	Ein-/Zweifamilienhaus		Mehrfamilienhaus	
	Kosten $DM/m^2 \cdot a$	Einsparung %	Kosten $DM/m^2 \cdot a$	Einsparung %
Dämmung der Außenwände	2,24	26	1,77	23
Dämmung des Daches	0,95	10	0,63	5
Dämmung der Kellerdecke	1,39	9	0,88	4
Isolierglasfenster	0,83	10	1,25	15

4 Ermittlung effizienter Emissionsminderungsstrategien

Im folgenden soll die Anwendung des in Kap. 3 beschriebenen Verfahrens zur Ermittlung optimaler Emissionsminderungsstrategien anhand einer real existierenden Emittentenstruktur demonstriert werden.

Das Untersuchungsgebiet für diese Demonstration sollte einerseits genügend groß sein, um repräsentative Emittentenstrukturen aufzuweisen. Luftreinhaltepolitik wird auf der Ebene der Länder, des Staates und der EG betrieben und ist somit am Beispiel eines örtlichen Industriegebiets oder einer Gemeinde nicht ausreichend nachzuvollziehen. Andererseits sind zahlreiche Daten über die verschiedenen Emittenten erforderlich, so daß der dafür benötigte Aufwand das Gebiet begrenzt. Für diese Analyse wird daher ein Bundesland, und zwar Baden-Württemberg, als Untersuchungsgebiet ausgewählt.

Es besteht zweifellos Einigkeit darüber, daß ein umfassendes Luftreinhaltekonzept alle schädlichen Stoffe, die in die Luft emittiert werden, berücksichtigen muß. Es ist jedoch auch einsichtig, daß, um den Aufwand vertretbar zu halten, zunächst eine Auswahl unter den zu untersuchenden Schadstoffen getroffen werden muß. Für die vorliegende Untersuchung beispielhaft ausgewählt werden daher die Schadstoffe SO_2 und NO_x; über die Emissionsquellen dieser Schadstoffe liegen dem Autor umfangreiche Daten vor.

Die Ermittlung effizienter Emissionsminderungsstrategien verfolgt dabei einen doppelten Zweck. Zum einen soll die Anwendbarkeit des erarbeiteten Verfahrens für einen konkreten Fall demonstriert werden, darüberhinaus soll in einem nachfolgenden Schritt durch Vergleich der ermittelten optimalen Emissionsminderungsstrategien mit der Strategie, die sich unter den derzeitigen Randbedingungen einstellt, eine Bewertung der derzeitigen Luftreinhaltepolitik erfolgen.

Für beide Zwecke ist die Ermittlung von Luftreinhaltestrategien für den jetzigen Zeitpunkt nur wenig geeignet, weil

- durch die Rechnungen Hilfen zur Einsetzung einer rationalen Luftreinhaltepolitik erarbeit werden sollen; neue umweltpolitische Maßnahmen werden aber die zukünftigen Emissionen begrenzen und damit auf die zukünftig zu erwartende Struktur der Emissionsquellen einwirken.
- die getroffenen Maßnahmen der derzeitigen Luftreinhaltung noch nicht voll wirksam sind, so daß eine Bewertung auf Grund der heutigen Emissionen der derzeitigen Luftreinhaltepolitik nicht voll gerecht wird.

Es folgt, daß für die Ermittlung effizienter Emissionsminderungsstrategien die zukünftige Emissionssituation herangezogen werden sollte - im folgenden wird daher das Jahr 2000 als Referenzjahr, für das die Berechnungen durchgeführt werden, gewählt.

Dies setzt natürlich voraus, daß Szenarien der Entwicklung der Emissionen und der Emittentenstruktur - ausgehend von der derzeitigen Situation - erstellt werden, dies soll im folgenden Unterkapitel 4.1 erfolgen.

4.1 Szenarien der SO_2- und NO_x-Emissionen im Jahr 2000 im Untersuchungsgebiet

In diesem Kapitel werden entsprechend der oben genannten beiden Ziele zwei Szenarien der Emissionen in Baden-Württemberg bis zum Jahr 2000 dargestellt:

- Der 'Referenzfall' ist dadurch charakterisiert, daß von einer Fortsetzung der bisherigen Umweltschutzpolitik und einem Fortbestehen der derzeitigen energiewirtschaftlichen Rahmenbedingungen ausgegangen wird. Insbesondere bedeutet dies, daß die bis Anfang 1989 beschlossenen Umweltschutzgesetze und -verordnungen, z. B. die TA Luft, die Großfeuerungsanlagenverordnung, die Reduzierung des Schwefelgehalts von leichtem Heizöl und die Reduzierung der Pkw-Emissionen, wie geplant umgesetzt werden und anschließend unverändert weiter gelten.

  Die Ergebnisse des Referenzfalls dienen als Beispiel für die Auswirkungen (Kosten und Effektivität) der derzeit angewandten Auflagenpolitik und als Ausgangspunkt für die Ermittlung von effizienten Maßnahmen zur weitergehenden Reduzierung der Emissionen.
- Der OEMM-Fall (ohne Emissionsminderungsmaßnahmen) beschreibt dagegen die Entwicklung der Emissionen, die sich ohne den Einsatz von technischen Emissionsminderungsmaßnahmen und ohne eindeutig aus Umweltschutzgründen erfolgende Brennstoffsubstitutionen einstellen würde. Für den Schwefelgehalt der Heizöle werden die vor 1985 gültigen Grenzwerte eingesetzt. Der OEMM-Fall dient als Ausgangsbasis für die Ermittlung optimaler Emissionsminderungsstrategien und für die Berechnungen und den Vergleich der Auswirkungen des Einsatzes der verschiedenen umweltpolitischen Instrumente.

Ausgangspunkt für die Entwicklung der Szenarien ist die derzeitige Struktur der Emissionsquellen von SO_2 und NO_x in Baden-Württemberg. Diese können eingeteilt werden in

- die öffentlichen Kraftwerke,
- die genehmigungsbedürftigen Anlagen,
- die nicht genehmigungsbedürftigen Anlagen,
- den Straßenverkehr.

Unter 'genehmigungsbedürftigen Anlagen' sind im wesentlichen die Anlagen zu verstehen, die nach der Verordnung über genehmigungspflichtige Anlagen - 4. BImSchV - einer Genehmigung nach §4, Absatz 1 des Bundesimmissionsschutzgesetzes bedürfen. Dies sind unter anderem

- Feuerungsanlagen für feste Brennstoffe und Heizöle (außer leichtem Heizöl) mit einer Feuerungswärmeleistung von 1 MW und mehr,
- Feuerungsanlagen für leichtes Heizöl ≥ 5 MW,
- Feuerungsanlagen für gasförmige Brennstoffe ≥ 10 MW.

Zusätzlich sind hier in der Gruppe der genehmigungsbedürftigen Anlagen auch Feuerungsanlagen für leichtes Heizöl zwischen 1,1 und 5 MW erfaßt. Diese waren in einer inzwischen nicht mehr gültigen Fassung der 4. BImSchV vom 14.2.1975 ebenfalls noch genehmigungsbedürftig, daher sind für diese Anlagen noch Unterlagen bei den Gewerbeaufsichtsämtern vorhanden, diese wurden mit ausgewertet.

Nicht erfaßt in dieser Gruppe sind die genehmigungsbedürftigen öffentlichen Kraftwerke, da sie in einer eigenen Gruppe behandelt werden.

Die nicht genehmigungsbedürftigen Anlagen umfassen Feuerungen, die kleinere Leistungen als die oben angegebenen aufweisen, also etwa Kohle-, Ölfeuerungen und Mischfeuerungen < 1 MW und reine Gasfeuerungen < 10 MW.

Die genehmigungsbedürftigen und nicht genehmigungsbedürftigen Anlagen werden noch weiter nach Energieverbrauchersektoren unterteilt.
Diese sind

- die Industrie,
- die privaten Haushalte,
- die sog. Kleinverbraucher.

Letztere umfassen alle Energieverbraucher, die nicht zu den ersten beiden Kategorien oder zum Sektor Verkehr zu zählen sind. Dazu gehören Einrichtungen des öffentlichen Dienstes, Handwerk, Landwirtschaft, Handel, Dienstleistungen aller Art sowie kleine Industriebetriebe mit weniger als 20 Beschäftigten, die nicht der statistischen Industrieberichterstattung unterliegen.

Schließlich erfolgt noch eine Unterteilung nach Kesselfeuerungen und Prozeßfeuerungen. In Kesselfeuerungen wird ausschließlich Wasser, das von den Rauchgasen getrennt geführt wird (z. B. durch Rohrwände), erhitzt, bei Prozeßfeuerungen werden dagegen Güter durch unmittelbare Berührung mit heißen Gasen erwärmt, getrocknet oder sonst behandelt. Wegen der speziellen Bedingungen von Prozeßfeuerungen lassen sich viele Emissionsminderungsmaßnahmen nur an Kesselfeuerungen, nicht aber an Prozeßfeuerungen einsetzen, letztere müssen daher getrennt behandelt werden.

Für jede der genannten Emittentengruppen müssen nun Szenarien der Emissionen im Jahr 2000 ermittelt werden. Dazu sind zum einen die Entwicklungen der Anzahl und Brennstoffverbräuche der Feuerungen sowie der Anzahl und Fahrleistungen von Fahrzeugen, zum anderen die Entwicklung der Emissionsfaktoren zu untersuchen.

Die Entwicklung der Energieverbräuche und Fahrleistungen wird dabei in Anlehnung an die in /33/ berechneten Szenarien festgelegt. Einige wesentliche Annahmen sind:

* Der Bruttoinlandsprodukt wird bis zum Jahr 2000 durchschnittlich um 2,2 %/a wachsen. Dieser Durchschnittswert ist das Resultat von Einzelbetrachtungen von insgesamt 24 Wirtschaftsbereichen und -sektoren. Ein überdurchschnittliches Wachstum hat insbesondere der Dienstleistungsbereich zu verzeichnen.
* Durch technologische Verbesserungen, Verbesserungen von Nutzungsgraden und Energierückgewinnung verringert sich der spezifische Energieverbrauch in den verschiedenen Branchen. Im Mittel geht der spezifische Endenergieverbrauch des gesamten Verarbeitenden Gewerbes von 1990 bis zum Jahr 2000 um ca. 12 % zurück.
* Erdgas kann seinen Marktanteil zu Lasten der Mineralölprodukte, insbesondere zu Lasten des schweren Heizöls, weiter ausdehnen; die Kohle kann ihre Marktposition vor allem bei Anlagen größerer Leistung und hoher Auslastung behaupten.
* Die Anzahl der Wohnungen beträgt im Jahr 2000 4,45 Mio, die beheizte Wohnfläche steigt auf 363 Mio m^2.
* Der Jahresnutzungsgrad der Heizungen verbessert sich je nach Heizungstyp unterschiedlich, z. B. verbessert sich der Jahresnutzungsgrad von Ölzentralheizungen um 3 Prozentpunkte. Der Jahresnutzungsgrad der Warmwasserbereitung steigt ebenfalls an.
* Bei jährlich 1 % der Altbauten werden die Fassaden gedämmt und neue energiesparende Fenster eingebaut. Bei 0,5 %/a der Altbauten wird das Dach wärmegedämmt.
* Die Verkehrsleistung der Pkw in Baden-Württemberg steigt von 1990 bis 2000 um 2,56 %/a, bei Lkw wird sogar eine Steigerung um 2,77 %/a erwartet.
* Der Anteil der Diesel-Pkw steigt auf 13 % im Jahr 2000 an.
* Der Trend zu größeren Hubräumen setzt sich weiter fort.
* Der spezifische Kraftstoffverbrauch sinkt von 10,2 l (1991) auf 7,9 l/100 km im Jahr 2000 bei Ottomotoren und von 8,3 l (1991) auf 6,6 l/100 km bei Dieselmotoren.
* Der Strombedarf steigt bis zum Jahr 2000 um 1,2 %/a. Nach der Inbetriebnahme des Kohlekraftwerkes GKM8 Ende 1992 ist der Zubau eines weiteren Kohlekraftwerks mit ca. 700 MW Ende der neunziger Jahre erforderlich, um angesichts der Stillegung einiger älterer Kraftwerke den Strombedarf decken zu können.

Bei Berücksichtigung aller dieser und weiterer, hier nicht erwähnter Annahmen - siehe /33/ - erhält man einen Verbrauch fossiler Brennstoffe von 895 PJ im Jahr 2000.

Von diesem Szenario des Energieverbrauchs ausgehend können nun die Emissionen ermittelt werden. Für den OEMM-Fall werden dazu die für die Jahre vor 1985 gültigen Emissionsfaktoren weiter verwendet.

Im Referenzfall müssen dagegen die Emissionsminderungen durch die inzwischen durchgeführten und die bis 2000 geplanten Emissionsminderungsmaßnahmen berücksichtigt werden. In den einzelnen Emittentengruppen werden die im folgenden beschriebenen Maßnahmen eingesetzt.

A) Öffentliche Kraftwerke

In allen öffentlichen Kraftwerken wurden seit 1983 weitgehende SO_2-Emissionsminderungsmaßnahmen durchgeführt. Insbesondere wurden bei den Kohlekraftwerken 9 Rauchgasentschwefelungsanlagen eingebaut, davon 7 Anlagen mit dem Kalkwaschverfahren. Eine Anlage (Stadtwerke Karlsruhe) wird mit dem Walther-Verfahren betrieben, in einer Anlage ist das Sprühabsorptionsverfahren eingesetzt. Bei den Stadtwerken Pforzheim wurde eine Wirbelschichtfeuerung gebaut. Im Kraftwerk Ulm wird das Trockenadditivverfahren eingesetzt. Kessel, die mit schwerem Heizöl betrieben wurden, wurden fast ganz auf Erdgas und leichtes Heizöl umgestellt.

Diese Maßnahmen bewirken ganz erhebliche Emissionsminderungen; während im OEMM-Fall, also ohne Maßnahme, im Jahr 2000 88,5 kt SO_2 entstehen würden, sind es im Referenzfall nur 12,2 kt SO_2. Es wird also eine Minderung um 86 % erreicht, dabei entstehen Kosten von 215 Mio DM/a.

Zur NO_x-Minderung wurden an fast allen Kesseln Primärmaßnahmen durchgeführt. Des weiteren wurden ab 1985 10 DENOX-Anlagen nach dem SCR-Verfahren gebaut und eingesetzt. Die bereits erwähnte Wirbelschichtfeuerung und die Umstellung von schwerem Heizöl auf leichtes Heizöl und Erdgas tragen ebenfalls zur NO_x-Minderung bei.

Ohne diese Maßnahmen, also im OEMM-Fall, würden sich NO_x-Emissionen von 45,9 kt ergeben. Dabei wurde der Einsatz NO_x-armer Brenner bei neuen, nach 1986 gebauten Kohlekraftwerken auch im OEMM-Fall angenommen, da diese Brenner mittlerweile als Standardbrenner gelten. Mit den 'alten', vor 1986 eingesetzten Brennern würden sich noch höhere Werte ergeben.

Unter Berücksichtigung der eingesetzten Minderungsmaßnahmen, also im Referenzfall, ergeben sich für das Jahr 2000 Emissionen von 10,6 kt. Die Minderung beträgt somit 77 %. Die Kosten für die eingesetzten Maßnahmen belaufen sich auf 246 Mio DM/a.

B) Genehmigungsbedürftige Anlagen

In den 43 Anlagen, die der Großfeuerungsanlagenverordnung (GFAVO) unterliegen, wurden die folgenden Maßnahmen zur SO_2-Minderung durchgeführt:

- In 5 Anlagen wurden Rauchgasentschwefelungsanlagen (REA) eingebaut.

  3 dieser Anlagen gehören zu Feuerungsanlagen der Zellstoffindustrie, die u. a. Sulfitablauge einsetzen; 2 dieser 3 REA waren bereits 1985 in Betrieb.

  Zwei weitere Rauchgasentschwefelungsanlagen werden bei der Zuckerproduktion eingesetzt.

  Die Emissionen dieser 5 Anlagen würden ohne Entschwefelungsanlage, also im OEMM-Fall, 58,6 kt SO_2 betragen. Im Referenzfall ergeben sich 6,0 kt SO_2. Die Minderung beträgt 90 % bzw. 52,6 kt, davon vermindern die drei Anlagen der Zellstoffindustrie allein 51,7 kt. Die Kosten betragen insgesamt 51,9 Mio DM/a.
- In zwei Anlagen wird eine Kohlewirbelschichtfeuerung eingesetzt.

- Von den drei Anfang der 80er Jahre existierenden Raffinerien wurde eine Anlage in Mannheim stillgelegt. In den beiden anderen Raffinerien in Karlsruhe werden die Emissionen durch den Einsatz schwefelarmer Brennstoffe begrenzt. Da Ausmaß und Kosten dieser Maßnahme jedoch nicht bekannt sind, werden für die Raffinerien im OEMM- und im Referenzfall jeweils die gleichen Emissionen im Jahr 2000 (14,2 kt SO_2, 4,7 kt NO_x) unterstellt.
- 5 Anlagen wurden stillgelegt.
- In den restlichen 28 Anlagen wird die GFAVO durch den Einsatz schwefelärmerer Brennstoffe und die Substitution von Brennstoffen erfüllt.

Etwa 2100 Feuerungsanlagen mit etwa 5000 Kessel- bzw. Einzelfeuerungen unterliegen der TA Luft. Von diesen Anlagen

- werden 1300 Anlagen in Industriebetrieben, 750 Anlagen bei Kleinverbrauchern und 55 Anlagen in großen Wohnblocks eingesetzt,
- bestehen 1900 Anlagen aus Kesselfeuerungen, ca. 250 Anlagen setzen sich aus Prozeßfeuerungen zusammen, 14 Anlagen weisen beide Feuerungsarten auf,
- können 79 Anlagen Steinkohle, z. T. in Verbindung mit anderen Brennstoffen, einsetzen.

Bei den Anlagen, die der TA Luft unterliegen, lassen sich die angegebenen Grenzwerte durch den Einsatz von Kohle und schwerem Heizöl mit einem Schwefelgehalt von 1 % erfüllen. Der Einsatz schwefelärmerer 1 %-Ware an schwerem Heizöl statt der jeweils bisher genehmigten Schwerölsorte führt im Referenzfall zu Minderemissionen von 4,3 kt SO_2/a gegenüber dem OEMM-Fall bei Mehrkosten von 6,4 Mio DM/a.

Daneben schreibt die TA Luft vor, daß Feuerungsanlagen unter 5 MW nicht mehr mit schwerem Heizöl betrieben werden dürfen (soweit sie keine Entschwefelungsanlagen aufweisen). Die Umstellung der entsprechenden Kessel auf leichtes Heizöl kostet einschließlich der Brennstoffkostendifferenz 19,7 Mio DM/a und senkt die SO_2-Emissionen um 2,1 kt/a.

Die seit 1988 erforderliche Verminderung des Schwefelgehalts von leichtem Heizöl auf maximal 0,2 % - vorher waren maximal 0,3 % zugelassen -, senkt die SO_2-Emissionen im Jahr 2000 um 1,4 kt/a bei geschätzten Mehrkosten von 4,5 Mio DM/a.

Alle Maßnahmen zusammen mindern die SO_2-Emissionen - ausgehend von den Emissionen im OEMM-Fall von 112,3 kt - um 60,3 kt; die Kosten betragen 82,5 Mio DM/a.

Die von der GFAVO und von der TA Luft vorgeschriebene Reduktion der NO_x-Emissionen läßt sich bei allen Feuerungen durch Primärmaßnahmen erreichen; Minderungsmaßnahmen, die das NO_x im Rauchgas reduzieren, sind nicht vorgesehen.

Die eingesetzten Primärmaßnahmen kosten etwa 37,5 Mio DM/a. Die NO_x-Emissionen der genehmigungsbedürftigen Feuerungen, die ohne Primärmaßnahmen im OEMM-Fall etwa 38,1 kt NO_x/a betragen würden, lassen sich dadurch um 8,0 kt NO_x/a bzw. 21 % auf 30,1 kt NO_x/a senken.

C) Nicht genehmigungsbedürftige Anlagen

Die nicht genehmigungsbedürftigen Feuerungsanlagen setzten sich zusammen aus

- Heizungen in ca. 2 Mio. Wohngebäuden mit 4,5 Mio. Wohnungen,
- Feuerungsanlagen für ca. 400 000 Raumeinheiten des Sektors Kleinverbraucher,
- ca. 14 000 nicht genehmigungsbedürftige Feuerungsanlagen in 6400 Industriebetrieben.

In der Gruppe der nicht genehmigungsbedürftigen Anlagen sinkt der Brennstoffverbrauch - bedingt durch Einsparmaßnahmen und bessere Heizungsnutzungsgrade - von 350 PJ (1985) auf 290 PJ (2000) ab. Gleichzeitig nimmt der Marktanteil des Erdgases zu.

Die SO_2-Emissionen betragen im OEMM-Fall im Jahr 2000 26,1 kt/a, die NO_x-Emissionen 15,9 kt/a.

Im Referenzfall ist nur eine Emissionsminderungsmaßnahme zu betrachten, nämlich die weitergehende Entschwefelung des leichten Heizöls von maximal 0,3 % Schwefelgehalt auf maximal 0,2 %. Diese Maßnahme bewirkt eine Minderung der SO_2-Emissionen im Jahr 2000 um 8,2 kt auf 17,9 kt SO_2/a bei Kosten von 27,1 Mio DM/a. Weitere Minderungsmaßnahmen sind vom Gesetzgeber nicht vorgesehen.

D) Verkehr

Die SO_2-Emissionen des Verkehrs werden vor allem durch den Einsatz von Dieselkraftstoff verursacht, weil der Schwefelgehalt des Benzins sehr gering ist.

Bedingt durch steigende Fahrleistungen steigen Benzin- und Dieselverbrauch und damit auch SO_2-Emissionen auf 13,3 kt/a im Jahr 2000 im OEMM-Fall an. Im Referenzfall ist die weitergehende Entschwefelung des Dieselkraftstoffs auf 0,2 % Schwefelgehalt zu berücksichtigen. Sie mindert die Emissionen des Jahres 2000 um 4,3 kt SO_2/a und verursacht Kosten von 14,3 Mio DM/a. Die NO_x-Emissionen betragen bei steigenden Fahrleistungen im OEMM-Fall 268,4 kt NO_x/a im Jahr 2000.

Für den Referenzfall sind die bis Anfang 1989 getroffenen NO_x-Minderungsmaßnahmen berücksichtigt. Diese bestehen insbesondere in der EG-weiten Absenkung der Grenzwerte für NO_x-, VOC- und CO-Emissionen bei Pkw bzw. dem Einsatz von Dreiwegkatalysatoren.

Bei Berücksichtigung der beschriebenen Maßnahmen sinken die Emissionen im Jahr 2000 auf 197 kt NO_x/a ab, sie liegen somit um 27 % unter denen des Referenzfalls.

Gegenüber den NO_x-Emissionen des Jahres 1990 (210 kt NO_x/a) bedeutet dies allerdings nur eine Minderung um 6 %. Angesichts der verkehrsbedingten Umweltprobleme in den Städten wird dieser Prozentsatz von Vielen als zu niedrig angesehen. Die Kosten für die NO_x-mindernden Maßnahmen im Verkehr betragen insgesamt 411 Mio DM/a. Dies ist nur ein Teil der Gesamtkosten für die Katalysatoren, weil von den Gesamtkosten eine Gutschrift für die Minderung der VOC- und CO-Emissionen abgezogen wurde.

E) Gesamtemissionen

Addiert man die Emissionen der einzelnen Emittentengruppen, so erhält man folgende für das Jahr 2000 geltende Werte:

OEMM-Fall :	240 kt SO_2/a	368 kt NO_x/a
Referenzfall :	91 kt SO_2/a	254 kt NO_x/a

Durch die durchgeführten Emissionsminderungsmaßnahmen werden die SO_2-Emissionen im Jahr 2000 somit um 62 %, die NO_x-Emissionen um 31 % gegenüber dem Fall ohne Emissionsminderungsmaßnahmen abgesenkt. Dafür sind insgesamt 1034 Mio DM/a aufzuwenden.

Die Maßnahmen, die diese Minderungen bewirken, sind in Tab. 4.1 noch einmal dargestellt. Abb. 4.1 zeigt die Aufteilung der SO_2- und NO_x-Emissionen im Referenzfall und im OEMM-Fall nach Emittentengruppen im Jahr 2000.

Zur Minderung der SO_2-Emissionen tragen die Rauchgasentschwefelungsanlagen bei den Kraftwerken und den Sulfitablaugefeuerungen entscheidend bei. Die NO_x-Minderungen werden hauptsächlich durch den Einbau von Katalysatoren bei Pkw, daneben auch durch die DENOX-Anlagen in den öffentlichen Kraftwerken erreicht. Der Lkw-Verkehr ist im Referenzfall im Jahr 2000 die Hauptemissionsquelle für NO_x.

Interessant ist auch ein Vergleich mit den derzeitigen Emissionen von NO_x und SO_2. 1990 wurden in Baden-Württemberg 100 kt SO_2 emittiert; die wesentlichen Emissionsminderungen sind daher bereits realisiert (1985 hatten die SO_2-Emissionen noch 211 kt betragen). An NO_x wurden 1990 304 kt emittiert, gegenüber 1990 wird im Jahr 2000 also - trotz steigender Fahrleistung im Verkehr - auf Grund des Einbaus von Katalysatoren noch eine Minderung der NO_x-Emissionen um 16 % erwartet.

Tabelle 4.1: Im Referenzfall durchgeführte Emissionsminderungsmaßnahmen und ihre Kosten

Gruppe/Maßnahmen	Minderung		Kosten
	SO_2 kt/a	NO_x kt/a	Mio DM/a
- *Kraftwerke*			
REA[1]	71,2		204,0
SCR-Anlagen[2]		29,2	232,3
Sonstige	5,0	6,1	24,4
- *genehmigungsbedürftige Anlagen*			
REA[1]	52,6		51,9
Schwefelgehalt von			
schwerem Heizöl: 1 %	4,3		6,4
leichtem Heizöl: 0,2 %	1,4		4,5
Umrüstung von Anlagen < 5 MW auf leichtes Heizöl	2,1	0,1	19,7
Einbau von NO_x-armen Brennern		8,0	37,5
- *nicht genehmigungsbed. Anlagen*			
Schwefelgehalt von leichtem Heizöl 0,2 %	8,2		27,1
- *Verkehr*			
Katalysatoren		71,2	411,3[3]
Schwefelgehalt von Diesel 0,2 %	4,3		14,3
Summe	**149,1**	**114,6**	**1033,4**

1) REA = Rauchgasentschwefelungsanlagen
2) SCR = 'Selective catalytic reduction'
3) auf NO_x-Reduktion entfallender Anteil

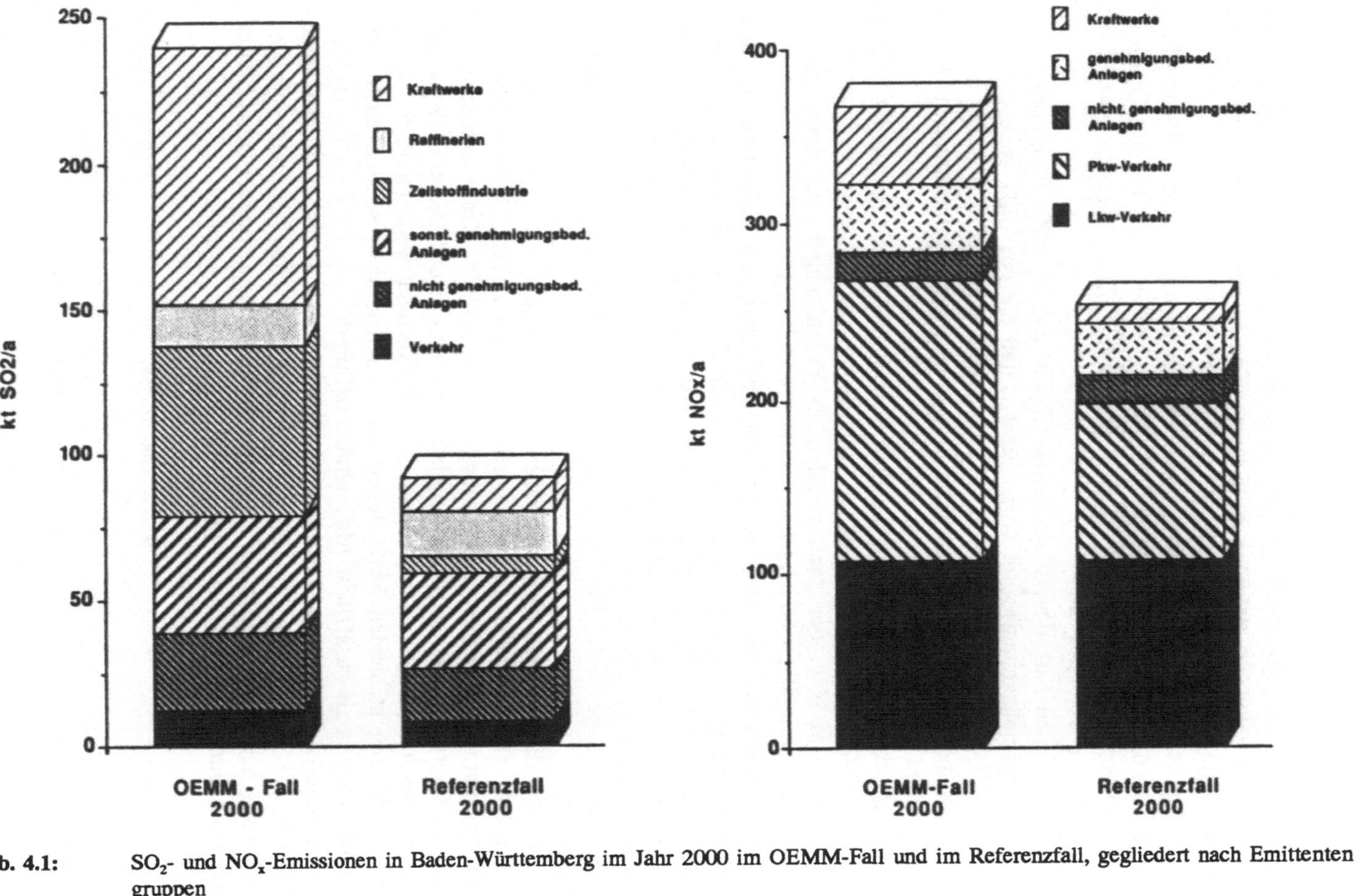

Abb. 4.1: SO_2- und NO_x-Emissionen in Baden-Württemberg im Jahr 2000 im OEMM-Fall und im Referenzfall, gegliedert nach Emittentengruppen

4.2 Optimale Emissionsminderungsstrategien ausgehend vom Fall ohne Emissionsminderungsmaßnahmen

In Kap. 3 wurden die zur Verfügung stehenden Emissionsminderungstechniken beschrieben, dabei wurde auch auf die Kosten und den Emissionsminderungsgrad dieser Techniken eingegangen.

In Kap. 4.1 wurde beschrieben, welche Struktur die in Baden-Württemberg vorhandenen Emittenten im Jahr 2000 aufweisen und welche SO_2-und NO_x-Emissionen durch diese Emittenten verursacht werden. Dabei wurden zwei Fälle unterschieden:

- Im ersten Fall, dem sogenannten OEMM-Fall (= ohne Emissionsminderungsmaßnahmen) wird vorausgesetzt, daß die vor 1985 geltenden Umweltschutzgesetze bzw. -auflagen auch danach unverändert weiter in Kraft bleiben; zusätzliche technische Emissionsminderungsmaßnahmen werden nicht durchgeführt.
- Im zweiten Fall, dem sogenannten Referenzfall, wird dagegen das Inkrafttreten der ab 1985 erfolgten Änderungen des Bundesimmissionsschutzgesetzes bzw. der dazu gehörenden Verordnungen und der sonstigen Änderungen der Umweltschutzpolitik berücksichtigt.

Somit stehen nun die Informationen zur Verfügung, um die optimalen Emissionsminderungsstrategien zu berechnen, also die Strategien, die bei vorgegebenen bzw. festgelegten Grenzschäden zu einem Wohlfahrtsoptimum führen, d. h. die Summe aus monetarisierten Schäden durch Emissionen und Kosten für Emissionsminderungsmaßnahmen minimieren.

Das dazu angewandte Verfahren wurde in Kap. 2 hergeleitet und ausführlich beschrieben.

Im wesentlichen wird folgendermaßen vorgegangen:

Für jede einzelne genehmigungsbedürftige Feuerungsanlage, für jede Klasse von nicht genehmigungsbedürftigen Feuerungsanlagen, für jeden Kraftwerkskessel und jede Raffinerie und für jede Hubraumklasse bei Benzin- und Diesel-PKW werden die jeweils technisch in Frage kommenden Maßnahmen ausgewählt. Soweit die zur Verfügung stehenden Maßnahmen kombinierbar sind, werden auch diese Kombinationen als zusätzliche Maßnahmen definiert.

Anschließend werden die Kosten und die Emissionsminderungen, die bei Durchführung der Maßnahmen bei einem Emittenten oder einer Emittentengruppe i entstehen, berechnet, und daraus jeweils der Wohlfahrtsgewinn bei Durchführung der Maßnahmen j (siehe Gl. 2.14):

$$\Delta W_{ij} = \sum_k \beta_{ik} \cdot EM_{ijk} - K_{ij} \tag{4.1}$$

ermittelt. Die Maßnahme mit dem höchsten Wohlfahrtsgewinn

$$\Delta W_{ij} \overset{!}{=} \max$$

ist die bei gegebenen β_{ik} optimale Minderungsmaßnahme für den Emittenten i. Berechnet man die optimale Maßnahme für jeden Emittenten i, so hat man damit die optimale Emissionsminderungsstrategie, die aus der Zusammenstellung der optimalen Maßnahmen für alle Emittenten besteht, ermittelt.

Da die Schadensfunktion und damit β_{ik} nicht bekannt sind, wird die optimale Emissionsminderungsstrategie als Funktion von β_{ik} ermittelt. Trägt man die für die verschiedenen β ermittelten Kosten über die zugehörigen erreichten Emissionsminderungen auf, so erhält man die in Kap. 2 bereits beschriebene Kostenkurve der Emissionsminderung. Diese Kurve soll im folgenden konkret für Baden-Württemberg ermittelt werden.

Wie in Kap. 2 ausgeführt wurde, sind die β_{ik} bei den unterschiedlichen Emittenten im allgemeinen verschieden, weil die Schäden, die dadurch entstehen, daß die Emissionen eines Emittenten A um eine Einheit erhöht werden, nicht gleich hoch sind wie die Schäden, die durch dieselbe Emissionserhöhung bei einem anderen Emittenten B entstehen. Da aber, wie bereits mehrfach erwähnt, derzeit weder geeignete Modelle zur Berechnung der Ausbreitung von Schadstoffen noch quantitative Angaben über den Zusammenhang zwischen Schaden und Schadstoffkonzentration verfügbar sind, kann die Relation der Schäden, die durch die Emissionen einer Schadstoffeinheit bei verschiedenen Emittenten i entstehen, und damit die Relation der β_{ik} nicht bestimmt werden. Im folgenden wird daher vereinfachend angenommen, daß

$$\beta_{ik} = \beta_k \text{ für alle i,}$$

daß also die zusätzliche Emission von einer Einheit Schadstoff unabhängig von der Emissionsquelle die gleichen Schäden verursacht, unabhängig davon, an welchem Standort und in welcher Quellhöhe die Emission erfolgt. Dies ist insofern akzeptabel, als es im folgenden eher um regionale Betrachtungen für ein Bundesland und weniger um lokale Auswirkungen geht.

Betrachtet werden die Schadstoffe NO_x und SO_2, wobei die zu ermittelnde Emissionsminderungsstrategie die optimale simultane Minderung beider Schadstoffe zum Ziel hat. Wie in Kap. 2 beschrieben, muß dazu die Relation der Schädlichkeit der betrachteten Schadstoffe festgelegt werden.

Als Anhaltspunkt für diese Festlegung werden die Langzeitgrenzwerte für Immissionen nach der TA Luft, Abschnitt 2.5.1, herangezogen. Diese Immissionswerte sind zum Schutz vor Gesundheitsgefahren festgelegt. Ein niedrigerer Grenzwert deutet demnach auf höhere Gefährlichkeit eines Stoffes hin. Die Grenzwerte betragen für SO_2 0,14 mg/m^3 und für NO_x 0,08 mg/m^3. Die relative Gewichtung zwischen SO_2 und NO_x beträgt damit, wenn diese Grenzwerte zugrunde gelegt werden, 0,08/0,14. Danach hat 1 kg SO_2 eine vergleichbare Wirkung wie 0,571 kg NO_x bzw. 1 kg NO_x eine vergleichbare Wirkung wie 1,75 kg SO_2.

Obwohl diese Relation nur als sehr grobe und unvollständige Abschätzung der Wirkungsrelation zwischen SO_2 und NO_x gelten kann, wird sie, da keine besseren Anhaltspunkte verfügbar sind, für die Rechnungen übernommen. Als Grundeinheit zur Beschreibung der Emissionen wird ein kg Schadstoffäquivalent (SÄQ) verwendet, dieses entspricht einem kg SO_2 oder 0,571 kg NO_x.

Die Kosten der Emissionsminderungsmaßnahmen werden mit Hilfe der Annuitätenmethode in jährliche Kosten umgerechnet. Die Rechnung erfolgt in realen Preisen bzw. Kosten des Jahres 1990. Die eingesetzte reale Diskontrate beträgt 4 %/a.

Als Abschreibungsdauer wird die Nutzungsdauer der Anlage bzw. Maßnahme angesetzt. Im allgemeinen werden 10 Jahre bei Brennern, 15 Jahre bei Rauchgasreinigungsanlagen, 30 Jahre bei Bauten und 20 Jahre bei Anschlußleitungen verwendet.

Steuern werden bei den nachfolgenden Rechnungen nicht berücksichtigt; gesucht werden optimale Minderungsstrategien aus volkswirtschaftlicher Sicht, anfallende Steuern belasten die Volkswirtschaft als ganzes nicht, sie bewirken lediglich eine Umverteilung verfügbarer Mittel von privaten Haushalten oder Organisationen auf den Staat.

Im folgenden werden die Kostenkurve der Emissionsminderung und die optimalen Emissionsminderungsstrategien zunächst ausgehend vom Fall ohne Emissionsminderungsmaßnahmen (OEMM-Fall) berechnet. Die Ergebnisse bilden in den nachfolgenden Kapiteln den Maßstab für die Bewertung der verschiedenen umweltpolitischen Maßnahmen. Je mehr sich die bei Einsatz der umweltpolitischen Instrumente einstellende Schadstoffminderungsstrategie an die hier berechnete optimale Strategie annähert, um so günstiger ist das Instrument zu beurteilen. Die vom OEMM-Fall ausgehenden Ergebnisse erlauben es insbesondere auch, die bereits durchgeführte Auflagenpolitik zu bewerten und gegebenenfalls Möglichkeiten zur Korrektur und zur Verbesserung dieser Politik abzuleiten.

Die berechnete Kostenkurve für den OEMM-Fall ist in den Abb. 4.2 bis 4.4 dargestellt. In Abb. 4.2 sind die Emissionen über den Kosten aufgetragen. Aus dieser Kurve läßt sich besonders gut entnehmen, welches Emissionsniveau mit welchen jährlichen Kosten im Jahr 2000 zu erreichen ist. Ausgangswert sind die Emissionen im OEMM-Fall in Höhe von 885 kt SÄQ, diese setzen sich zusammen aus 240 kt SO_2 und 368 kt NO_x (= 644 kt SÄQ durch NO_x).
7 kt SÄQ lassen sich ganz ohne Mehrkosten mindern, vor allem bei den kleineren, nicht genehmigungsbedürftigen Anlagen.

Für die Minderung der ersten 10 % der Schadstoffemissionen sind 75 Mio DM/a aufzuwenden; eine Minderung um 20 % verursacht bereits Kosten von 266 Mio DM/a, bei 30 % sind es 529 Mio DM/a, bei 40 % 820 Mio DM/a. Zur Halbierung der Emissionen bedarf es eines Betrags von 1,2 Mrd DM/a. Maximal wurden Maßnahmen mit spezifischen Differenzkosten von bis zu 50 DM/kg SÄQ eingesetzt; mit diesen Maßnahmen läßt sich eine Emissionsminderung um 60 % auf ein Emissionsniveau von 360 kt SÄQ erreichen. Dabei fallen Kosten von 2,2 Mrd. DM/a an.

Abb. 4.2 zeigt auch die Aufteilung der Emissionen auf die Schadstoffe SO_2 und NO_x. Dabei ist zu beachten, daß die NO_x-Emissionen in Abb. 4.2 in Schadstoffäquivalenten dargestellt sind; die abgelesenen Werte müssen daher mit dem Faktor 0,571 multipliziert werden, um Angaben in kt NO_x zu erhalten. Es ist erkennbar, daß die SO_2-Emissionen kostengünstiger und auch weitergehender gemindert werden können als die NO_x-Emissionen.

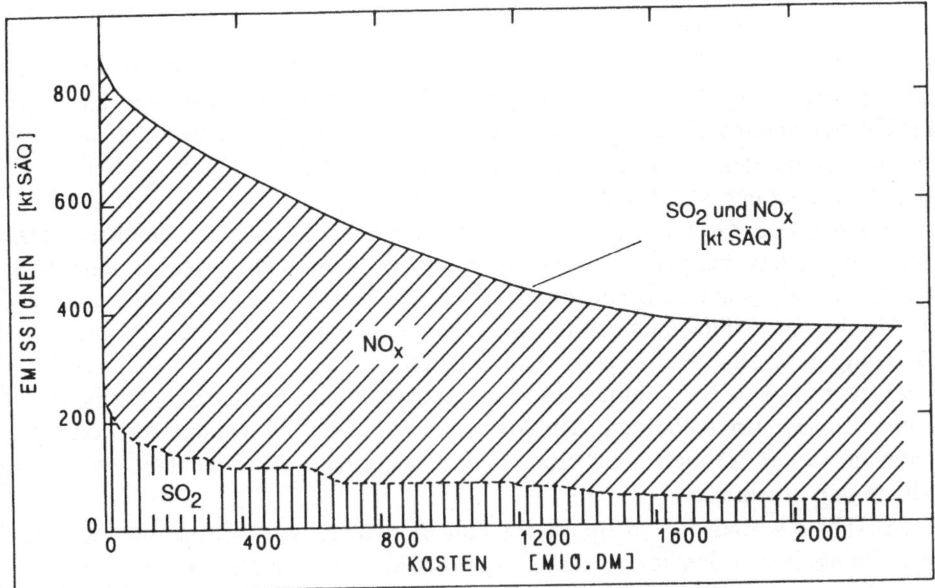

Abb. 4.2: Kostenkurve der Emissionsminderung, ausgehend vom Fall ohne Emissionsminderungsmaßnahmen, Darstellung der Emissionen in kt Schadstoffäquivalent (SÄQ), 1 kg SÄQ = 1 kg SO_2 = 0,571 kg NO_x.

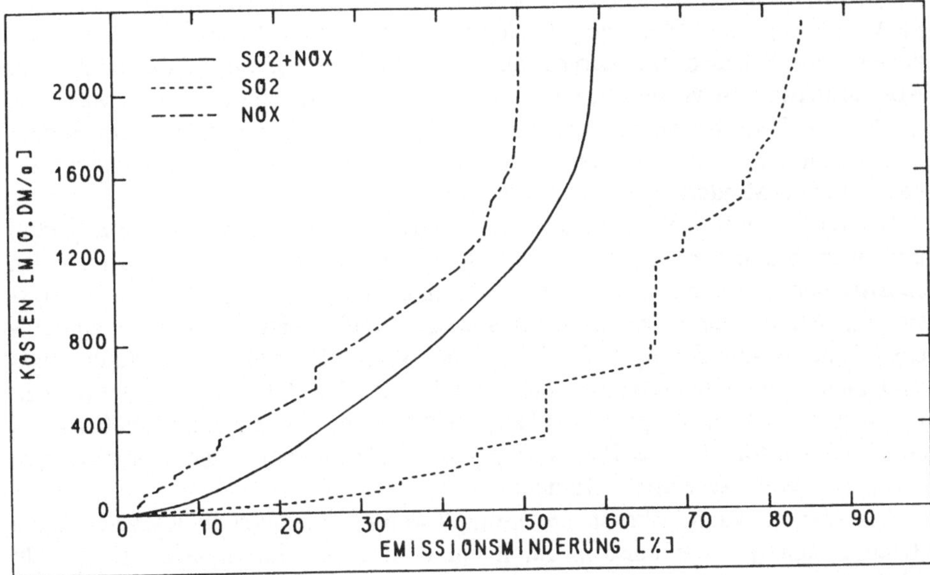

Abb. 4.3: Kosten der Minderung von Luftschadstoffemissionen in Abhängigkeit von der erreichten Emissionsminderung (in % der Ausgangsemissionen); die dabei erreichte prozentuale Minderung bei SO_2 und NO_x ist zusätzlich getrennt dargestellt.

Dies wird noch deutlicher in der für Abb. 4.3 gewählten Darstellung. Hier sind die Kosten auf der Ordinate, die Minderemissionen (in % der Ausgangsemissionen) auf der Abszisse dargestellt. Bei maximaler Minderung werden die SO_2-Emissionen um 84 %, die NO_x-Emissionen dagegen nur um 51 % gemindert. Nur ganz zu Beginn der Kostenkurve werden zunächst prozentual mehr NO_x- als SO_2-Emissionen gemindert, da hier einige besonders kostengünstige Primärmaßnahmen zur NO_x-Minderung einsetzbar sind. Danach liegt die prozentuale SO_2-Minderung stets weit über der NO_x-Minderung.

Dies hat zwei Gründe: Zum einen lassen sich SO_2-Emissionen durch Einsatz von Erdgas, das weitgehend schwefelfrei ist, bei vertretbaren Kosten ganz vermeiden. Da aber auch Erdgasfeuerungen NO_x emittieren, sind vergleichbar effektive Minderungsmaßnahmen beim NO_x nicht vorhanden; es ist nicht möglich, eine Feuerung ganz ohne NO_x-Emissionen zu betreiben.

Zweitens gibt es NO_x-Emittenten, insbesondere die Lastkraftwagen, für die trotz hoher Emissionen technische Minderungsmaßnahmen mit hohem Minderungspotential (> 50 %) nicht existieren. Beides begrenzt die Möglichkeit zur NO_x-Minderung erheblich.

In Abb. 4.4 sind die im optimalen Fall erreichten Emissionsminderungen in Abhängigkeit von den festgesetzten Grenzschäden β dargestellt. Wie in Kap. 2 dargelegt, müssen bei optimaler Schadstoffminderung die Grenzschäden gleich den maximal zu zahlenden spezifischen Differenzkosten der Schadstoffminderung sein. Diese maximalen spezifischen Differenzkosten werden - wie in Kap. 2.3 erläutert - hier auch als 'Grenzkosten' der Schadstoffminderung bezeichnet.

Dabei sei daran erinnert, daß die Kostenkurven in Abb. 4.2 und 4.3 nicht stetige, differenzierbare Kurven darstellen, sondern eine dichte Folge von Einzelpunkten, die jeweils Minderungsstrategien repräsentieren. Daher sind die 'Grenzkosten' der Schadstoffminderung auch nicht als stetige erste Ableitung einer Kostenfunktion zu verstehen, sondern als maximale spezifische Differenzkosten (SDK), die SDK bezeichnen die Kosten, die pro Einheit zusätzlich vermiedener Schadstoffemissionen entstehen, wenn man von einer Minderungsstrategie zur benachbarten Minderungsstrategie übergeht.

Bei der Kurve in Abb. 4.4 handelt es sich daher um eine Stufenfunktion; β muß um einen bestimmten endlichen Betrag $\Delta\beta$ erhöht werden, bis es gleich den spezifischen Differenzkosten der nächsten in Betracht zu ziehenden Minderungsstrategie ist; die Durchführung dieser Strategie führt zu einer bestimmten zusätzlichen Emissionsminderung ΔEM. Wegen der Vielzahl der einzelnen Minderungsstrategien ist der Charakter als Stufenfunktion in Abb. 4.4 nicht mehr erkennbar. Die Kurve in Abb. 4.4 gibt in sehr guter Näherung die Steigung der Kurve in Abb. 4.3 wieder, die die Punkte, die die Minderungsstrategien repräsentieren, durch eine konvexe Kurve verbindet.

Aus Abb. 4.4 kann insbesondere ermittelt werden, wie hoch die festzusetzenden 'Grenzkosten' β^* sein müssen, damit ein bestimmtes Emissionsniveau erreicht wird, bzw. welches Emissionsniveau bestimmten 'Grenzkosten' β^* zugeordnet ist.

So sind etwa Minderungen um 10 % mit 'Grenzkosten' von 1,7 DM/kg SÄQ, dies entspricht 1,7 DM/kg SO_2 und 3,0 DM/kg NO_x, zu erreichen. 'Grenzkosten' von 5 DM/kg SÄQ führen zu einer Minderung von 50 %, bei 9 DM/kg SÄQ werden 57 % erreicht.

Eine Erhöhung der 'Grenzkosten' über 9 DM/kg SÄQ hinaus führt nicht mehr zu bedeutenden weiteren Emissionsminderungen. Bei 'Grenzkosten' von 20 DM/kg betragen die Emissionsminderungen nur 58 %, dies liegt nur um einen Prozentpunkt höher als die Minderung bei 9 DM/kg. Dies liegt daran, daß bei 'Grenzkosten' von etwa 10 DM/kg bei vielen Großemittenten bereits die maximal möglichen Maßnahmen durchgeführt wurden. So sind etwa alle Kraftwerke mit Rauchgasreinigungsanlagen versehen, alle Pkw besitzen einen geregelten Dreiwegkatalysator. Noch ohne weitreichende Minderungsmaßnahmen sind zum einen kleinere Kessel mit geringer Auslastung - diese weisen aber auch nur ein geringes Emissionsminderungspotential auf -, und zum anderen die Emittenten, für die Minderungsmaßnahmen nicht oder nur begrenzt verfügbar sind, z. B. Lastkraftwagen oder Prozeßfeuerungen.

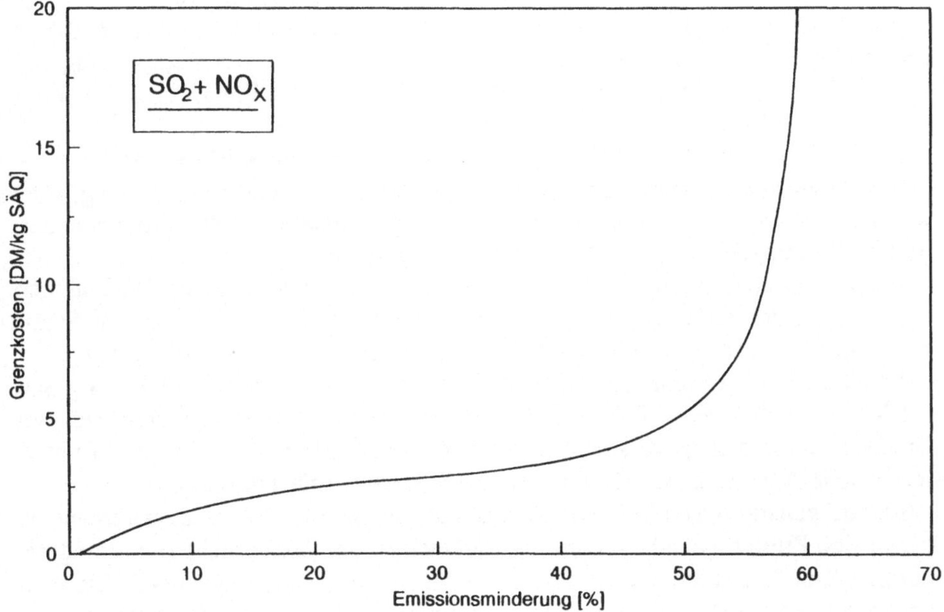

Abb. 4.4: Grenzkosten der Schadstoffminderung (in DM pro kg Schadstoffäquivalent) in Abhängigkeit von der erreichten Emissionsminderung

Im folgenden soll nun die Frage beantwortet werden, welche der in Kap. 4 beschriebenen Emissionsminderungsmaßnahmen jeweils für die optimalen Minderungsstrategien in Abhängigkeit von den 'Grenzkosten' β^* eingesetzt werden.

Da es sich um eine Vielzahl von Maßnahmen und Emittenten handelt und der Einsatz der Maßnahmen naturgemäß je nach gewähltem β^* stark unterschiedlich ist, ist eine vollständige und genaue Beschreibung der Ergebnisse hier nicht möglich. Vielmehr soll im folgenden lediglich versucht werden, die wesentlichen Trends darzustellen.

Um die Übersichtlichkeit zu erhalten, werden die eingesetzten Maßnahmen getrennt nach Emittentengruppen beschrieben.

A) Öffentliche Kraftwerke

Bei den öffentlichen Kraftwerken ist die Zahl der möglichen Maßnahmen stark eingeschränkt, weil die Substitution von Kohle durch andere emissionsärmere Brennstoffe aus energie- und beschäftigungspolitischen Gründen ausgeschlossen wird. Zwar gelten der Kohleverstromungsvertrag zwischen dem deutschen Kohlebergbau und den Elektrizitätsversorgungsunternehmen und die Verstromungsgesetze, die die Verstromung heimischer Kohle durch Subventionen stützen, nur bis 1995; eine Verlängerung wird aber angestrebt. Für die hier durchgeführten Rechnungen wird angenommen, daß auch im Jahr 2000 der Einsatz von Öl oder Erdgas anstelle von Kohle in öffentlichen Kraftwerken unterbleibt.

Somit verbleiben als Möglichkeiten zur Schadstoffminderung in diesem Sektor technische Maßnahmen, insbesondere Primärmaßnahmen zur Reduzierung der NO_x-Emissionen, Rauchgasentschwefelungsanlagen und DENOX-Anlagen nach dem SCR-Verfahren.

Abb. 4.5 zeigt die Kostenkurve des Sektors "öffentliche Kraftwerke".

Bei 'Grenzkosten' zwischen 0,2 und 1,3 DM/kg SÄQ (0,35 - 2,3 DM/kg NO_x) werden zunächst die besonders effizienten Primärmaßnahmen (NO_x-arme Brenner, gestufte Luftzufuhr) zur NO_x-Minderung nachgerüstet.

Bei nur geringfügig höheren 'Grenzkosten' sind zwei spezielle Maßnahmen einsetzbar, eine Wirbelschichtfeuerung statt einer Rostfeuerung bei einem Stadtwerk und das Trockenadditivverfahren bei einer bestehenden Rostfeuerung.

Rauchgasentschwefelungsanlagen weisen 'Grenzkosten' von 1,72 DM/kg SO_2 bis hin zu 6,50 DM/kg SO_2 auf. Diese Bandbreite ist zum kleineren Teil auf Unterschiede in den spezifischen Investitionen, zum größeren Teil aber auf unterschiedliche Auslastungen der verschiedenen Kessel zurückzuführen.

Relativ günstig liegen DENOX-Anlagen an bestimmten Schmelzfeuerungen, an denen sich Primärmaßnahmen, um das Schmelzen der Asche nicht zu verhindern, nur zum Teil durchführen lassen. Solche Schmelzfeuerungen weisen NO_x-Emissionen von etwa 1600 - 1800 mg/Nm^3 auf, während bei Trockenfeuerungen unter Berücksichtigung von Primärmaßnahmen ca. 650 mg/Nm^3 erreichbar sind. Dementsprechend ist bei einigen Schmelzfeuerungen das Minderungspotential recht hoch, die 'Grenzkosten' mit ca. 2,0 - 2,3 DM/kg SÄQ (3,5 - 4,0 DM/kg NO_x) recht niedrig.

Weitere DENOX-Anlagen bei Feuerungen mit trockenem Ascheabzug und auch bei Schmelzfeuerungen mit geringeren Ausgangsemissionen werden dann erst wieder bei 'Grenzkosten' ab 3,5 DM/kg SÄQ (6,1 DM/kg NO_x) eingesetzt. Die

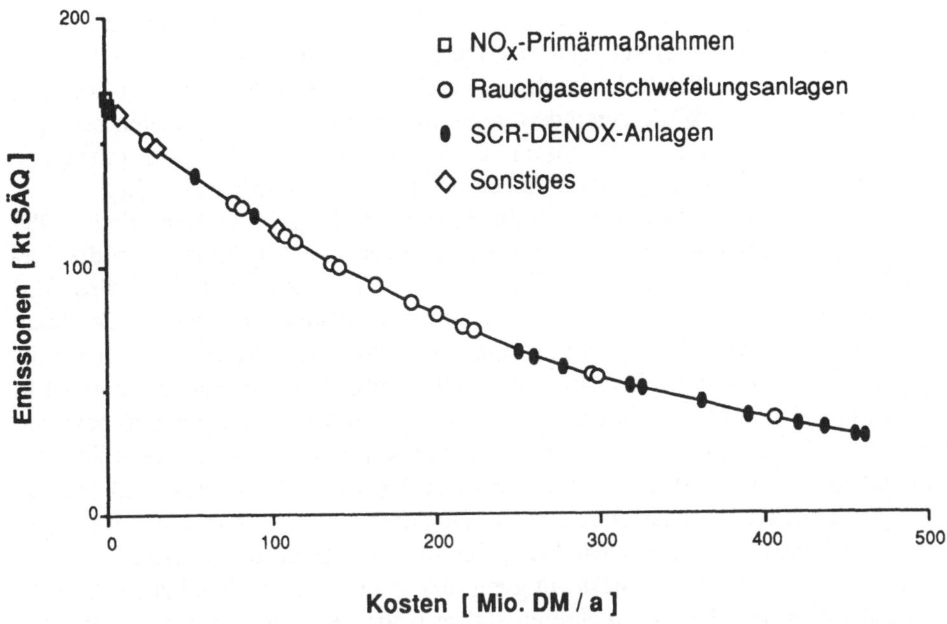

Abb. 4.5: Zusammenhang zwischen Kosten und Emissionsminderung bei optimaler Emissionsminderungsstrategie für den Sektor Kraftwerke

maximalen 'Grenzkosten' für DENOX-Anlagen betragen sogar 10,2 DM/kg SÄQ (17,9 DM/kg NO_x).

Vereinfachend läßt sich dies so zusammenfassen: Zunächst sind Primärmaßnahmen zur NO_x-Minderung durchzuführen; mit steigenden Grenzkosten werden DENOX-Anlagen an Schmelzfeuerungen und Rauchgasentschwefelungsanlagen zugebaut, bei noch weiter steigenden 'Grenzkosten' auch DENOX-Anlagen an Trockenfeuerungen. Die jeweilige Technik ist dabei zuerst bei Anlagen mit hoher Auslastung einzusetzen.

B) Feuerungen für Kochereiabwasserkonzentrat und Raffinerien

Drei Anlagen der Papierindustrie und die im Jahr 2000 noch vorhandenen 2 Raffinerien des Landes werden getrennt von den sonstigen genehmigungsbedürftigen Anlagen behandelt, weil für sie nur eine begrenzte Zahl von Minderungsmaßnahmen anwendbar ist.

In 4 Anlagen der Papierindustrie werden neben anderen Brennstoffen Kochereiabwasserkonzentrat (Sulfitablauge), das einen sehr hohen Schwefelgehalt aufweist, verbrannt. Eine dieser Anlagen hat inzwischen nach Produktionsumstellungen den Einsatz von Sulfitablauge eingestellt. Die drei anderen Anlagen würden ohne Durchführung von Emissionsminderungsmaßnahmen im Jahr 2000 57,8 kt SO_2/a emittieren, das sind fast 25 % der gesamten SO_2-Emissionen im OEMM-Fall.

Da das Kochereiabwasserkonzentrat ein Nebenprodukt der Zellstoffproduktion ist, erscheint der Übergang auf andere Brennstoffe ohne tiefgreifende Änderung des Produktionsprozesses nicht möglich. Als Maßnahme wird hier der Einbau von Rauchgasentschwefelungsanlagen betrachtet, diese sind in den drei Anlagen inzwischen auch realisiert. Dadurch werden die SO_2-Emissionen im Jahr 2000 um insgesamt 52 000 t SO_2/a gemindert, die dafür aufzuwendenden Kosten betragen 45,9 Mio DM/a. Die 'Grenzkosten' dieser Maßnahmen, die ganz erhebliche Emissionsminderungen bewirken, liegen bei nur 0,81 - 1,25 DM/kg SO_2.

1985 waren drei Raffinerien in Baden-Württemberg in Betrieb. Ende 1988 wurde eine Raffinerie (in Mannheim) geschlossen. Die SO_2-Emissionen der verbleibenden beiden Raffinerien in Karlsruhe sind seit 1985 rückläufig, dies wird durch einen verstärkten Einsatz schwefelärmerer Brennstoffe erreicht. Da hierzu genauere Angaben fehlen, wird dies nicht als Maßnahme behandelt, sondern als Trendentwicklung angesehen. Im Jahr 2000 werden diese Raffinerien etwa 14 kt SO_2/a und 5 kt NO_x/a emittieren. Die NO_x- und SO_2-Emissionsquellen bestehen aus einer Vielzahl von einzelnen Feuerungen und Prozessen, die auf dem Raffineriegelände verteilt sind. Der Einbau von Rauchgasentschwefelungs- und Entstickungsanlagen ist dabei aus mehreren Gründen problematisch. Zum einen benötigen die Rauchgasreinigungsanlagen Platz, der nur am Rande der Raffinerieanlagen vorhanden ist. Unter Berücksichtigung der vielen unterschiedlichen Quellen bedeutet dies den Bau von mehreren 100 m langen Rauchgaskanälen, verbunden mit hohen Druck- und Wärmeverlusten. Daneben stellt eine Raffinerie hohe Anforderungen an die Verfügungssicherheit und an die Sicherheit von Rauchgasreinigungsanlagen. Als besser geeignete Maßnahme erscheint daher der Einsatz von Erdgas anstelle der schwefelreichen Destillations- und Konversionsrückstände, wobei zusätzlich zur NO_x-Minderung Primärmaßnahmen durchgeführt werden. Die freiwerdenden hochschwefligen Destillations- und Konversionsrückstände müssen entweder an spezielle Verwender (Zementindustrie) abgesetzt oder mit zugekauftem und anschließend auf 0,2 % entschwefeltem Gasöl zu spezifikationsgerechter max.-1-Ware aufgemischt werden.

Die Durchführung dieser Maßnahme würde bei den angesetzten Gaspreisen 86,9 Mio DM/a kosten, erreicht würde eine Minderung von 8,1 kt SO_2/a und 2,3 kt NO_x/a. Die Maßnahme wird bei 'Grenzkosten' ab 7,2 DM/kg SÄQ bei der optimalen Minderungsstrategie berücksichtigt.

C) Sonstige genehmigungsbedürftige Anlagen

In dieser Emittentengruppe gibt es eine Vielzahl von sehr unterschiedlich strukturierten Anlagen und eine Vielzahl von zu berücksichtigenden Maßnahmen und Maßnahmenkombinationen.

Die sich ergebenden Strategien können daher im folgenden nur näherungsweise beschrieben werden. Die wesentlichen Maßnahmen und die Grenzkosten, bei denen sie eingesetzt werden, können aus Abb. 4.6 entnommen werden. Diese zeigt die eingesetzten Maßnahmen, die jeweils betroffene Anlagenzahl und die erreichte Emissionsminderung bei verschiedenen Grenzkosten. Da an den verschiedenen Kesseln einer Anlage unterschiedliche Maßnahmen durchgeführt werden können, kann die Summe der Anlagenzahlen in Abb. 4.6 höher sein als die Zahl der Anlagen.

$\beta^* \leq 1$ DM/kg SÄQ

Bereits bei diesen geringen 'Grenzkosten' werden etwa 0,7 kt SO_2 und 3,5 kt NO_x gemindert. Dies ist auf den beginnenden Einsatz von NO_x-armen Brennern und auf den verstärkten Einsatz von Erdgas statt leichtem Heizöl zurückzuführen. Daneben beginnt auch der Einsatz kombinierter Primärmaßnahmen zur NO_x-Minderung.

$\beta^* \leq 2$ DM/kg SÄQ

Die bereits bei $\beta^* \leq 1$ DM/kg verwendeten Maßnahmen werden in weiteren Anlagen eingesetzt. Außerdem wird - ab 'Grenzkosten' von 1,50 DM/kg SÄQ - nur noch schweres Heizöl mit 1 % Schwefelgehalt verwendet. Die größten Minderungen werden durch die Substitution von Steinkohle durch Erdgas in 14 Anlagen erreicht; der frühe Einsatz dieser Substitutionsmaßnahme wird dadurch begünstigt, daß Erdgas nur wenig teurer als Steinkohle ist. In einer Anlage mit einer Leistung von mehr als 50 MW, die schweres Heizöl einsetzt, lohnt sich bereits der Einbau einer Rauchgasentschwefelungsanlage (REA).

$\beta^* \leq 3$ DM/kg SÄQ

Die bis jetzt beschriebenen Maßnahmen werden verstärkt, also in weiteren Anlagen, durchgeführt. Hervorzuheben ist insbesondere die Substitution von Steinkohle durch Erdgas. Daneben werden erstmals 2 SCR-Anlagen in zwei größere Feuerungsanlagen der Papierindustrie eingesetzt. Diese werden mit dem Einsatz NO_x-armer Brenner kombiniert.

$\beta^* \leq 5$ DM/kg SÄQ

Der Einsatz der genannten Maßnahmen nimmt weiter zu; inzwischen sind 8 REA und 8 SCR-Anlagen eingesetzt. Neu hinzugekommen ist die Entschwefelung von leichtem Heizöl auf 0,2 % Schwefelgehalt. Daneben werden einige Anlagen, die schweres Heizöl einsetzen, auf leichtes Heizöl und Erdgas umgestellt. Die Umstellung auf leichtes Heizöl (HEL) erfolgt dabei insbesondere bei Mischfeuerungen, die schon HEL-Brenner aufweisen. Entsprechend der Substitution von schwerem Heizöl sinkt die Anzahl der Anlagen, die die Maßnahmen 'Einsatz von auf 1 % entschwefeltem schwerem Heizöl' nutzen.

$\beta^* \leq 7{,}5$ DM/kg SÄQ

Die Anzahl der REA beträgt nun 13, die der SCR-Anlagen 19. Die Anzahl einfacher, weniger effektiver Maßnahmen, etwa des Einsatzes NO_x-armer Brenner, nimmt wieder ab. Dafür erhöht sich die Zahl kombinierter Maßnahmen, z. B. kombinierter Primärmaßnahmen oder Einsatz von Erdgas zusammen mit NO_x-armen Brennern.

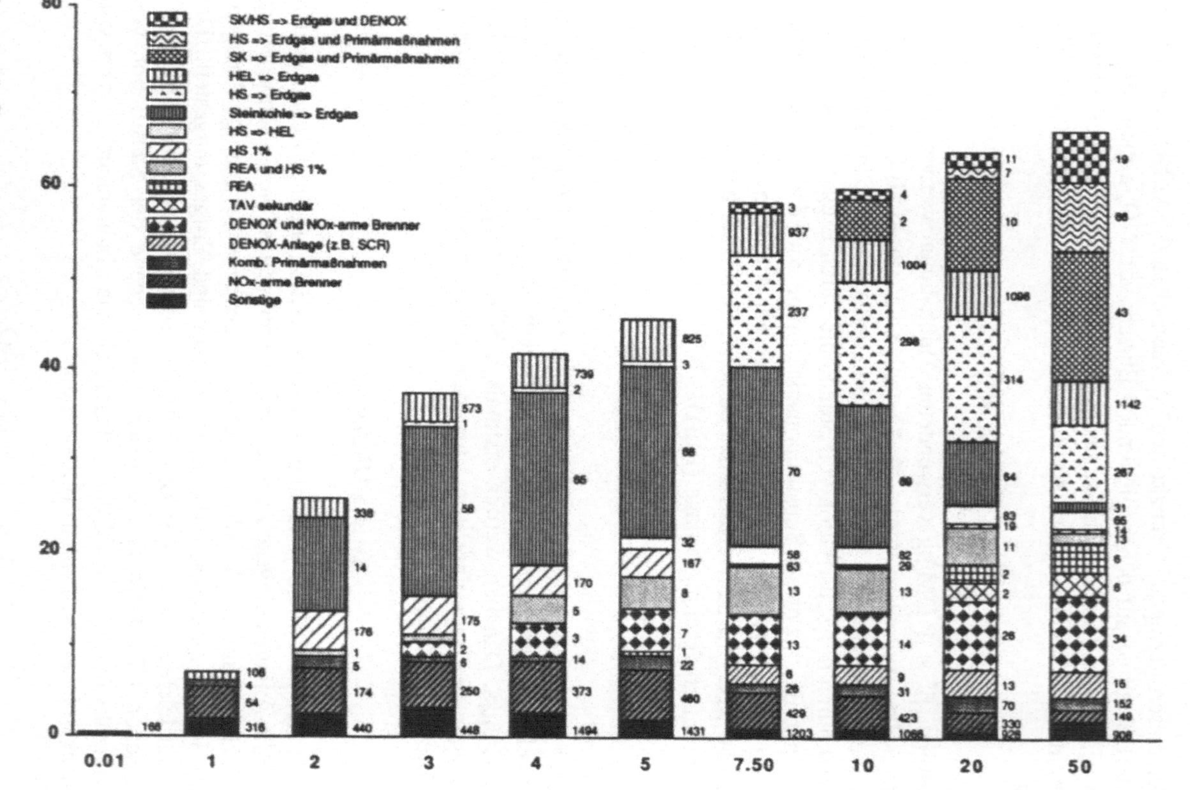

Abb. 4.6: Emissionsminderung und eingesetzte Maßnahmen bei der Emittentengruppe 'sonstige genehmigungsbedürftige Anlagen' bei verschiedenen 'Grenzkosten' der Emissionsminderung (SK = Steinkohle, HS = schweres Heizöl, HEL = leichtes Heizöl, REA = Rauchgasentschwefelungsanlage, TAV = Trockenadditivverfahren)

Von wesentlicher Bedeutung für die Zunahme der Emissionsminderungen ist jetzt die Substitution von schwerem Heizöl durch Erdgas in 237 Anlagen. Drei Anlagen werden nach der Substitution der eingesetzten Brennstoffe durch Erdgas auch noch mit SCR-Anlagen versehen.

$$\beta^* \leq 20 \text{ DM/kg SÄQ}$$

In 13 Anlagen werden REA eingesetzt, zwei weitere kohlegefeuerten Anlagen setzen das sekundäre Trockenadditivverfahren ein. Fast alle kohlegefeuerten Kessel außerhalb dieser 15 Anlagen und die meisten schwerölgefeuerten Kessel-sind auf Erdgas umgestellt. Einige der auf Erdgas umgestellten Kessel werden zusätzlich mit kombinierten Primärmaßnahmen zur NO_x-Minderung versehen. 11 weitere auf Erdgas umgestellte Anlagen erhalten sogar zusätzlich eine SCR-Anlage.

Zusammenfassend zeigt diese Auswertung, daß die Bedeutung der Rauchgasreinigungsanlagen verglichen mit der Bedeutung der Brennstoffsubstitution nur gering ist.

Weitgehend unabhängig von den eingesetzten Grenzkosten wird der Hauptanteil der Emissionsminderung durch den Einsatz von Erdgas in Verbindung mit Primärmaßnahmen, etwa NO_x-armen Brennern erreicht.

Rauchgasentschwefelungsanlagen werden dagegen nur an einigen wenigen Anlagen eingesetzt, insbesondere an Schwerölfeuerungen mit hoher Auslastung.

SCR-Anlagen werden sogar überwiegend nur bei Erdgasfeuerungen eingesetzt. Dies liegt daran, daß das Katalysatorvolumen bei Erdgas geringer und die Katalysatorstandzeit höher ist als bei anderen Brennstoffen, Gesamtkosten und Effizienz sind daher günstiger.

D) Nicht genehmigungsbedürftige Anlagen

$$\beta^* \leq 0{,}02 \text{ DM/kg SÄQ}.$$

Bei den nicht genehmigungsbedürftigen Anlagen gibt es eine ganze Reihe von Maßnahmen, die sich mit ganz geringen Kosten realisieren lassen oder die sogar mit Kosteneinsparungen verbunden sind. Diese sind:

* Verwendung von Edelstahleinsätzen bei atmosphärischen Brennern,
* Einsatz von Gasgebläsebrennern in Anlagen > 100 kW,
* Ersatz aller Kohleeinzelöfen durch Öleinzelöfen,
* Ersatz von Kohlezentralheizungen durch Gaszentralheizungen, bzw., falls Gas nicht verfügbar ist, durch Ölzentralheizungen,
* Ersatz einiger Ölzentralheizungen in mit Fernwärme versorgten Teilen größerer Städte durch Fernwärmeheizungen.

Alle diese Maßnahmen werden durchgeführt, wenn die Brenner und Kessel bzw. Einzelfeuerungen sowieso erneuert werden müssen.

$\beta^* \leq 1$ DM/kg SÄQ.

Es beginnen Maßnahmen bei sehr großen Ölzentralheizungen > 500 kW. Diese werden zum Teil (ca. 2500 Anlagen) durch Erdgasgebläsebrenner ersetzt. Bei einem weiteren Teil (ca. 2000 Anlagen) werden Ölgelbbrenner mit gestufter Luftzufuhr eingesetzt.

$\beta^* \leq 3$ DM/kg SÄQ

Die eben beschriebenen Maßnahmen bei großen Ölfeuerungen werden nun auch bei etwas niedrigeren Leistungen (ab ca. 250 kW) eingesetzt. Es sind nun etwa 16 000 Ölheizungen betroffen.

$\beta^* \leq 5$ DM/kg SÄQ

Es erfolgt die weitergehende Entschwefelung des leichten Heizöls von maximal 0,3 % auf maximal 0,2 % Schwefelgehalt.

Die Anzahl der Ölzentralheizungen, die auf Erdgas umgerüstet werden, nimmt weiter zu, nach wie vor sind jedoch nur die größeren Anlagen (> 150 kW) betroffen, insgesamt sind es 15 000 Anlagen.

Bei 140 Gasheizungen mit hoher Auslastung werden nunmehr statt der Verwendung von Edelstahleinsätzen überstöchiometrisch vormischende Brenner verwendet. Diese sind zwar teurer, führen aber auch zu wesentlich höheren NO_x-Minderungen als die Edelstahleinsätze.

$\beta^* \leq 10$ DM/kg SÄQ

Die bereits diskutierten Trends sind weiter gültig. Der Einsatz überstöchiometrisch vormischender Brenner erhöht sich weiter auf 78 000 Einheiten zu Lasten der Edelstahleinsätze.

Die Umrüstung von Ölzentralheizung auf Erdgasheizung erfaßt jetzt die meisten Anlagen > 100 kW. Der Einsatz von Gelbbrennern mit gestufter Luftzufuhr geht dagegen wieder zurück, da diese Anlagen mehr und mehr auf Erdgas umgerüstet werden.

Besonders effizient sind somit

- der Einsatz von NO_x-armen Brennern und Techniken bei Öl- und Gaszentralheizungen und
- der Ersatz von Kohle durch Erdgas und leichtes Heizöl.

Bei höheren Grenzkosten sind weitergehende Emissionsminderungen durch die Substitution von leichtem Heizöl durch Erdgas besonders in Feuerungen größerer Leistung und durch Einsatz fortgeschrittener NO_x-Primärmaßnahmen an Brennern erreichbar.

Wie bei den genehmigungsbedürftigen Anlagen auch ist das Potential von Rauchgasreinigungsanlagen nur gering. Die untersuchten Maßnahmen zur Energieeinsparung durch Wärmedämmung kommen bei spezifischen Kosten bis 50 DM/kg SÄQ nicht zum Einsatz.

E) Verkehr

Die Untersuchung von Emissionsminderungsmaßnahmen im Sektor Verkehr ist auf technische Minderungsmaßnahmen beschränkt. Prinzipiell sind auch planerische Maßnahmen denkbar. Diese beinhalten den Ausbau des öffentlichen Nah- und Fernverkehrs, die Verlagerung von Schwerlastverkehr auf die Schiene, das Anlegen von Fahrradwegnetzen, die Vergleichmäßigung des Straßenverkehrs, den Einsatz von Umweltampeln und vieles andere mehr. Allerdings ist die Analyse der letztgenannten Maßnahmen nur durch sehr detaillierte ortsbezogene Untersuchungen möglich, Pauschalangaben sind nicht ausreichend. Darüber hinaus wurde etwa in /42/ gezeigt, daß das Emissionsminderungspotential der planerischen Maßnahmen um mehr als eine Größenordnung unter dem der hier behandelten technischen Maßnahmen liegt.

Zur NO_x-Minderung werden zunächst - ab ca. 2,5 DM/kg SÄQ - ungeregelte Katalysatoren eingesetzt. Der geregelte Dreiwegkatalysator mit Lambdasonde kommt dann bei 'Grenzkosten' von 3,4 - 4,4 DM/kg SÄQ zum Einsatz.

Auf Grund des Mehrverbrauchs an Benzin bei Einsatz des geregelten Katalysators steigen die SO_2-Emissionen geringfügig um 0,09 kt/a an.

Zur Minderung der SO_2-Emissionen steht als Maßnahme vor allem die weitergehende Entschwefelung des Dieselkraftstoffs zur Verfügung.

F) Sensitivitätsanalysen

Die wesentliche Bedeutung des Erdgases bei der Schadstoffreduzierung der genehmigungsbedürftigen und nicht genehmigungsbedürftigen Anlagen mit optimalen Strategien erfordert es zu untersuchen, ob diese Rolle des Erdgases auch bei anderen als der zunächst für die Berechnung unterstellten Energieträgerpreisentwicklung erhalten bleibt.

In Kap. 3 wurden bereits zwei weitere Energieträgerpreisentwicklungen beschrieben, die als untere und obere Variante eine Bandbreite der im Jahr 2000 möglichen Energieträgerpreise eingrenzen.

Ermittelt man optimale Emissionsminderungsstrategien ausgehend von diesen alternativen Energieträgerpreisentwicklungen, so ergeben sich die in Abb. 4.7 dargestellten Kostenkurven.

Bis zu einer Emissionsminderung von ca. 40 % sind die Abweichungen bei den Varianten noch relativ gering. Danach treten deutlichere Unterschiede auf, vor allem verursacht durch unterschiedliche Kosten der Schadstoffminderung bei genehmigungsbedürftigen Anlagen. Die Minderung des Referenzfalls (39,5 %) läßt sich bei der unteren Preisvariante um 38 Mio DM/a kostengünstiger gestalten als bei der mittleren, bei der oberen Preisvariante entstehen Mehrkosten von 32 Mio DM/a.

Bei 50 % Emissionsminderung weichen die Kosten bei der unteren und bei der oberen Preisvariante um ca. 100 Mio DM/a bzw. ca. 9 % von denen der mittleren Variante ab.

Es stellt sich nun die Frage, welche Veränderungen bei den Maßnahmen durch die Veränderung der Energieträgerpreise bewirkt werden.

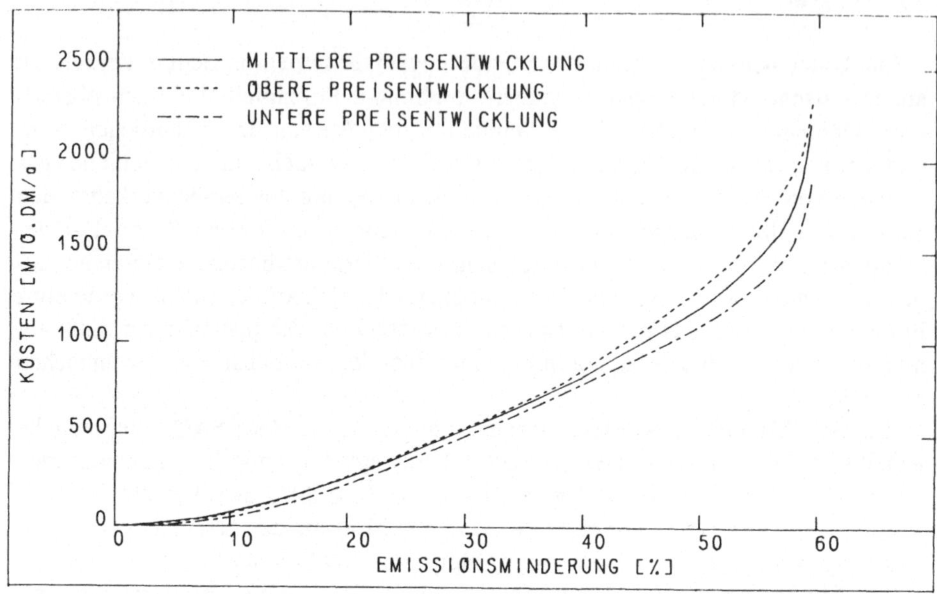

Abb. 4.7: Zusammenhang zwischen Kosten und Emissionsminderung bei Durchführung optimaler Emissionsminderungsstrategien bei drei verschiedenen Energieträgerpeisvarianten (siehe Tab. 3.5).

Bei ***Kraftwerken*** und im ***Verkehr*** ergeben sich keine Änderungen, da Energieträgersubstitutionen bei diesen Emittentengruppen nicht in wesentlichem Umfang als Maßnahme eingesetzt werden.

Bei den ***genehmigungsbedürftigen Anlagen*** ergeben sich je nach eingesetzter Energieträgerpreisvariante erhebliche Unterschiede sowohl hinsichtlich der Höhe der Emissionsminderung als auch hinsichtlich der eingesetzten Maßnahmen. Dies wird durch Abb. 4.8 verdeutlicht; in Abb. 4.8 sind die bei verschiedenen Grenzkosten eingesetzten Maßnahmen und deren Emissionsminderung für die drei Energieträgerpreisvarianten aufgetragen.

Bei niedrigen Energieträgerpreisen sind die Kosten der Substitution von Kohle und schwerem Heizöl durch Erdgas geringer als bei der mittleren Preisvariante. Daher erfolgen diese Substitutionen bei geringeren Grenzkosten und in höherem Ausmaß. So erfolgt die Umstellung von Steinkohle auf Erdgas schon bei spezifischen Kosten von weniger als 1 DM/kg SÄQ; die Umstellung von schwerem Heizöl durch Erdgas beginnt bereits bei ca. 4 DM/kg SÄQ. Die Emissionsminderungen bei 1 bzw. 5 DM/kg SÄQ sind daher bei der unteren Preisvariante deutlich höher als bei der mittleren.

Anders stellt sich die Entwicklung bei der oberen Energieträgerpreisvariante dar. Die hohen Mehrkosten der Substitution von Kohle und schwerem Heizöl durch Erdgas führen dazu, daß diese Substitutionen zum Teil erst bei wesentlich höheren Grenzkosten als bei der mittleren Preisvariante durchgeführt werden, bzw., daß sie zu einem Teil durch Rauchgasschwefelungsanlagen ersetzt werden.

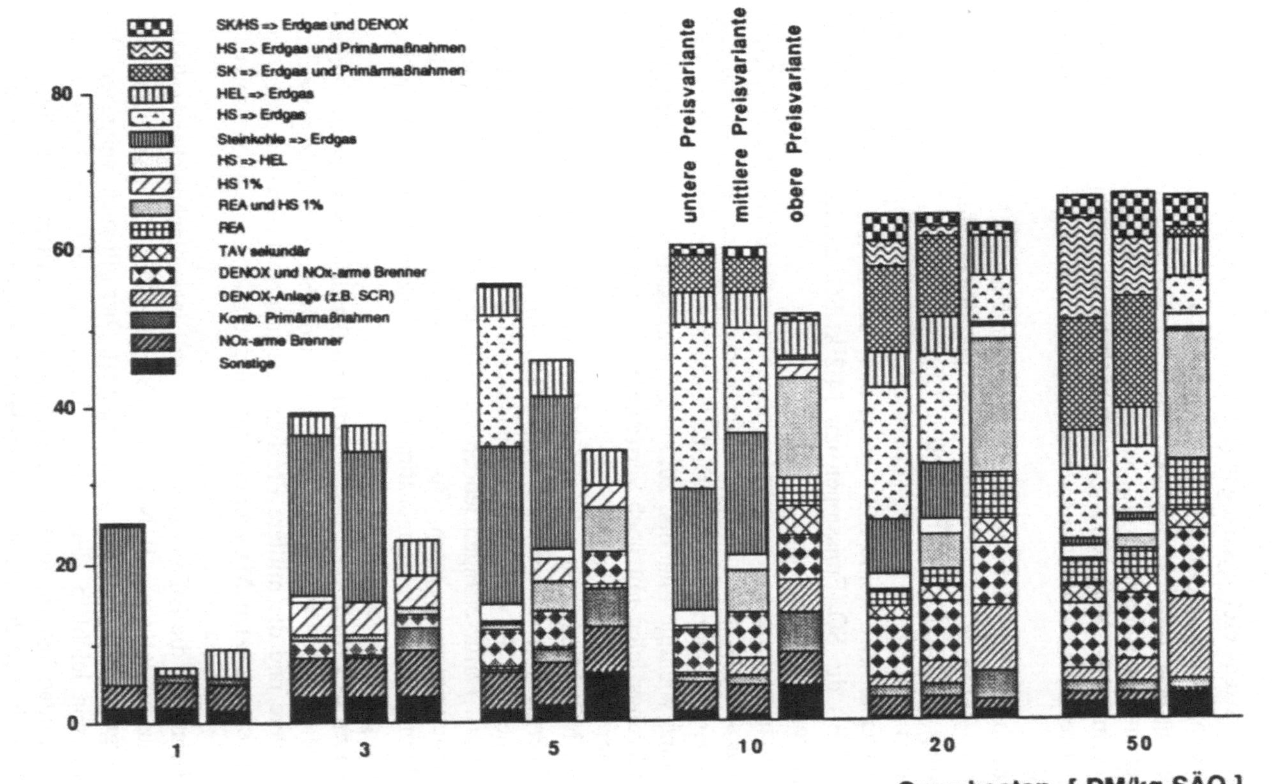

Abb. 4.8: Emissionsminderung und eingesetzte Maßnahmen bei der Emittentengruppe 'sonstige genehmigungsbedürftige Anlagen' bei verschiedenen 'Grenzkosten' und Energieträgerpreisentwicklungen (SK = Steinkohle, HS = schweres Heizöl, HEL = leichtes Heizöl, REA = Rauchgasentschwefelungsanlagen, TAV = Trockenadditivverfahren)

Die Rolle der Rauchgasreinigungsanlagen soll am Beispiel von Grenzkosten von 5 DM/kg SÄQ dargestellt werden:

- Bei der mittleren Energieträgerpreisvariante werden bei 5 DM/kg SÄQ 8 Rauchgasentschwefelungsanlagen (REA) eingesetzt. Die Minderung durch diese Anlagen beträgt 3,6 kt SO_2/a, das sind ca. 15 % der gesamten SO_2-Minderungen von 24,5 kt SO_2/a.
- Bei der unteren Energieträgerpreisvariante wird bei 5 DM/kg SÄQ überhaupt keine REA eingesetzt. Die SO_2-Minderung erfolgt ausschließlich durch Brennstoffsubstitutionen und die Verwendung schwefelärmerer Heizöle.
- Bei der oberen Energieträgerpreisvariante werden 10 REA eingesetzt, die 5,7 kt SO_2/a (39 % der gesamten SO_2-Reduktion) mindern.

Bei 7,5 DM/kg SÄQ treten noch deutlichere Unterschiede auf. Bei der mittleren Variante mindern 13 REA 5,4 kt SO_2/a (14 % der gesamten SO_2-Minderung), bei der unteren Variante wird keine REA eingesetzt; bei der oberen Preisvariante reduzieren 35 REA die SO_2-Emissionen um 14,2 kt SO_2/a, dies sind 58 % der insgesamt erzielten SO_2-Minderungen.

Rauchgasentschwefelungsanlagen werden offenbar an Stelle von Brennstoffsubstitutionen eingesetzt, sobald die Preisdifferenzen zwischen Erdgas und den substituierten Energieträgern bestimmte Größenordnungen überschreiten. Den REA kommt daher eine wichtige Funktion zu: sie gewährleisten die Realisierung von Emissionsminderungszielen mit noch vertretbaren Kosten auch dann, wenn die Erdgaspreise sehr stark steigen.

Auch bei der NO_x-Minderung zeigen sich ähnliche Tendenzen wie beim SO_2. Beim oberen Energieträgerpreisszenario werden NO_x-Minderungen durch Energieträgersubstitutionen nur in weit geringerem Ausmaß als bei den anderen Preisvarianten realisiert. Dafür erfolgen jedoch zusätzliche NO_x-Minderungen durch technische Minderungsmaßnahmen. Bis etwa 10 DM/kg SÄQ kommen dabei überwiegend kombinierte Primärmaßnahmen zum Einsatz, danach werden auch SCR-Anlagen in größerer Anzahl eingesetzt.

Auch bei den *nicht genehmigungsbedürftigen Anlagen* ergeben sich Unterschiede in den Maßnahmen auf Grund der unterschiedlichen Energieträgerpreisrelationen. Die untere und die mittlere Preisvariante unterscheiden sich allerdings hinsichtlich der eingesetzten Maßnahmen und des erreichten Emissionsniveaus kaum.

Dies liegt daran, daß die Effizienz und damit der Einsatz technischer Maßnahmen zur Emissionsminderung (z. B. NO_x-armer Brenner) und der Heizölentschwefelung vom Energieträgerpreisniveau unabhängig ist. Dies gilt auch weitgehend für die Substitution von leichtem Heizöl durch Erdgas, da sich die Preise beider Energieträger simultan ändern, so daß die Preisdifferenz fast gleich bleibt.

Unterschiede zwischen den Preisvarianten bestehen vor allem bei der Relation zwischen dem Kohlepreis und den Preisen der anderen Energieträger. Sowohl bei der unteren wie bei der mittleren Preisvariante liegt der Kohlepreis in diesem Sektor erheblich über den Preisen für Erdgas und leichtes Heizöl. Daher wird die Kohle bei beiden Varianten schon bei sehr niedrigen 'Grenzkosten' substituiert.

Bei der hohen Energieträgerpreisvariante liegt dagegen der Kohlepreis unter den Preisen der Alternativen. Während die eingesetzten Maßnahmen bei Öl- und Gasheizungen daher bei dieser Variante fast gleich wie bei den anderen Varianten sind, ergeben sich bei den Kohlefeuerungen, die etwa 8 % der SO_2-Emissionen verursachen, Veränderungen. Bei niedrigen Grenzkosten erfolgt zunächst nur eine Substitution von Kohlezentralheizungen durch Fernwärmeheizungen, dies ist allerdings auf die Ballungsgebiete mit Fernwärmenetzen beschränkt. Daneben wird Fernwärme, die überwiegend in Kohleheizkraftwerken erzeugt wird, auch zur Substitution von leichtem Heizöl verwendet. Weitergehende Maßnahmen bei Kohlezentralheizungen erfolgen dann erst ab 15 DM/kg SÄQ; und zwar werden Abgaswäscher bei größeren Anlagen (> 200 kW) eingesetzt. Die Substitution von Kohle durch Erdgas setzt erst oberhalb von 20 DM/kg SÄQ ein.

Wegen der geringeren Bedeutung der Kohle und dem fehlenden Einsatz von schwerem Heizöl im Sektor der nicht genehmigungsbedürftigen Anlagen sind die Auswirkungen veränderter Energieträgerpreise in diesem Sektor allerdings wesentlich geringer als bei den genehmigungsbedürftigen Anlagen.

4.3 Optimale Emissionsminderungsstrategien ausgehend vom Referenzfall

Die im vorangegangenen Unterkapitel ermittelten Minderungsstrategien beschreiben die optimalen Maßnahmen ausgehend vom hypothetischen Fall ohne Emissionsminderungsmaßnahmen. Die Ergebnisse werden z. B. für die Bewertung der derzeitigen Luftreinhaltepolitik in Kap. 6 herangezogen.

Für die Beantwortung der Frage, wie denn ausgehend vom jetzigen Anlagenzustand eine weitere politisch gewünschte Emissionsminderung auf effiziente Weise erreicht werden kann, sind diese Ergebnisse dagegen weniger gut geeignet, weil nicht berücksichtigt ist, daß seit Mitte der 80er Jahre auf Grund der neuen Umweltschutzverordnungen eine ganze Reihe von Maßnahmen zur Emissionsminderung durchgeführt wurden. Wenn aber ein Betreiber bereits in eine Minderungstechnik A investiert hat, so ist es in den meisten Fällen nicht mehr effizient, die im Rahmen einer vom Fall ohne Maßnahmen ausgehenden optimalen Minderungsstrategie ermittelte Technik B zu installieren und die Technik A stillzulegen und vorzeitig abzuschreiben. Vielmehr muß eine optimale Minderungsstrategie berechnet werden, die vom Status-Quo unter Einbeziehung der bereits durchgeführten und geplanten Maßnahmen - also vom eingangs definierten Referenzfall - ausgeht.

Abb. 4.9 zeigt die optimalen Emissionsminderungsstrategien ausgehend vom Referenzfall. Dabei sind zum Vergleich im linken Teil der Abbildung die Maßnahmen des Referenzfalles nach steigenden spezifischen Differenzkosten geordnet aufgetragen. Bei Durchführung dieser Maßnahmen, die bereits in Kap. 4.1 beschrieben wurden, wird der Referenzfall mit einem Emissionsniveau von 536 kt SÄQ erreicht. Diese setzen sich zusammen aus 91 kt SO_2 und 254 kt NO_x (entsprechend 91 kt SÄQ aus SO_2 und 445 kt SÄQ aus NO_x).

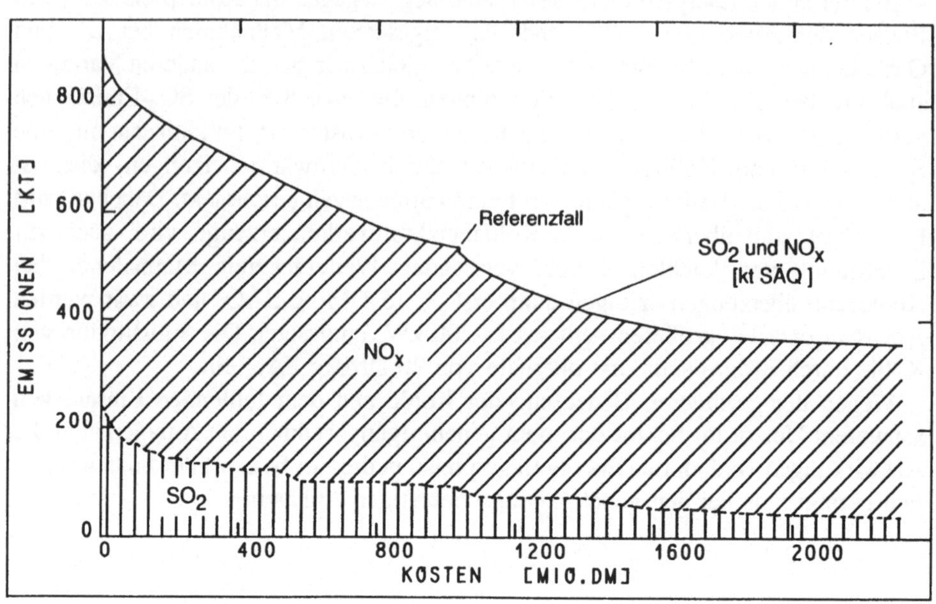

Abb. 4.9: Kostenkurve der Emissionsminderung bei Durchführung der Maßnahmen des Referenzfalles und bei weitergehender Emissionsminderung mit optimalen Strategien

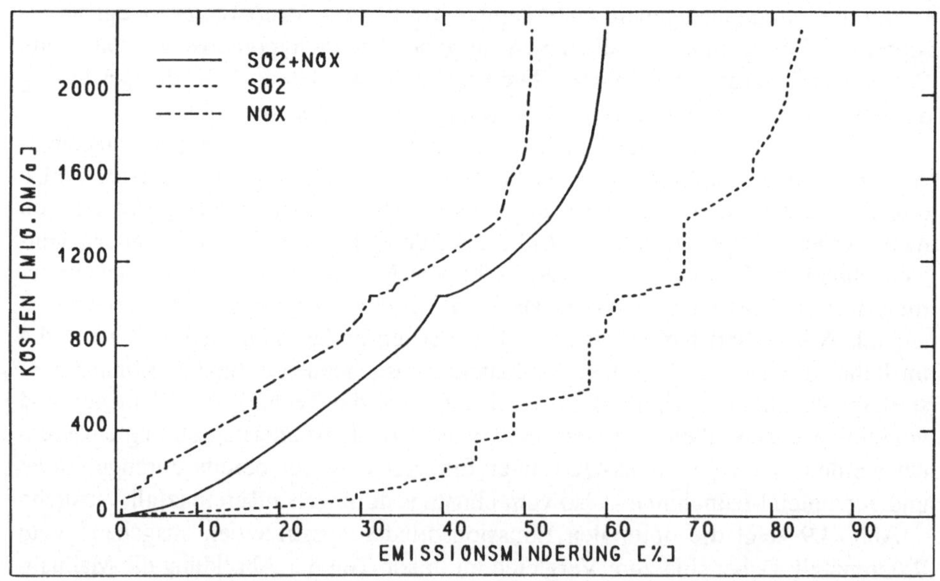

Abb. 4.10: Kosten der Minderung von Luftschadstoffen in Abhängigkeit vom erreichten Emissionsminderungsgrad (in % der Emissionen ausgehend vom OEMM-Fall) bei Durchführung der Maßnahmen des Referenzfalls und bei weitergehender Emissionsminderung mit optimalen Strategien, die jeweils erreichte prozentuale Minderung bei SO_2 und NO_x ist zusätzlich dargestellt.

Von diesem Emissionsniveau und den dabei eingesetzten Maßnahmen ausgehend lassen sich dann die im rechten Teil der Kurve in Abb. 4.9 gezeigten Emissionsminderungsstrategien einsetzen. Da im Referenzfall ein großer Teil der effizienten Maßnahmen zur SO_2- und NO_x-Minderung schon durchgeführt wird, ist der Spielraum für weitere Emissionsminderungen entsprechend geringer.

Die zusätzlich mögliche Minderung von maximal 179 kt SÄQ (52 kt SO_2 und 72 kt NO_x) ist daher weitaus niedriger als die im Referenzfall bereits durchgeführte Emissionsreduzierung von 350 kt SÄQ (149 kt SO_2 und 115 kt NO_x).

Abb. 4.10 zeigt die vom Referenzfall ausgehenden Emissionsminderungen und die zugehörigen Kosten. Insgesamt werden die Emissionen bei Grenzkosten von 100 DM/kg SÄQ um 33 % gemindert, die Minderung der SO_2-Emissionen beträgt dabei 56 %, die der NO_x-Emissionen nur 29 %.

Abb. 4.11 zeigt die Emissionsminderung in Abhängigkeit von den spezifischen Differenzkosten bzw. 'Grenzkosten'. Zum Vergleich sind auch die 'Grenzkosten' der im Referenzfall eingesetzten Maßnahmen dargestellt.

Zunächst fällt auf, daß es eine ganze Reihe von Maßnahmen des Referenzfalles gibt, die höhere 'Grenzkosten' aufweisen als einige zusätzliche Maßnahmen. Die ineffizienteste Maßnahme des Referenzfalles weist Grenzkosten von 10,3 DM/kg SÄQ auf.

Ausgehend vom Referenzfall lassen sich die Emissionen - insbesondere durch Maßnahmen bei den nicht genehmigungsbedürftigen Anlagen - um 8 kt SÄQ ohne Mehrkosten mindern. Bei 2 DM/kg SÄQ erfolgt eine Minderung von 23,7 kt SÄQ (4,4 %). Bei 5 DM/kg SÄQ wird bereits eine Reduzierung um 120 kt SÄQ (22,4 %) erreicht, bei 10 DM/kg SÄQ sind es 156 kt SÄQ (29 %).

Die jeweils durchgeführten Maßnahmen unterscheiden sich nur teilweise von denen, die ausgehend vom OEMM-Fall eingesetzt werden.

Kaum Unterschiede ergeben sich insbesondere bei den nicht genehmigungsbedürftigen Anlagen. Eine Ausnahme bildet nur die Entschwefelung des leichten Heizöls auf 0,2 % Schwefelgehalt, die als Referenzfallmaßnahme bereits vorweggenommen ist.

Bei Kraftwerken und der Zellstoffindustrie sind weitgehende Maßnahmen bereits im Referenzfall erfolgt, so daß zusätzliche Minderungsmöglichkeiten nicht mehr zur Verfügung stehen.

Bei den Raffinerien wird die in Kap. 4.1 beschriebene Maßnahme (erweiterter Erdgaseinsatz) ab 7,2 DM/kg SÄQ eingesetzt. Im Sektor Verkehr sind im Referenzszenario im Jahr 2000 noch nicht alle Fahrzeuge mit einem geregelten Katalysator ausgerüstet. Vielmehr haben ca. 2 % der Fahrzeuge mit Ottomotor einen ungeregelten Katalysator eingebaut, weitere 3 % besitzen überhaupt keinen Katalysator. Dabei handelt es sich überwiegend um in den Jahren 1989 bis 1992 neu zugelassenen Fahrzeuge. Diese Fahrzeuge verursachen 25 % der Emissionen der benzingetriebenen Pkw. Würde man im Jahr 2000 nur noch Fahrzeuge mit geregeltem Katalysator betreiben, so würden dadurch 5300 t NO_x pro Jahr weniger emittiert.

Ein Problem beim geregelten Katalysator ist die mangelnde Wirksamkeit im kalten Zustand. Würde man ab Januar 1998 den Einbau beheizter Katalysatoren in

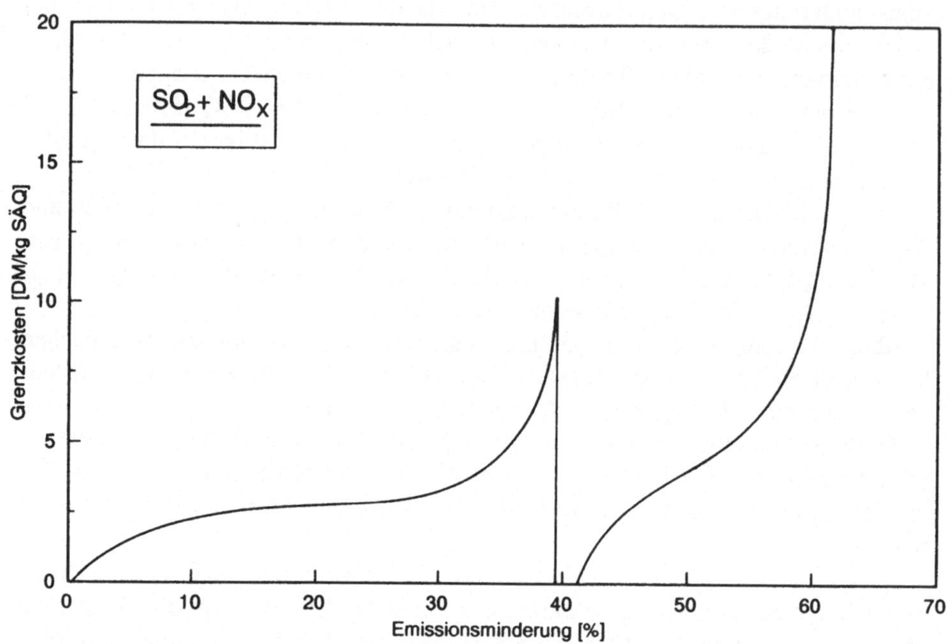

Abb. 4.11: Zusammenhang zwischen Grenzkosten und Emissionsminderung bei den Maßnahmen des Referenzfalles und bei Einsatz optimaler Emissionsminderungsstrategien ausgehend vom Referenzfall

Neuwagen vorschreiben, so könnten die Emissionen des Jahres 2000 dadurch um 400 t NO_x pro Jahr vermindert werden.

Eine zusätzliche NO_x-Minderung bei Diesel-Pkw ist z. B. durch Abgasrückführung möglich. Gelingt es, die NO_x-Emissionen von Diesel-Pkw ab 1995 um 25 % zu mindern, so werden im Jahr 2000 1500 t NO_x weniger emittiert.

Bei den sonstigen genehmigungsbedürftigen Anlagen werden zunächst zusätzliche Primärmaßnahmen durchgeführt (der Einbau NO_x-armer Brenner erfolgt bereits im Referenzfall) und der Erdgaseinsatz in Kesseln, die sowieso schon Erdgas einsetzen, erweitert. Es erfolgt dann (ab ca. 2 DM/kg SÄQ) die Substitution von Kohle und von leichtem Heizöl durch Erdgas. Ab etwa 5 DM/kg SÄQ beginnt die Substitution von schwerem Heizöl durch Erdgas.

Die Ergebnisse zeigen, daß es eine ganze Reihe von Minderungsmaßnahmen gibt, die, obwohl sie relativ niedrige spezifische Differenzkosten aufweisen, von den Betreibern von Emissionsquellen bei der der Rechnung zugrundegelegten Luftreinhaltepolitik (Stand 1989) nicht durchgeführt werden müssen. Zu diesen Maßnahmen gehören der Einbau NO_x-armer Brenner bei nicht genehmigungsbedürftigen Feuerungen und die verstärkte Substitution von Kohle und Heizöl durch Erdgas bei genehmigungsbedürftigen Feuerungen.

5 Beschreibung umweltpolitischer Instrumente

Nachdem in Kapitel 4 ermittelt wurde, welche Maßnahmen in Abhängigkeit von den Grenzkosten der Schadstoffminderung bzw. vom angestrebten Emissionsniveau jeweils eine optimale Emissionsminderungsstrategie für die Schadstoffe SO_2 und NO_x bilden, soll nun diskutiert werden, wie der Staat durch entsprechende Maßnahmen erreichen kann, daß die optimale Emissionsminderungsstrategie von den verschiedenen Emittenten auch eingesetzt wird.

Neben der derzeit vor allem angewandten Durchsetzung durch Auflagen gibt es eine Fülle von weiteren Vorschlägen wie etwa Schadstoffsteuern, Zertifikate, 'bubble'-Lösungen, Kooperationslösungen usw.

Bevor diese Instrumente im nachfolgenden Kapitel 6 bewertet und Vor- und Nachteile systematisch dargestellt werden, sollen sie in diesem Kapitel zunächst beschrieben werden.

5.1 Auflagen

Auflagen sind direkte umweltbezogene Verhaltensvorschriften für Produzenten und sonstige die Umwelt beeinträchtigende Wirtschaftssubjekte /10/.

Diese Definition beinhaltet eine ganze Reihe von unterschiedlichen Formen von Auflagen. Die wichtigsten sind:

- Emissionsauflagen bei stationären Quellen:
  Höchstzulässige Mengen an Schadstoffemissionen pro Zeiteinheit oder pro Einheit Rauchgasvolumen werden festgesetzt. Denkbar ist z. B. die Begrenzung der jährlichen oder der stündlichen Emissionsmenge. Zumeist werden aber maximale Emissionen bezogen auf eine Basiseinheit, z. B. die Rauchgasmenge, festgelegt.
- Emissionsauflagen bei mobilen Quellen:
  Auch bei mobilen Quellen, insbesondere Personen- und Lastkraftwagen, werden höchstzulässige Emissionen festgelegt. Wegen der stark instationären Betriebsweise der Fahrzeuge wird hier meist Bezug auf einen Fahrzyklus genommen, der Fahrgeschwindigkeitsabfolgen simulieren soll.

- Auflagen bezüglich der Eigenschaften bzw. der Verwendung bestimmter Betriebsstoffe.

  Hierunter fallen Bestimmungen über die Zusammensetzung der eingesetzten Betriebsstoffe (z. B. Energieträger). Auch ein Verbot des Einsatzes bestimmter Betriebsstoffe ist möglich. Z. B. ist in der Bundesrepublik der Schwefelgehalt von leichtem Heizöl auf 0,2 Gewichtsprozent Schwefel begrenzt.
- Zeitliche Beschränkungen der Emissionen

  Die Nutzung fester oder mobiler Emissionsquellen kann zeitweise eingeschränkt werden, z. B. in der Bundesrepublik bei Smogalarm in Luftbelastungsgebieten.
- Verbot des Errichtens von Neuanlagen

  Vorzugsweise in bereits belasteten Gebieten mit hohen Immissionen kann die Errichtung zusätzlicher emittierender Anlagen eingeschränkt bzw. verboten werden.

Als Beispiel für eine Auflagenpolitik, die die vorgenannten Instrumente kombiniert einsetzt, wird im folgenden die Luftreinhaltepolitik in der Bundesrepublik Deutschland erläutert.

Hauptsächliche rechtliche Grundlage für den Immissionsschutz ist das Bundes-Immissionsschutzgesetz (BImSchG) vom 15.3.1974. Wesentliches Ziel des BImSchG ist es, "Menschen sowie Tiere und Pflanzen, den Boden, das Wasser, die Atmosphäre sowie Kultur- und sonstige Sachgüter vor schädlichen Umweltwirkungen und, soweit es sich um genehmigungsbedürftige Anlagen handelt, auch vor Gefahren, erheblichen Nachteilen und erheblichen Belästigungen, die auf andere Weise herbeigeführt werden, zu schützen und dem Entstehen schädlicher Umwelteinwirkungen vorzubeugen "(§1).

Die im BImSchG und den zahlreichen dazu gehörenden Durchführungsverordnungen und Verwaltungsvorschriften festgelegten Regeln sollen hier insoweit kurz zusammengefaßt dargestellt werden, als sie Auswirkungen auf die Emission von SO_2 und NO_x haben.

Das BImSchG unterscheidet zunächst zwischen genehmigungsbedürftigen und nicht genehmigungsbedürftigen Anlagen. Genehmigungsbedürftig sind Anlagen, die "... in besonderem Maße geeignet sind, schädliche Umwelteinwirkungen hervorzurufen oder in anderer Weise die Allgemeinheit oder die Nachbarschaft zu gefährden, erheblich zu benachteiligen oder erheblich zu belästigen" (§4). Die 4. BImSchV legt fest, welche Anlagen das sind: u. a.

- Feuerungsanlagen für den Einsatz von
  - Kohlen, Koks, Kohlebriketts, Torf, Heizölen außer Heizöl EL, Holz mit einer Feuerungswärmeleistung von 1 MW und mehr,
  - Heizöl EL ≥ 5 MW
  - gasförmigen Brennstoffen ≥ 10 MW
- Verbrennungsmotoranlagen ≥ 1 MW
- Gasturbinen

usw.

Die genehmigungspflichtigen Anlagen sind wiederum unterteilt nach vereinfacht und nach förmlich zu genehmigenden Anlagen. Zur letztgenannten Kategorie gehören beispielsweise Feuerungsanlagen

- für bestimmte feste und flüssige Brennstoffe (Kohlen, Koks, Kohlebriketts, Torf, Heizöle, Holz) mit einer Feuerungswärmeleistung von 50 MW und mehr und
- für gasförmige Brennstoffe mit einer Feuerungswärmeleistung von 100 MW und mehr.

Die Prüfung von Gesundheitsgefahren sowie von erheblichen Nachteilen und erheblichen Belästigungen erfolgt anhand von Immissionswerten. Werden diese nach festgelegter Vorschrift ermittelten Werte durch Bau und Betrieb einer neuen Anlage überschritten, so kann die Neuanlage i. a. nicht genehmigt werden (auf einige Ausnahmeregelungen wird hier nicht eingegangen). Die erwarteten Immissionswerte ergeben sich als Summe aus der gemessenen Vorbelastung und der berechneten Zusatzbelastung durch die Neuanlage. Einzuhalten ist dabei als IW1-Wert der arithmetische Mittelwert der Immissionen während eines Jahres und als IW2-Wert (Kurzzeitbelastung) der 98 %-Wert der Summenhäufigkeitsverteilung der Immissionswerte.

Die für SO_2 und NO_x zum Schutz vor Gesundheitsgefahren festgelegten Grenzwerte enthält Tab. 5.1.

Tabelle 5.1: Immissionswerte der TA Luft für SO_2 und NO_2

Grenzwert Schadstoff	IW 1	IW 2
SO_2	0,14 mg/m³	0,40 mg/m³
NO_2	0,08 mg/m³	0,20 mg/m³

Die dargestellte Bestimmung bevorzugt die Betreiber bestehender Altanlagen gegenüber neuen Emittenten.

Wer eine emittierende Neuanlage in einem Gebiet mit hohen Immissionswerten errichten will, ist danach gezwungen,

- entweder weitgehende Emissionsminderungstechniken einzusetzen, und zwar auch in weitergehendem Maße als bei den Altanlagen gefordert, oder
- auf andere Standorte in Gebieten mit geringerer Luftbelastung auszuweichen.

Die Einhaltung des Immissionswertes mit insgesamt minimalen Kosten wird dadurch weder angestrebt noch erreicht. Allerdings wird dieser zunächst gravierend erscheinende Nachteil dadurch relativiert, daß zusätzlich zur Einhaltung der Immissionswerte zur *Vorsorge* gegen schädliche Umwelteinwirkungen durch Luftverunreinigungen auch Emissionsbegrenzungen festgelegt sind.

Für Feuerungen mit einer Feuerungswärmeleistung ab 50 MW (bei gasförmigen Brennstoffen ab 100 MW) gelten die Vorschriften der 13. BImSchV, auch Großfeuerungsanlagenverordnung (GFVO) genannt. Die dort enthaltenen Anforderungen an die NO_x-Emissionen wurden mit dem sog. UMK-Beschluß (anläßlich einer Sondersitzung der Umweltministerkonferenz) vom 5.4.1984 weiter verschärft.

Grundlage dafür ist die sog. Dynamisierungsklausel der GFVO, die bestimmt, daß über die in der GFVO beschriebenen Grenzwerte hinaus die Möglichkeiten, die Emissionen durch dem Stand der Technik entsprechende Maßnahmen weiter zu vermindern, auszuschöpfen sind.

Für die übrigen nach der 4. BImSchV genehmigungsbedürftigen Feuerungsanlagen gelten die in der "Technischen Anleitung zur Reinhaltung der Luft", kurz TA Luft, aufgeführten Emissionsgrenzwerte.

Die verschiedenen Grenzwerte für genehmigungsbedürftige Feuerungsanlagen (Neuanlagen) sind in Tab. 5.2 und 5.3 aufgeführt. Für Altanlagen gelten z. T. andere Grenzwerte, die sich teilweise nach der Restnutzungsdauer der Anlage ab Inkraftsetzen der genannten Verordnungen richten.

Es zeigt sich, daß die bestehende Auflagenpraxis keineswegs die manchmal behauptete Undifferenziertheit besitzt. Vielmehr sind die Auflagen

- nach Brennstoff,
- nach Anlagenleistung,
- nach Feuerungsart/Technik

differenziert. Dabei ist erkennbar, daß die Grenzwerte i. a. so gewählt wurden, daß eine Minderungsmaßnahme maximal ausgeschöpft werden muß. Z. B. läßt sich der Grenzwert von 1700 mg/Nm^3 für schweres Heizöl durch schwefelarme Ware gerade erreichen, ebenso ein Schwefelemissionsgrad von 15 % durch eine Rauchgasentschwefelungsanlage. Mit steigender Leistung steigen die Anforderungen, was ebenfalls berechtigt ist, da ja die spezifischen Minderungskosten auf Grund der Kostendegression der Investitionen mit wachsender Anlagengröße absinken.

Auch für nicht genehmigungsbedürftige Anlagen gelten Vorschriften hinsichtlich der SO_2- und NO_x-Emissionen. Nach der 1. BImSchV dürfen feste Brennstoffe einen maximalen Schwefelgehalt von 1 % enthalten, leichtes Heizöl darf nach der 3. BImSchV nur einen Schwefelgehalt von 0,2 Gewichtsprozent aufweisen. Die NO_x-Emissionen aus Öl- und Gasfeuerungen sind nach dem Stand der Technik zu begrenzen.

Der Begriff "Stand der Technik" findet sich auch an anderer Stelle. So sind die in Tab. 5.2 und 5.3 angegebenen Grenzwerte Interpretationshilfen für das BImSchG selbst, das für genehmigungsbedürftige Anlagen vorschreibt, daß Vorsorge gegen schädliche Umwelteinwirkungen zu treffen ist, insbesondere durch die dem Stand der Technik entsprechenden Maßnahmen zur Emissionsbegrenzung (§5).

Auch für nicht genehmigungsbedürftige Anlagen sollen "schädliche Umwelteinwirkungen verhindert werden, die nach dem Stand der Technik vermeidbar sind" (§22).

Der Hinweis, daß die Emissionen nach dem Stand der Technik zu vermindern seien - gegebenenfalls auch über die quantitativ angegebenen Werte hinaus -, findet sich auch in der TA Luft und der GFVO wieder. Der Begriff "Stand der Technik" ist im BImSchG definiert als:

"... Entwicklungsstand fortschrittlicher Verfahren, Einrichtungen oder Betriebsweisen, der die praktische Eignung einer Maßnahme zur Begrenzung von Emissionen gesichert erscheinen läßt. Bei der Bestimmung des Standes der Technik sind

Tabelle 5.2: SO_2-Emissionsbegrenzungen für genehmigungsbedürftige Feuerungsanlagen in der Bundesrepublik - für Neuanlagen geltende Werte; SE = Schwefelemissionsgrad.

	1-50 MW	50-100 MW	100-300 MW	> 300 MW
feste Brennstoffe	2000 mg/Nm^3	2000 mg/Nm^3	40 % SE und max. 2000 mg/Nm^3	15 % SE und max. 400 mg/Nm^3
Kohle Wirbelschicht-feuerung	25 % SE oder max. 400 mg/Nm^3	25 % SE oder max. 400 mg/Nm^3	25 % SE oder max. 400 mg/Nm^3	
Heizöle	1700 mg/Nm^3	1700 mg/Nm^3	40 % SE und max. 1700 mg/Nm^3	15 % SE und max. 400 mg/Nm^3
Gase allgemein Kokereigas Flüssiggas	35 mg/Nm^3 100 mg/Nm^3 5 mg/Nm^3	35 mg/Nm^3 100 mg/Nm^3 5 mg/Nm^3	35 mg/Nm^3 100 mg/Nm^3 5 mg/Nm^3	35 mg/Nm^3 100 mg/Nm^3 5 mg/Nm^3

Tabelle 5.3: NO_x-Emissionsbegrenzungen für genehmigungsbedürftige Feuerungsanlagen sowie Verbrennungsmotoranlagen und Gasturbinen -für Neuanlagen geltende Werte; WSF = Wirbelschichtfeuerung

	1-50 MW	50-300 MW	> 300 MW
feste Brennstoffe	500 mg/Nm^3	400 mg/Nm^3	200 mg/Nm^3
außer: stat. WSF > 20 MW und zirk. WSF	300 mg/Nm^3		
Flüssige Brennstoffe	450 mg/Nm^3 bei HEL 250 mg/Nm^3	300 mg/Nm^3	150 mg/Nm^3
gasförmige Brennstoffe	200 mg/Nm^3	200 mg/Nm^3	100 mg/Nm^3
Verbrennungsmotor-anlagen			
Diesel > 3 MW	200 mg/Nm^3		
Diesel > 3 MW	400 mg/Nm^3		
Viertakt-Otto	500 mg/Nm^3		
Zweitakt-Otto	800 mg/Nm^3		
Gasturbinen			
> 60 000 m^3 Abgas/h	300 mg/Nm^3		
< 60 000 m^3 Abgas/h	350 mg/Nm^3		

insbesondere vergleichbare Verfahren, Einrichtungen oder Betriebsweisen heranzuziehen, die mit Erfolg im Betrieb erprobt worden sind" (§3, Pkt. 6).

Somit bestünde eigentlich nach dem BImSchG nicht die Möglichkeit, die Emissionsauflage so zu gestalten, daß - wie in Kap. 2 dargestellt - die jeweils unter Berücksichtigung der Minderungskosten optimale Maßnahme durchgeführt wird. Vielmehr müßte jede Maßnahme, die Stand der Technik ist, ungeachtet der Kosten durchgeführt werden, eine Abwägung zwischen Kosten und vermuteten Schäden fände nicht statt.

Die Genehmigungspraxis sieht aber anders aus. So wird in der TA Luft zwar gesagt, daß sie "emissionsbegrenzende Anforderungen" enthält, "die dem Stand der Technik entsprechen", die in der TA Luft genannten Emissionsgrenzwerte lassen sich jedoch in einer Reihe von Fällen durch die Anwendung von Maßnahmen bzw. Techniken unterschreiten, die nachweislich zum Zeitpunkt des Inkrafttretens der TA Luft bereits erfolgreich erprobt waren. Beispielhaft erwähnt seien etwa Rauchgasentschwefelungsanlagen für Feuerungsanlagen < 100 MW, mit denen sich Emissionswerte von 15 % der vorgeschriebenen Grenzwerte erreichen lassen.

Es zeigt sich somit, daß im Rahmen des BImSchG durchaus eine Art Abwägung zwischen Kosten und Nutzen durchgeführt wird, indem z. B. Techniken mit schlechtem Kosten-Nutzen-Verhältnis noch nicht als Stand der Technik interpretiert werden.

Neben den beschriebenen Auflagen zur Emissionsbegrenzung gibt es eine ganze Reihe von weiteren Auflagen. Genannt seien:

- die Begrenzung des Schwefelgehalts von leichtem Heizöl auf 0,2 Gewichtsprozent (3. BImSchV),
- Verbot des Einsatzes von Heizöl mit mehr als 0,2 Gew.-%. Schwefel in Feuerungsanlagen ≤ 5 MW (TA Luft),
- die Möglichkeiten der Beschränkung des Kraftfahrzeugverkehrs bei austauscharmer Wetterlage (§40 BImSchG).

5.2 Schadstoffsteuern

Beim Einsatz von Steuern werden die Emissionen eines Emittenten nicht direkt begrenzt, vielmehr muß der Emittent einen festen Betrag pro Einheit emittiertem Schadstoffs bezahlen.

Nach Pigou /7/ sollte diese Steuer gerade dem von einer Einheit Schadstoff verursachten Grenzschaden entsprechen. Der rational handelnde Emittent wird seine Emissionen durch geeignete Maßnahmen dann soweit reduzieren, bis die Grenzreduktionskosten höher werden als die Steuer (siehe Kap. 2). Der Vorteil für den Emittenten liegt darin, daß er selbst die optimale Emissionsmenge unter Berücksichtigung der individuellen Gegebenheiten seiner Anlage, die er naturgemäß besser kennt als die Aufsichtsbehörde, festlegen kann.

Da, wie in Kap. 2 erläutert, der Grenzschaden nicht quantifiziert werden kann, muß die Behörde die Steuer pro Schadstoffeinheit festlegen. Da gegensätzliche Interessen tangiert werden - einerseits der Wunsch der Emittenten, möglichst wenig Steuern zahlen zu müssen, andererseits der Wunsch der von der Luftverschmutzung Betroffenen, diese möglichst weitgehend zu vermindern - ist die Steuerfestsetzung ein sehr schwieriger politischer Prozeß.

Theoretisch sollte die Steuer zudem individuell unterschiedlich ausfallen, da ja der Grenzschaden je nach Standort, Schornsteinhöhe usw. unterschiedlich ausfällt. Wegen des damit verbundenen Aufwandes, insbesondere aber wegen der noch fehlenden Quantifizierungsmöglichkeiten von Umweltschäden, erscheint derzeit eine solche individuelle Festlegung kaum möglich. Denkbar ist aber, daß die Steuer

- nach Regionen,
- nach der Schornsteinhöhe,
- nach der Zeitperiode (z. B. Sommer/Winter; in bzw. außerhalb von Smogperioden; während Inversionswetterlagen, von 10 - 18^{00} bzw. außerhalb dieser Zeit)

differenziert festgelegt wird. Dies ist dann sinnvoll, wenn die Beziehung zwischen Emissionen und Schaden nicht linear ist. Da über die Zusammenhänge zwischen Emissionen und Schaden aber noch wenig bekannt ist, können diese Ansätze an dieser Stelle nicht weiter konkretisiert werden. Sie sollten aber nach Vorliegen weiterer Erkenntnisse über Emissions-Wirkungs-Beziehungen weiter verfolgt werden.

Im folgenden wird angenommen, daß die Steuer für alle Emittenten eines Untersuchungsraumes gleich hoch ist.

Die damit fehlende regionale Differenzierung etwa zwischen hoch belasteten und wenig belasteten Gebieten führt aber zu Problemen. Soweit die festgelegte Steuerhöhe einen Kompromiß darstellt zwischen den unterschiedlichen vermuteten Grenzschäden in den unterschiedlich belasteten Gebieten, wird die Steuer sehr hohe Grenzschäden in Teilbereichen des Untersuchungsgebiets nicht sicher verhindern können. Problematisch ist dies insbesondere, wenn die Immissionen so hoch sind, daß mit Sicherheit oder relativ hoher Wahrscheinlichkeit Gesundheitsschäden auftreten. Solche Gesundheitsschäden werden von der Gesellschaft nicht toleriert, sie können auch nicht durch den Wegfall von Schäden in den weniger belasteten Gebieten kompensiert werden. Durch einen räumlich konstanten Steuersatz wird aber eben die gewünschte Emissionsminderung nicht dort erreicht, wo die höchsten Immissionen verursacht werden, sondern dort, wo die Emissionen am effizientesten zu mindern sind. Daher muß eine gleichmäßige Steuer für größere Gebiete mit unterschiedlichen Immissionen immer durch Immissionsgrenzwerte ergänzt werden.

Diese Immissionsgrenzwerte begrenzen somit den Fehler, der dadurch entstehen kann, daß die Steuer nicht individuell festgelegt wird.

Eine über mehrere Jahre nominal konstant bleibende Steuer würde inflationsbedingt real an Wert verlieren, die Emissionen würden für die Emittenten immer preisgünstiger im Vergleich zu den Minderungsmaßnahmen werden. Dies ist selbstverständlich weder berechtigt noch erwünscht. Daher muß die Steuer jährlich angepaßt werden. Hierfür stehen zwei Wege offen:

- Die Anpassung wird durch Verordnung durch eine damit beauftragte Behörde (z. B. Umweltministerium) durchgeführt.
- Die Anpassung erfolgt automatisch anhand eines vom Statistischen Bundesamt berechneten Preisindex.

Die letztgenannte Möglichkeit ist zweifellos vorzuziehen, da dadurch ständige Diskussionen über die Steigerungsrate vermieden werden.

Als Preisindex kann die allgemeine Teuerungsrate eingesetzt werden. Alternativ kann aber auch ein spezieller Preisindex gewählt werden, der vor allem auf Umweltschutztechnologien abgestimmt ist.

Die Steuer wird für die Luftreinhaltepolitik in der Bundesrepublik bisher nicht eingesetzt, wohl aber in anderen Bereichen der Umweltpolitik. So müssen Wasserverschmutzer nach dem Abwasserabgabengesetz bestimmte, von 1980 bis 1986 jährlich ansteigende Abgaben pro Schadstoffeinheit zahlen. Diese Abgaben werden aber in verschiedenen Publikationen (z. B. /10/) als zu niedrig erachtet.

Eine Abgabe für Luftschadstoffemissionen von Großemittenten gibt es unter anderem in Frankreich. Allerdings dient diese Abgabe in erster Linie der Beschaffung von finanziellen Mitteln für Umweltschutzaufgaben. Sie ist so niedrig, daß die Lenkungswirkung vernachlässigbar gering ist. Zu nennen sind hier auch die Vorschläge der EG für eine kombinierte CO_2- und Energiesteuer.

Im folgenden soll überlegt werden, wie eine steuerorientierte Emissionsregelung für die Schadstoffe SO_2 und NO_x aussehen könnte.

Dabei wird davon ausgegangen, daß die Steuer für alle Emittentengruppen gleichermaßen gilt, da sonst keine Gewähr gegeben wäre, daß die jeweils effizientesten Maßnahmen aus *allen* Emittentenbereichen durchgeführt werden.

Wegen der unterschiedlichen Ursache bzw. Entstehung der Schadstoffe SO_2 und NO_x sollte die Erhebung der Steuer bei diesen Schadstoffen auf unterschiedliche Weise erfolgen.

Da die SO_2-Emissionen primär durch den Schwefelgehalt des Brennstoffs bestimmt sind, erscheint es sinnvoll, die Steuer bereits beim Produzenten oder Importeur des Endenergieträgers zu erheben. Dadurch würden die Preise der Energieträger für die Endverbraucher entsprechend steigen. Eine Steuer von 5 DM/kg SO_2 würde beispielsweise folgende Mehrkosten verursachen:

Diesel und leichtes Heizöl, Schwefelgehalt 0,18 %	:	1,5 Pf/l
Schweres Heizöl, Schwefelgehalt 1 %	:	100 DM/t
Schweres Heizöl, Schwefelgehalt 1,9 %	:	190 DM/t
Kohle, Schwefelgehalt 1 %, 5 % Ascheeinbindung	:	95 DM/t.

Dies bedeutet z. B. für heimische Steinkohle eine Preiserhöhung um ca. 30 %.

Durch die Höhe der Steuer würde etwa gesteuert, ob bei schwerem Heizöl Normalware oder schwefelarme Ware eingesetzt wird. Beim derzeitigen Preisunterschied (ohne Steuer) von 40 DM/t würde ab einer Steuerhöhe von 2,22 DM/kg SO_2 die schwefelarme Ware preisgünstiger werden.

Weist eine Feuerung Maßnahmen zur Emissionsminderung, z. B. eine Rauchgasentschwefelungsanlage oder eine Trockenadditivzugabe auf, so muß der Betreiber die Steuer nur für die Restemissionen zahlen. Diese werden zumindest bei größeren Feuerungen am besten durch kontinuierliche Messungen ermittelt. Der Betreiber enthält dann die zuviel gezahlten Beträge zurück. Bei Kleinanlagen mit zusätzlichen Minderungsmaßnahmen wird der Schwefelemissionsgrad durch einmalige Messungen oder Typprüfungen festgestellt, der Betreiber erhält dann auf Antrag ebenfalls die zuviel gezahlte Steuer erstattet.

Beim NO_x ist eine Erhebung der Steuer über den Brennstoff nicht möglich, weil die NO_x-Emissionen nicht nur vom Stickstoffgehalt im Brennstoff, sondern maßgebend auch von den Verbrennungsbedingungen, insbesondere Temperatur, Verweilzeit und Luftüberschuß abhängen.

Bei größeren genehmigungsbedürftigen Anlagen sind daher kontinuierliche Messungen kaum zu umgehen, diese sind derzeit auf Grund der Bestimmungen in der TA Luft für Anlagen, die mehr als 30 kg NO_x (angegeben als NO_2) emittieren, sowieso vorgeschrieben. Bei kleineren Anlagen sind u. U. jährlich wiederkehrende Messungen ausreichend. Bei Kraftfahrzeugen und nicht genehmigungsbedürftigen Feuerungsanlagen wie z. B. Hausheizanlagen erscheint eine Messung dagegen als zu aufwendig. Hier kann eine Typprüfung vorgenommen werden, bei der etwa die Emissionen eines Fahrzeugtyps während eines festgelegten Fahrzyklus ermittelt werden. Ausgehend von diesen typischen Emissionen werden daraus die bei typischem Betrieb erwarteten Emissionen während der Lebenszeit anhand der typischen Betriebsweise oder Auslastung und der voraussichtlichen Nutzungsdauer bestimmt. Die jährlichen Emissionen werden mit dem Steuersatz multipliziert, durch Abzinsen mit der realen Diskontrate wird daraus ein Barwert gebildet, der vom Hersteller des Kraftfahrzeugs oder der Heizanlage an den Staat abgeführt werden muß. Der Preis eines Pkw ohne Katalysator (Lebensdauer 10 Jahre, 130 000 km) würde sich dadurch bei einer realen Diskontrate von 4 % und einer Steuer von 6 DM/kg NO_x um ca. 1300 DM erhöhen, eine Heizungsanlage für ein Einfamilienhaus (17 kW, 1500 Vollbenutzungsstunden, Nutzungsdauer 15 Jahre) würde bei einer Steuer von 6 DM/kg NO_x mit ca. 300 DM belastet.

Diese beispielhaften Überlegungen zeigen, daß die Einführung einer Steuerstrategie in der Praxis durchführbar ist und daß der Aufwand für Verwaltung, Überprüfung und Abrechnung vergleichbar bzw. in Teilbereichen niedriger sein kann als bei der derzeitigen Auflagenpolitik.

5.3 Zertifikate

Zertifikate sind marktfähige und handelbare Rechte auf Luftschadstoffemissionen.

Der Staat bestimmt zunächst eine maximale Emissionsmenge, die für eine Region in einer festzulegenden Zeiteinheit nicht überschritten werden darf. Die Gesamtemissionen werden anschließend in Teilmengen aufgeteilt und in Form von Emissionszertifikaten verbrieft. Den Emittenten werden diese Zertifikate nach einer der im folgenden noch zu diskutierenden Regeln zugewiesen. Er ist dann berechtigt, entsprechend der Anzahl der Zertifikate eine bestimmte Menge an Schadstoffen zu emittieren.

Wesentlich ist, daß die Zertifikate handelbar sind. Es bildet sich daher ein

Markt für Zertifikate. Ausgehend von den Emissionen ohne Minderung E_o, dem Marktpreis für Zertifikate β und den möglichen Minderungsmaßnahmen M_j kann jeder Emittent die für ihn optimale Strategie ermitteln, also seine Kosten wie folgt minimieren:

$$\beta\,(E_o - EM_j) + K_j \overset{!}{=} \min.$$

oder

$$\beta\, EM_j - K_j \overset{!}{=} \max \quad .$$

Diese Gleichung ist identisch mit Gl. 2.14, somit wird durch die Zertifikatlösung jeder Emittent zur Durchführung der optimalen Minderungsmaßnahmen veranlaßt.

Da die Anzahl der Zertifikate begrenzt ist, stellt sich theoretisch ein Preis für die Zertifikate ein, der den Grenzkosten der Schadstoffminderung entspricht, mit der man gerade das gewünschte Emissionsniveau erreicht.

Während für die Steuerzahlung die jeweils tatsächlich emittierten Stoffmengen nachträglich zugrunde gelegt werden, muß der Emittent Zertifikate entsprechend den von ihm prognostizierten Emissionen zukaufen. Da hier angenommen wird, daß die Zertifikate die maximale absolute Menge Schadstoff innerhalb eines Zeitraums, nicht aber wie die Emissionsauflagen nach dem BImSchG die maximale Konzentration im Rauchgas, also die maximale Emissionsrate pro Zeiteinheit, begrenzen, muß der Emittent nicht nur die verwendete Minderungstechnik, sondern auch den - z. B. von der Produktion abhängigen - Brennstoffeinsatz vorhersehen. Auf Grund der dabei vorhandenen Unsicherheiten wird der Emittent, um Produktionsausfälle mit Sicherheit zu vermeiden, meist etwas mehr Zertifikate kaufen als er voraussichtlich benötigt. Dadurch wird die gewünschte Emissionsmenge unterschritten, was zu erhöhten Vermeidungskosten führt.

Zertifikate können befristet oder unbefristet ausgegeben werden. Bei unbefristeten Zertifikaten würde der Emittent Rechte für alle zukünftigen Jahre erwerben. Dies bedeutet, daß der Emittent bereits jetzt für die zukünftigen Jahre mitbezahlen müßte. Nimmt man etwa an, daß die gewünschte Emissionsmenge mit Grenzkosten von 5 DM/kg Schadstoff realisiert werden kann und daß dieser Wert inflationsbereinigt konstant bleibt, so würde der Wert eines Zertifikats für ein kg Schadstoff pro Jahr bei einem realen Diskontsatz von 4 % bei 125 DM liegen. Dabei würde - statische Randbedingungen vorausgesetzt - der Wert des Zertifikats im Laufe der Zeit nicht abnehmen, da die Gültigkeit ja immer unbegrenzt bleibt, so daß die Jahreskosten für den Emittenten aus den Zinsen für die genannte Summe bestehen und damit 5 DM/kg·a betragen.

Ändern sich Rahmenbedingungen wie etwa die Bewertung der Umweltschäden, so ist i. a. auch eine Anpassung des gewünschten Emissionsniveaus vorzunehmen. Dies ist bei unbefristeten Zertifikaten dadurch möglich, daß sie abgewertet werden. Die Zertifikate erlauben somit ab einem festgelegten Zeitpunkt nur noch um einen festen Prozentsatz geringere Emissionen als vorher. Diese Verknappung bewirkt eine zusätzliche Nachfrage und damit eine Preiserhöhung der Zertifikate, die wiederum die Durchführung von Emissionsminderungsmaßnahmen mit höheren Grenzkosten solange nach sich zieht, bis sich ein neues Marktgleichgewicht einstellt.

Die Abwertung müßte allerdings sehr frühzeitig, i. a. mehrere Jahre im voraus angekündigt werden, damit die Unternehmen rechtzeitig reagieren können. Von Nachteil ist, daß alleine die Möglichkeit einer Abwertung Unternehmen dazu veranlassen könnte, mehr Zertifikate als unmittelbar benötigt zu kaufen.

Statt einer Abwertung könnte der Staat auch durch Aufkauf von Zertifikaten das Immissionsniveau mindern. Diese Möglichkeit verletzt allerdings das Verursacherprinzip, da die Kosten der verschärften Emissionsminderung dann vom Staat, also der Allgemeinheit, und nicht von den Verursachern getragen würden.

Alternativ zu den unbefristeten könnten auch befristete Zertifikate ausgegeben werden. Nachteilig ist hier jedoch vor allem die Planungsunsicherheit. Bei jährlich ausgegebenen Zertifikaten kann der Preis der Zertifikate von Jahr zu Jahr stark schwanken, dennoch muß ein Emittent über langfristige Investitionen für Minderungsmaßnahmen entscheiden.

Ein wesentlicher Diskussionspunkt ist die Frage, wie denn die Zertifikate den potentiellen Emittenten zugeordnet werden sollen. Dieses Problem tritt bei unbefristeten Zertifikaten nur einmal bei der erstmaligen Einführung von Zertifikaten, bei befristeten Zertifikaten jeweils nach Ablauf einer Periode ein. Prinzipiell gibt es zwei Möglichkeiten:

a) Versteigerung bzw. Verkauf der Zertifikate

Bei dieser Variante verkauft die zuständige Behörde die Zertifikate. Der Preis der Zertifikate ist dabei so hoch festzusetzen, daß Angebot und Nachfrage gerade gleich sind.

Die praktische Umsetzung dieser Regel ist allerdings nicht ganz einfach. Im Prinzip müßte jeder Emittent ein gestaffeltes verbindliches Angebot abgeben, das die Angabe enthält, bis zu welchem Preis er wieviele Zertifikate abnehmen will. Dazu muß er vorher seine Minderungskosten genau kennen. Die zuständige Behörde würde dann unter Berücksichtigung aller Angebote den Preis so festsetzen, daß gerade die vorhandene Menge an Zertifikaten nachgefragt wird.

Die finanzielle Belastung der Unternehmen ist dabei gleich wie bei der Schadstoffsteuer und höher als bei Auflagen, weil nicht nur für die Minderungsmaßnahme, sondern auch für die Restemission bezahlt werden muß.

Um diese Kostenbelastung zu vermeiden, wird häufig eine kostenlose Verteilung der Emissionsrechte vorgeschlagen.

b) Kostenlose Vergabe

Die Verteilung der Zertifikate erfolgt hier kostenlos entsprechend der Luftschadstoffmenge, die die Emittenten vor der Zertifikatvergabe auf Grund der gesetzlichen Vorschriften und/oder der tatsächlichen Gegebenheiten emittiert haben. Soll eine Verbesserung der Umweltsituation herbeigeführt werden, so können die Zertifikate anschließend wie bereits beschrieben abgewertet werden.

Folgende Verteilungskriterien sind möglich:

- Die Zuteilung der Zertifikate erfolgt nach tatsächlichen Emissionen einer zurückliegenden Zeitperiode. Dieses Kriterium ist allerdings problematisch, weil dann diejenigen Emittenten, die bisher wenig für den Umweltschutz getan haben, eine große Anzahl von Zertifikaten und entsprechende ökonomische Vorteile erhalten. Betreiber von Anlagen, die nach dem Stand der Technik ihre Schadstoffe vermindert haben, haben dagegen Nachteile, da sie bei einer Abwertung der Zertifikate keinen Spielraum mehr haben und daher Zertifikate zukaufen müssen.

- Die Zertifikate werden - unabhängig von den tatsächlichen Emissionen - auf Grund von Leistung, Brennstoffeinsatz und Anlagentyp festgelegt, wobei als Anhaltspunkte etwa die in der TA Luft oder der GFVO festgelegten Grenzwerte berücksichtigt werden. Dadurch werden die o. g. Ungerechtigkeiten bzw. Wettbewerbsverzerrungen vermieden.

  Auch bei dieser Methode bleibt aber eine fundamentale Wettbewerbsverzerrung erhalten: Neuemittenten werden gegenüber den alten benachteiligt, da sie ihre Zertifikate auf dem Markt teuer erwerben müssen. Dazu kommt noch die Gefahr, daß Altemittenten eigentlich nicht benötigte Zertifikate nicht auf den Markt bringen, um die Ansiedlung von Konkurrenten zu verhindern. Prinzipiell könnte der Staat diesen Nachteil dadurch ausgleichen, daß Neuemittenten ebenfalls entsprechend ihrer Feuerungsanlage kostenlose Zertifikate erhalten, wobei der Staat entweder die restlichen Zertifikate entsprechend abwerten kann, oder aber auf Grund eines Interesses an Neuansiedlungen die zu vergebenden Zertifikate auf dem Markt aufkauft.

Eine Zertifikatregelung erfordert einen erheblichen Verwaltungsaufwand. Neben der Ausgabe der Zertifikate und der Unterstützung und Kontrolle des Zertifikatmarktes ist es insbesondere die Überprüfung der Einhaltung der durch Zertifikate verbrieften Emissionsmenge, die einen hohen Aufwand erfordert. Es versteht sich von selbst, daß eine lückenlose Kontrolle und gegebenenfalls eine empfindliche Bestrafung bei Überschreitung der Maximalwerte unabdingbare Voraussetzung für ein Funktionieren von Zertifikatlösungen sind.

Nicht zuletzt auf Grund der bereits bei der Beschreibung angedeuteten Schwierigkeiten bei der praktischen Umsetzung existiert keine Zertifikatregelung, die den beschriebenen Idealvorstellungen einer Zertifikatlösung entspricht.

Allerdings gibt es in den USA eine Reihe von Instrumenten, die das Grundprinzip des Zertifikatmodells in veränderter Form anwenden. Es handelt sich um die Instrumente:

- "bubble policy" bzw. Glockenkonzept,
- "offset policy" bzw. Ausgleichspolitik,
- "netting" bzw. Saldostrategie,
- "banking of emission reduction credits" bzw. Registrierung von Emissionsrechten.

Diese Instrumente sind in die recht komplizierten Regelungen des amerikanischen Luftreinhaltegesetzes (Clean Air Act) eingebunden. Dieses sieht zunächst nationale Immissionsnormen (National Ambient Air Quality Standards) vor. Für Gebiete, in denen diese Grenzwerte überschritten sind, also Belastungsgebiete oder 'Nonattainment Areas', müssen staatliche Vollzugspläne (State Implementation Plans, SIP) aufgestellt werden, die die Einhaltung der nationalen Immissionsnormen nach einer vorgegebenen Frist gewährleisten sollen. Die dazu erforderlichen Emissionsminderungen werden durch verschärfte Auflagen durchgesetzt.

Daneben gibt es eine Reihe von Emissionsnormen.

Die strengsten Emissionsnormen werden von größeren Neuanlagen in Belastungsgebieten verlangt, sofern die Emission von Staub, SO_2, NO_x, VOC oder CO mehr als 100 t pro Jahr beträgt. In Ozonbelastungsgebieten gelten für NO_x und VOC je nach Höhe der Belastung auch kleinere Werte bis hinab zu 10 t pro Jahr. Bei diesen Anlagen muß der neueste Stand der Technik (Lowest Achievable Emission Rate, LAER) eingehalten werden (dies entspricht im Prinzip auch den deutschen Vorschriften). Außerdem müssen die neu entstehenden Emissionen durch eine Emissionsreduzierung an anderer Stelle mehr als ausgeglichen werden (offsets).

Neuanlagen außerhalb der Belastungsgebiete müssen über die beste verfügbare Kontrolltechnologie (Best Available Control Technology, BACT) verfügen, sofern deren Emissionen bei mindestens einem der betrachteten Schadstoffe je nach Industriekategorie 100 bzw. 250 t/a überschreiten. Bei der Festlegung dieser Grenzwerte werden die Kosten der Emissionsminderung berücksichtigt und gegen die Emissionsminderung abgewogen, die BACT-Werte können also höher liegen als die LAER-Werte. Außerdem darf die Immissionskonzentration des Gebietes nur um ein bestimmtes Maß zunehmen.

Als Obergrenze der Emissionsnormen gibt es zudem die Emissionsnormen für Neuanlagen bestimmter Quellenkategorien (New Source Performance Standards).

Auch bei Altanlagen kann eine nachträgliche Verschärfung der Emissionswerte verlangt werden, hierzu werden wirtschaftlich vertretbare Kontrolltechnologien (Reasonably Available Control Technology, RACT) festgelegt. Da dabei die Kosten der Minderung ein größeres Gewicht erhalten, sind diese Normen im allgemeinen weniger stringent als etwa die BACT-Werte. Je nach Bundesstaat können die RACT-Werte entweder für alle oder aber nur für in Belastungsgebieten stehende Altanlagen verlangt werden.

Um trotz immer mehr verschärfter Auflagen eine gewissen Flexibilität zu erhalten und dadurch Kosten einzusparen, wurden ab 1977 eine Reihe von marktwirtschaftlichen Elementen zusätzlich eingeführt.

Grundprinzip aller dieser Instrumente ist, daß ein oder mehrere Emittenten, statt die Auflagen exakt zu erfüllen, eigene Lösungen vorschlagen können. Dabei führt die Übererfüllung einer Auflage zu einer Gutschrift, die prinzipiell zu Mehremissionen an anderer Stelle gegenüber der dortigen Auflage berechtigt.

Bei der *"bubble policy"* (Glockenkonzept) werden verschiedene Altanlagen zu einem Emissionsverbund zusammengefaßt. Statt nun an jeder Altanlage die jeweiligen Auflagen (z. B. die RACT-Werte) zu erfüllen, können die Emittenten eine andere Emissionsminderungsstrategie vorschlagen. Die Anwendung dieser Strategie darf aber nur maximal zu den Emissionen führen, die sich auch bei Erfüllung der ursprünglichen Grenzwerte ergeben hätten.

Im Prinzip wird somit nicht für eine Altanlage, sondern für ein Kollektiv von Anlagen ein Emissionsgrenzwert festgelegt. Im Unterschied zur Zertifikatlösung kann aber die einmal festgelegte und von Behörden genehmigte Kontrollstrategie nachträglich nicht mehr geändert werden.

Eine "bubble" kann entweder nur die Anlagen eines Betreibers (internes "bubbling") oder mehrerer Betreiber beinhalten. Im zweiten Fall sind aber Verhandlungen zwischen den verschiedenen Firmen hinsichtlich der Emissionsminderung und etwaiger Ausgleichszahlungen erforderlich, dies ist in der Praxis meist mit Problemen verbunden, so daß vor allem interne "bubbles" verwirklicht wurden.

Die *"offset policy"* (Ausgleichsstrategie) zielt im Gegensatz zur "bubble policy" auf die Errichtung von Neuanlagen ab. Emittierende Neuanlagen können an und für sich in Belastungsgebieten nicht errichtet werden, da deren Emissionen zu einer Erhöhung der sowieso schon zu hohen Immissionskonzentration führen würden. Um die industriepolitisch erwünschte Ansiedlung von neuen Betrieben oder die Erneuerung von Anlagen in bestehenden Betrieben dennoch zu ermöglichen, erlaubt die "offset policy" die Errichtung von Neuanlagen auch in Belastungsgebieten, wenn gleichzeitig andere benachbarte Quellen die Emissionen um einen höheren Betrag reduzieren, als durch die Neuanlage hinzukommt. Auch hier kann der Ausgleich entweder innerhalb eines Betriebes oder zwischen mehreren Betrieben erfolgen. Die insgesamt erreichte Nettoemissionsminderung muß mindestens 10 % der neu emittierten Emissionsmenge betragen, in Gebieten mit extrem hohen Ozonkonzentrationen muß die Gesamtreduzierung der Emissionen sogar bis zu 50 % der Emissionen der Neuanlage betragen. Die Neuanlagen müssen dabei auf jeden Fall die LAER-Emissionsgrenzwerte einhalten, ein weitergehender Ausgleich führt nicht zu höheren Emissionsgrenzwerten für die Neuanlage.

Außerhalb von Belastungsgebieten ist im Zuge des sog. *"Netting"* (Saldostrategie) ein Ausgleich bei der Errichtung von Neuanlagen möglich. Werden die Neuemissionen durch die Reduzierung von Emissionen bei Altanlagen soweit ausgeglichen, daß das Saldo einen bestimmten Wert unterschreitet, so müssen die BACT-Grenzwerte bei der Neuanlage nicht eingehalten werden. Im Unterschied zur 'offset policy' findet hier keine Reduzierung der Gesamtemissionen statt.

Um die Anwendung der beschriebenen flexiblen Instrumente zu erleichtern, um eine Hilfe bei der Vermittlung von Ausgleichsemissionen zu bieten und um Firmen auch dann zu zusätzlichen Minderungsmaßnahmen zu bewegen, wenn gerade kein 'Abnehmer' für diese Emissionen vorhanden ist, wurde die Möglichkeit des *"banking of emission reduction credits"* geschaffen. Ein Emittent, der mehr Emissionen mindert, als auf Grund seiner Auflage erforderlich wäre, kann diese Minderemissionen auf einer "Umweltbank" registrieren lassen. Emittenten, die im Zuge der Umsetzung der vorher beschriebenen Strategien Emissionsrechte suchen, können sich nun bei der "Bank" nach möglichen Partnern mit freien Emissionsrechten erkundigen. Das Banking ist somit weniger ein eigenständiges Instrument als eine Ausführungshilfe für die vorher beschriebenen Strategien.

Die hier beschriebenen Instrumente der Umweltpolitik der USA werden hier nicht als eigenständige Möglichkeiten der Umweltpolitik angesehen, sondern als Varianten der Zertifikatlösung eingestuft, weil sie das folgende wesentliche Element mit der Zertifikatlösung gemeinsam haben:

Für Emittenten einer Region wird ein gemeinsames maximales Emissionsniveau festgelegt - die Emittenten selber können dann durch Austausch von Emissionsrechten eine kostenoptimale Emissionsminderungsstrategie aushandeln. Die amerikanischen Konzepte entsprechen dabei einer kostenlose Erstausgabe von Zertifikaten beim allgemeinen Zertifikatmodell.

Allerdings gibt es auch gravierende Unterschiede zu der reinen Zertifikatlösung. So ist die freie Transferierbarkeit und die Auswahl der Emissionsminderungsstrategie durch staatliche Kontrolle und Genehmigungspflicht stark eingeschränkt. Die Reduzierung des Emissionsniveaus geschieht nicht wie bei den Zertifikaten durch eine Abwertung oder Verringerung der Zertifikate. Vielmehr werden - ausgehend vom Stand der Technik und den Kosten der Emissionsminderung - die verschiedenen Emissionsgrenzwerte neu festgelegt, dies ist wiederum Anlaß für die Emittenten, nach kostengünstigen Lösungen zur Erfüllung der neuen Grenzwerte etwa im Rahmen von "bubbles" zu suchen. Das Ausmaß und Tempo der Emissionsminderung wird also bei den US-amerikanischen Lösungen durch den Stand der Technik weitgehend beeinflußt. Dieser Mechanismus ist dem in der deutschen Auflagenpolitik erfolgenden Vorgehen ähnlich.

Im Jahr 1990 wurde der Clean Air Act erheblich erweitert. Neu hinzu kam unter anderem ein Programm zur Bekämpfung des sauren Regens durch Reduzierung der SO_2- und NO_x-Emissionen aus Kraftwerken. Während für NO_x Emissionsgrenzwerte festgelegt wurden, die durch den Einbau NO_x-armer Brenner unterschritten werden können, wurden für SO_2 Regelungen eingesetzt, die im Prinzip einer Zertifikatlösung entsprechen. Die Emissionsreduzierungen erfolgen in zwei Phasen; dabei soll Phase 1 bis 1995, Phase 2 bis zum Jahr 2000 implementiert sein. In Phase 1 sind 111 Kraftwerke mit einer elektrischen Leistung von mehr als 100 MW_{el} und einer Emissionsrate von 2,5 lbs SO_2 pro Mio. Btu (british thermal units) oder mehr betroffen. Diese erhalten Emissionsrechte für die Menge an Emissionen, die sich ergibt, wenn man die in den Jahren 1985 bis 1987 durchschnittlich eingesetzte jährliche Brennstoffmenge mit der Emissionsrate von 2,5 lbs SO_2 pro Mio. Btu multipliziert. Emittiert ein Kraftwerk weniger SO_2 als seinen Emissionsrechten entspricht, so können diese

- entweder durch 'banking' gesichert und später für neue Kraftwerke oder den Gebrauch in der späteren Phase 2 verwendet werden,
- oder für ein anderes Kraftwerk des Betreibers genutzt werden,
- oder an andere Unternehmen verkauft werden.

In Phase 2 wird der für die Emissionsrechte relevante Emissionsfaktor auf 1,2 lbs SO_2 pro Mio. Btu mehr als halbiert. Dies entspricht einer Begrenzung des Schadstoffausstosses auf etwa 1400 mg SO_2 pro Nm^3 Rauchgas bei Kohlekraftwerken. Betroffen sind etwa 2000 Anlagen über 25 MW_{el}. Wiederum werden handelbare Emissionsrechte verteilt. Ein kleiner Teil der Emissionsrechte wird zudem von den Behörden zunächst als Reserve zurückgehalten und später nach und nach verkauft oder versteigert, um neue Kraftwerke bedienen zu können. Durch diese Maßnahme sollen die SO_2-Emissionen aus Kraftwerken in den USA im Jahr 2000 auf 8,9 Mio t begrenzt werden.

Auch die deutschen Bestimmungen enthalten bestimmte Ausgleichsregelungen.

So können nach § 2.2.1.1 der TA Luft Neuanlagen in Gebieten, in denen die Immissionsgrenzwerte überschritten sind, genehmigt werden, wenn die zusätzliche Immissionsbelastung durch die Neuanlage 1 % des Immissionsgrenzwertes nicht übersteigt und sichergestellt ist, daß die Immissionen durch Maßnahmen an anderen Anlagen vermindert werden.

Bei der in der TA Luft vorgesehenen Nachrüstung von Altanlagen mit Emissionsminderungsmaßnahmen nach dem Stand der Technik kann von einer entsprechenden nachträglichen Anordnung abgesehen werden, wenn "in einem Sanierungsplan technische Ausgleichsmaßnahmen an einer Altanlage oder mehreren Altanlagen desselben Betreibers oder eines Dritten vorgesehen sind, die zu einer weitergehenden Verringerung der Emissionsfrachten im jeweiligen Kalenderjahr führen als die Summe der Minderungen, die durch Erlaß nachträglicher Anordnungen bei den beteiligten Anlagen erreichbar wäre."

Diese Ausgleichsregelung gilt allerdings nur begrenzt, spätestens am 1.3.1994 müssen alle Emittenten wiederum den Emissionsgrenzwert der TA Luft erfüllen.

Ein gewisser Widerspruch bei dieser Regelung besteht zudem darin, daß die nachträglichen Anordnungen ja definitionsgemäß Minderungen nach dem Stand der Technik erfordern. Eine weitergehende Minderung ist somit theoretisch nur bei Teilanlagen, deren Emissionen nicht mehr als das Eineinhalbfache des Grenzwerts betragen, möglich, da diese erst zum 1.3.1994 zusätzliche Minderungsmaßnahmen durchführen müßten.

Diese Bedingungen schränken den Effekt der Ausgleichsregel sehr stark ein, so daß sie in der Praxis keine Bedeutung hat. So wurde etwa in Baden-Württemberg kein einziger Antrag zur Ausnutzung dieser Regel gestellt.

5.4 Kooperationen

Bei Kooperationslösungen werden das Luftreinhalteziel und/oder die zur Erfüllung dieses Ziels durchzuführenden Maßnahmen nicht von einer staatlichen Instanz einseitig bestimmt, sondern in Verhandlungen zwischen staatlichen Stellen und den Emittenten oder bestimmten Emittentengruppen festgelegt.

Die direkte Einbindung der Emittenten in den Entscheidungsprozeß hat den Vorteil, daß - stärker als bei der Auflagenlösung - die individuellen Gegebenheiten und Möglichkeiten der einzelnen Emittenten berücksichtigt werden können. Insbesondere können die Emittenten erreichen, daß die kostengünstigsten Lösungen akzeptiert, ineffiziente Maßnahmen aber abgewehrt werden.

Bei Verhandlungen über die Festsetzung des Umweltschutzzieles, also etwa des zu erreichenden Emissionsniveaus, besteht allerdings die Gefahr, daß die Emittenten die Vermeidungskosten höher ansetzen als sie in Wirklichkeit sind, um die zu vereinbarende Emissionsminderung möglichst niedrig zu halten. Es empfiehlt sich daher in jedem Fall das Hinzuziehen unabhängiger Sachverständiger, die die Emittentenangaben überprüfen können.

Ein erfolgreicher Abschluß solcher Verhandlungen kann nur erwartet werden, wenn beide Seiten durch das Verhandlungsergebnis Vorteile erzielen.

Die Emittenten werden daher nur dann zu konstruktiver Mitarbeit bereit sein, wenn sie dadurch

- entweder drohende rechtlich-organisatorische Maßnahmen (z. B. Auflagen) vermeiden können, die zu höheren Kostenbelastungen als die Kooperationsvereinbarung führen,
- oder finanzielle Anreize bzw. Subventionen erhalten, die die Kosten der Kooperationsvereinbarung voll ausgleichen.

Es ist für den Staat daher nur dann sinnvoll, eine Kooperationslösung anzustreben, wenn er entweder glaubhaft macht, daß bei einem Scheitern der Verhandlungen Konsequenzen bzw. Auflagen durchgesetzt werden, oder aber entsprechende Subventionsmittel bereitstellt.

Die Vorteile für den Staat bei Kooperationslösungen liegen vor allem darin, daß der langdauernde Prozeß der Verabschiedung der Änderung von Gesetzen und Verordnungen, der durch Einsprüche der Betroffenen noch verlängert werden kann, vermindert wird, da die Vereinbarung ja unmittelbar nach dem Zustandekommen umgesetzt werden kann. Der Öffentlichkeit kann so recht schnell nach dem Eintreten eines Umweltproblems ein erfolgreiches Handeln der Politik vorgeführt werden.

Kooperationslösungen wurden in der Bundesrepublik in einer ganzen Reihe von Fällen erfolgreich eingesetzt. Ein Beispiel aus jüngerer Zeit ist etwa die vorzeitige erhebliche Verringerung des Anteils von Halogen-Kohlenwasserstoffen an den Treibgasen in Spraydosen.

Beispiele für Kooperationslösungen finden sich auch in Baden-Württemberg. Dort wurde 1983 von der Landesregierung eine Kommission einberufen, die aus Vertretern der Kraftwerksbetreiber im Lande, aus Vertretern der Ministerien des Landes und aus Wissenschaftlern als Sachverständigen bestand. Auftrag der Arbeitsgruppe war es, folgende Frage zu beantworten: "Wie kann - unter Berücksichtigung des zukünftigen Energiebedarfes sowie aller technischen und ökonomischen Möglichkeiten - in kurzer Frist ein auf mittlere und lange Sicht umweltfreundlicher Kraftwerksbetrieb gewährleistet werden?" Ausgangspunkt der Überlegungen war ein von den Wissenschaftlern berechneter "Referenzfall" der Emissionen, der die Entwicklung der Emissionen bei Berücksichtigung der gesetzlichen Bestimmungen und eines erwarteten Stromverbrauchszuwachses angab. Dabei ergab sich ein starkes Absinken der Emissionen nach 1986 auf Grund des Einbaus von Rauchgasentschwefelungsanlagen als Folge der Großfeuerungsanlagenverordnung, in den Jahren davor war allerdings noch ein Ansteigen der Emissionen zu verzeichnen.

Daher wurde in der Arbeitsgruppe nach Möglichkeiten gesucht, die Emissionen in den Jahren bis zum Wirksamwerden der Großfeuerungsanlagenverordnung zu begrenzen. Das Ergebnis zeigt Abb. 5.1. Die oberste Kurve zeigt die Emissionen ganz ohne Minderungsmaßnahmen, die darunterliegende die Emissionen des Referenzfalls unter Berücksichtigung der Großfeuerungsanlagenverordnung. Zusätzlich wurden nun noch folgende Maßnahmen identifiziert, positiv bewertet und verbindlich festgelegt:

- Einsatz schwefelarmer Kohle,
- Inbetriebnahme von Rauchgasentschwefelungsanlagen vor dem gesetzlich vorgeschriebenen Termin,
- zusätzlicher Einsatz von Erdgas statt Kohle,

- bevorzugter Einsatz von Kraftwerken, die bereits mit Rauchgasentschwefelungsanlagen ausgestattet sind,
- Bezug von Strom aus Wasserkraftwerken der Schweiz anstelle des Einsatzes von Kohle.

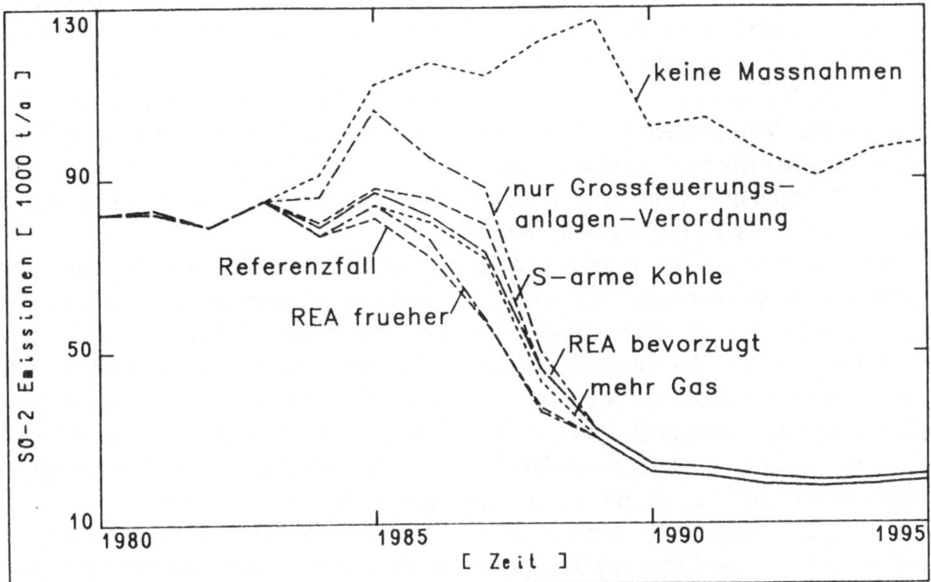

Abb. 5.1: Maßnahmen zur Reduzierung der SO_2-Emissionen aus Kraftwerken in Baden-Württemberg

Die Durchführung dieser Maßnahmen führte zu einer deutlichen Reduzierung der Emissionen in den "kritischen" Jahren 1984 bis 1988. Insbesondere gelang es, ein weiteres Ansteigen der SO_2-Emissionen nach 1983 zu vermeiden. Die Kosten für die Maßnahmen betrugen insgesamt ca. 80 Mio DM.

Beachtenswert ist, daß die spezifischen Kosten für die in der Arbeitsgruppe identifizierten Maßnahmen nur zwischen 0 und 3 DM pro kg verminderten SO_2 liegen; demgegenüber liegen die Kosten für die nach der Großfeuerungsanlagenverordnung vorgeschriebenen Rauchgasentschwefelungsanlagen bei durchschnittlich 3 bis 4 DM/kg SO_2.

Durch die Beteiligung der Energieversorgungsunternehmen am Entscheidungsprozeß wurden somit zusätzliche, auf die individuellen Gegebenheiten aufbauende Maßnahmen gefunden, die sich zudem durch hohe Effizienz auszeichnen.

Im Frühjahr 1984 wurde eine weitere Arbeitsgruppe eingesetzt, deren Auftrag es war, Möglichkeiten (Maßnahmen, Kosten) zur Minderung von Schadstoffemissionen aus Feuerungsanlagen der Industrie zu untersuchen. Neben Vertretern des Landes und der Wissenschaft haben in der Arbeitsgruppe Vertreter des Landesverbandes der Industrie, insbesondere aus Branchen mit hohen Emissionen

(Mineralöl, Chemie, Papier) mitgewirkt. Das Vorgehen war ähnlich wie bei den Kraftwerken: Es wurde zunächst ein Referenzfall erstellt, der Berechnungen der Entwicklung der Emissionen bei einem angenommenen Wirtschaftswachstum von 2,3 %/a und bei Erfüllung der gesetzlichen Auflagen (Großfeuerungsanlagenverordnung und TA Luft) enthält. Die Umsetzung dieser Auflagen bewirkt, daß die Emissionen der Industrie von 1983 bis 1995 beim SO_2 um 30 % und beim NO_x um 8 % zurückgehen.

Ausgehend von diesem Referenzfall wurden die verschiedenen Möglichkeiten zur weiteren Absenkung der SO_2- und NO_x-Emissionen untersucht. Die Ergebnisse dieser Analyse zeigen die Abbildungen 5.2 und 5.3.

Die Ergebnisse zeigen, daß erhebliche Emissionsminderungspotentiale über die gesetzlichen Vorschriften hinaus vorhanden sind. So ließen sich mit spezifischen Minderungskosten bis 7,50 DM pro kg vermindertem SO_2 Emissionsreduzierungen um 50 % erreichen; beim NO_x wäre eine Reduzierung bis zu 26 % bei spezifischen Kosten bis 15 DM/kg NO_x möglich.

Ausgehend von diesen Ergebnissen hat die Kommission den baden-württembergischen Unternehmen empfohlen, die SO_2- und NO_x-Emissionen aus ihren Feuerungsanlagen über die gesetzlichen Umweltanforderungen hinaus zu senken.

Im Gegensatz zu der Situation bei den Kraftwerken, bei denen die empfohlenen Maßnahmen durchgeführt wurden, was zu erheblichen Emissionsminderungen führte, ist eine Umsetzung der o. g. Empfehlung bei der Industrie nicht gelungen.

Dies liegt an den unterschiedlichen Einwirkungsmöglichkeiten der Landesregierung auf die Emittenten. Energieversorgungsunternehmen sind von der Landesregierung und anderen öffentlichen Körperschaften auf vielfältige Weise abhängig. Insbesondere ist die Landesregierung für die Genehmigung von Kraftwerksanlagen und für die Genehmigung der Strompreise zuständig. Darüberhinaus befinden sich die Elektrizitätsversorgungsunternehmen des Landes im Besitz der öffentlichen Hand.

Bei Industrieunternehmen sind die Einwirkungsmöglichkeiten wesentlich begrenzter. Insbesondere war es der Landesregierung nicht möglich, darzulegen, daß sie bereit und in der Lage ist, im Falle einer Nichtbeachtung der obigen Empfehlung schärfere Grenzwerte als in der TA Luft gefordert auf Bundesebene durchzusetzen. Zwar wurde als Alternative ein Programm zur Förderung von Maßnahmen, die über die Erfüllung der TA Luft hinausgehen, aufgelegt. Da diese Förderung aber nur einen Teil der Mehrinvestitionen für die Maßnahmen abdeckte, ergab sich kein Vorteil für die Industrieunternehmen, sodaß diese Förderung nicht zu einer nennenswerten Emissionsminderung führte.

Diese Beispiele zeigen, daß Kooperationslösungen ein schnell wirksames effizientes Instrument sind, wenn staatlicherseits Möglichkeiten bestehen, bei einem Scheitern der Verhandlungen Emissionsminderungen auf andere Art und Weise durchzusetzen.

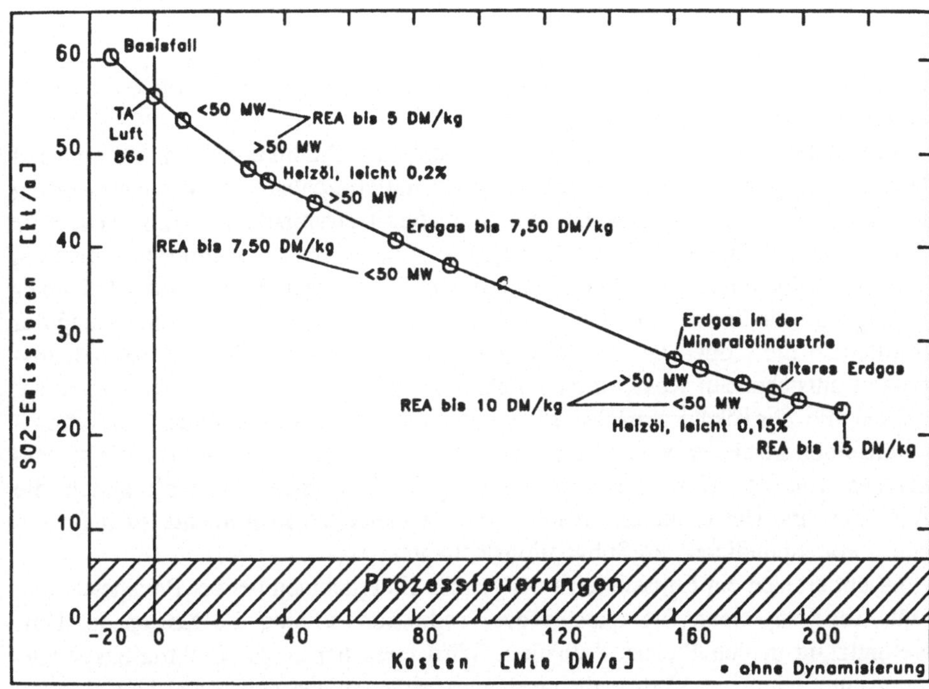

Abb. 5.2: Kostenkurve der SO_2-Minderung für Anlagen der Industrie Baden-Württembergs

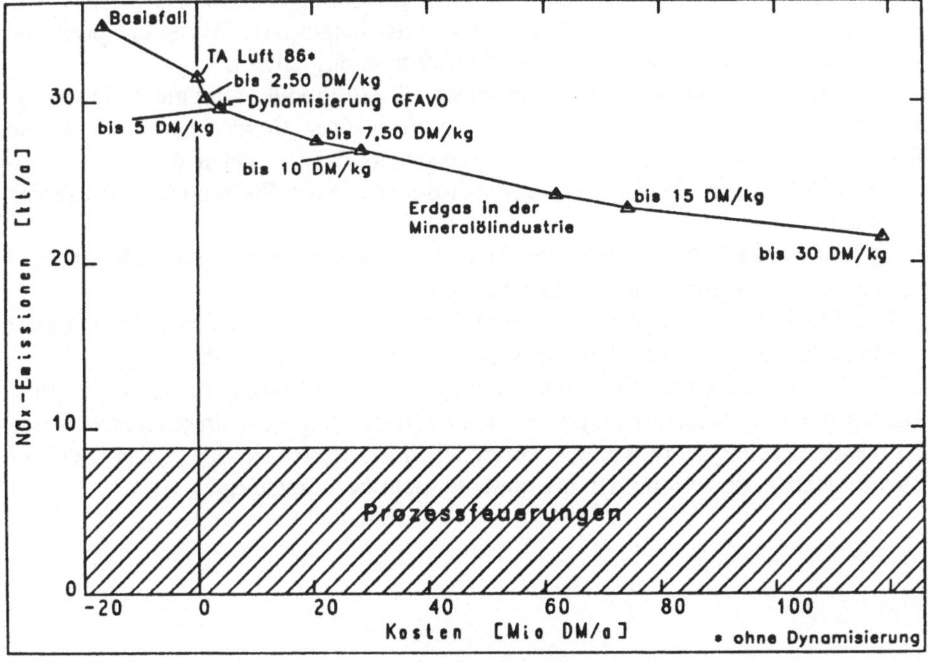

Abb. 5.3: Kostenkurve der NO_x-Minderung für Anlagen der Industrie Baden-Württembergs

5.5 Subventionen

Bei einer Subventionspolitik übernimmt der Staat die Kosten für die Schadstoffminderung ganz oder teilweise.

Bei statischer Betrachtung, also ungeänderter Produktion von Gütern und Dienstleistungen, ist die durch Subventionierung erreichbare Emissionsminderung gleich wie bei den entsprechenden vorgenannten Instrumenten. So führt etwa eine Subvention pro kg vermiedenen Schadstoff zu derselben Investitionsentscheidung wie eine Abgabe auf emittierte Schadstoffe in gleicher Höhe. Auch bei einer Auflagenpolitik ändert eine Subvention zur Verringerung der Kostenbelastung der Emittenten die Höhe der Emissionsminderung und die der Volkswirtschaft insgesamt entstehenden Kosten nicht. Entsprechendes gilt für eine Zertifikatlösung, bei der die Zertifikate zunächst entsprechend der Emissionen ohne Minderungsmaßnahmen kostenlos verteilt und anschließend zur Reduzierung des Emissionsniveaus von der Umweltbehörde zurückgekauft werden. Insoweit gelten die Aussagen und Bewertungen für die bereits behandelten Instrumente auch für die damit korrespondierenden Subventionslösungen.

Orientiert sich ein Emissionen erzeugendes Unternehmen bei der Preisgestaltung nun streng an seinen Grenzkosten der Produktion, so sind die Kosten der Umweltnutzung in den Preisen enthalten. Wird etwa bei einem Elektrizitätsversorgungsunternehmen 1 kWh mehr produziert, so entstehen neben den betriebswirtschaftlichen Mehrkosten Kosten für den Kauf eines zusätzlichen Zertifikats bzw. durch den Wegfall von Subventionen. Entsprechend können, wenn eine kWh weniger produziert wird, mehr Subventionen eingenommen oder die überzähligen Zertifikatanteile verkauft werden, sodaß sich der eingesparte Betrag entsprechend um die Gutschrift für die vermiedene Umweltnutzung erhöht.

Im allgemeinen werden die Unternehmen für ein Produkt aber nicht die Grenzkosten, sondern Durchschnittskosten zuzüglich einer Gewinnmarge als Preise festsetzen. In diesem Fall sind die verursachten Grenzschäden durch die Luftschadstoffemissionen bei den Subventionslösungen in den Preisen nicht vollständig enthalten.

Die subventionierten Güter haben dann Wettbewerbsvorteile gegenüber anderen umweltfreundlich produzierten Alternativen.

Der Markt bewirkt somit eine überhöhte Nachfrage nach den subventioniert produzierten Gütern, das Wohlfahrtsoptimum wird damit verfehlt.

Auf Grund dieser grundlegenden Überlegungen sind Lösungen, die die externen Kosten der Luftverschmutzung nach dem Verursacherprinzip internalisieren, den Subventionslösungen prinzipiell vorzuziehen. Letztere werden daher bei der nachfolgenden Bewertung der Instrumente nicht berücksichtigt.

6 Bewertung umweltpolitischer Instrumente

Nachdem in Kap. 5 die wichtigsten umweltpolitischen Instrumente beschrieben wurden, soll jetzt eine Bewertung dieser Instrumente erfolgen. Dazu sind zunächst die Kriterien festzulegen, anhand derer die Bewertung erfolgen soll.

6.1 Bewertungskriterien

Für die nachfolgenden Betrachtungen werden die folgenden vier Kriterien ausgewählt:

- Zielerreichung,
- dynamische Anpassungsfähigkeit an veränderte Rahmenbedingungen,
- Anreizwirkung zur Erzielung technischen Fortschritts bei der Emissionsminderung,
- Kostenverteilung, Auswirkungen auf die Wettbewerbsfähigkeit.

Das Kriterium der ***Zielerreichung*** mißt, wie nahe man durch den Einsatz eines Instruments der optimalen Minderung im Sinne einer Wohlfahrtsmaximierung kommt. Die optimale Emissionsminderungsmaßnahme j für jeden Emittenten ist definiert durch Gl. 2.14:

$$\sum_k \beta_{ik} EM_{ijk} - K_{ij} \overset{!}{=} max. \qquad (6.1)$$

Werden beim Einsatz des umweltpolitischen Instruments U_r Maßnahmen mit der Emissionsminderung EM_{irk} und den Kosten K_{ir} durchgeführt, so läßt sich die Abweichung vom Optimum ΔW_r darstellen durch:

$$\Delta W_r = \sum_{ik} \beta_{ik}(EM_{irk} - EM_{ijk}) - (K_{ir} - K_{ij}) . \qquad (6.2)$$

ΔW_r, also die Abweichung der Wohlfahrt bei Anwendung des Instruments U_r vom optimalen Zustand, ist definitionsgemäß kleiner oder gleich Null. Je kleiner ΔW_r, umso schlechter ist das Kriterium 'Zielerreichung' erfüllt.

In der Literatur werden statt des hier neu definierten Kriteriums 'Zielerreichung' zwei Kriterien getrennt betrachtet:

- Die 'ökologische Zielerreichung oder ökologische Wirksamkeit' /10,24,43/ mißt, wie genau mit dem untersuchten Instrument die gewünschte Emissionsminderung erreicht wird. Die Kosten werden dabei noch völlig außer Acht gelassen.
- Die 'Effizienz' /10,24,43/ mißt, inwieweit die Emissionsminderung mit den geringst möglichen Kosten erreicht wird.

Wie aus Gl. 6.2 ersichtlich, faßt das Kriterium der 'Zielerreichung' beide Kriterien zusammen: der erste Term in Gl. 6.2 behandelt die Abweichungen der Emissionsminderung vom Optimum, also die 'ökologische Zielerreichung', der zweite die Abweichung der Kosten, also die 'Effizienz'.

Der in Kap. 2 beschriebene Grundsatz, nicht das gewünschte Emissionsniveau, sondern die Grenzkosten bzw. Grenzschäden politisch festzulegen, erlaubt somit sowohl eine Quantifizierung als auch eine zusammenfassende Behandlung der beiden vorgenannten Kriterien.

Das o. g. Kriterium der Zielerreichung geht von statischen Randbedingungen, also insbesondere auch einem zeitlich konstanten Wohlfahrtsoptimum aus.

Tatsächlich ändern sich aber die Bedingungen, die für die optimale Emissionsminderungsstrategie relevant sind, ständig.

Erstens ist denkbar, daß sich die Bewertung der Schäden ändert. Dies ist zum Beispiel dadurch möglich, daß neue, bisher nicht bekannte Erkenntnisse über Schäden von Luftverunreinigungen gefunden werden. Genauso kann sich aber auch im Zuge eines Wertewandels die Bewertung von bereits bekannten Schäden ändern. Auch die Entwicklung von Maßnahmen, die einen Schaden, der durch Luftverunreinigungen entsteht, begrenzen oder beseitigen, führt zu einer Neubewertung von Schäden.

Zweitens kann sich auch die Kostenfunktion der Emissionsminderung ändern. Wichtigster Grund hierfür ist der technische Fortschritt bei der Schadstoffminderung. Eine neue oder verbesserte Schadstoffminderungsmaßnahme v mit den Eigenschaften (EM_{ivk}, K_{iv}) führt dann zu einer Änderung der optimalen Minderungsstrategie und damit zu einer Erhöhung der Wohlfahrt, wenn

$$K_{iv} - K_{ij} < \sum_k \beta_{ik}(EM_{ivk} - EM_{ijk}), \tag{6.3}$$

wobei die Werte (EM_{ijk}, K_{ik}) die bisher optimale Maßnahme beim Emittenten i charakterisieren.

Drittens können sich Änderungen der optimalen Emissionsminderungsstrategie dadurch ergeben, daß die Aktivitäten, die die Emissionen verursachen, zu- oder abnehmen. Man denke etwa an eine Produktionserweiterung oder an die Neuansiedlung von Industriebetrieben, die den Zubau von Feuerungsanlagen zur Folge haben, oder an die Umstellung von Produktionsprozessen oder die Stillegung von Feuerungsanlagen.

Alle diese Änderungen erfordern die Anpassung der optimalen Emissionsminderungsstrategien. Mit dem Kriterium *'dynamische Anpassungsfähigkeit an veränderte Rahmenbedingungen'* soll bewertet werden, wie leicht sich mit den verschiedenen Instrumenten die erforderlichen Anpassungen erreichen lassen.

Insbesondere soll überprüft werden, ob und in welchem Ausmaß die gewünschten Anpassungen automatisch, also ohne Eingriffe durch Politik oder Behörden erfolgen.

Der erwünschte technische Fortschritt bei der Schadstoffminderung stellt sich nicht unabhängig vom eingesetzten umweltpolitischen Instrument ein, vielmehr hängt der Anreiz zur Verbesserung des Standes der Technik davon ab, ob der Emittent von der Einführung einer neuen Technologie profitiert oder nicht.

Daher soll mit dem Kriterium *'Anreizwirkung zur Erzielung technischen Fortschritts bei der Emissionsminderung'* überprüft werden, inwieweit vom Einsatz des zu bewertenden Instruments ein Anreiz zur Verbesserung des Standes der Technik ausgeht.

Die Instrumente unterscheiden sich auch dadurch, daß sie sowohl unterschiedliche Kosten bei den einzelnen Emittenten verursachen als auch unterschiedliche zusätzliche Einnahmen und Ausgaben bei den privaten Verbrauchern und der öffentlichen Hand bewirken. Beim vierten Kriterium *'Kostenverteilung und Auswirkungen auf die Wettbewerbsfähigkeit'* soll daher insbesondere untersucht werden, ob die Kosten verursachergerecht verteilt werden und welche Auswirkungen die Kosten auf die Wettbewerbsfähigkeit des Verarbeitenden Gewerbes haben.

In der Literatur werden noch eine Reihe von weiteren Kriterien genannt. Dies sind unter anderem:

- wirtschaftspolitische Verträglichkeit. Hier geht es darum, ob ein Instrument mit dem vorhandenen System der sozialen Marktwirtschaft verträglich ist. Da bei keinem der untersuchten Instrumente hier größere Mängel zu erkennen sind - vom Verursacherprinzip abweichende Subventionslösungen wurden ja bereits ausgeschlossen -, wird dieses Kriterium im folgenden nicht weiter betrachtet.
- politische Durchsetzbarkeit. Hier soll geprüft werden, ob das Instrument in der politischen Praxis durchsetzbar ist. Soweit allerdings durch den Einsatz eines Instruments sowohl die Wohlfahrt erhöht als auch der Wohlfahrtsgewinn angemessen verteilt wird - beides sind Kriterien, die bei der hier gewählten Bewertung berücksichtigt werden -, liegt eine sachliche Begründung für etwa fehlende politische Durchsetzbarkeit nicht vor. Gründe für mangelnde Durchsetzbarkeit müßten in diesem theoretischen Fall in gesellschaftlichen und politischen Strukturen gesucht werden, nicht aber in den Eigenschaften der Instrumente, somit wird dieses Kriterium im folgenden ebenfalls nicht berücksichtigt.

6.2 Zielerreichung

Wie bereits erwähnt, mißt das Kriterium der Zielerreichung, wie nahe man bei Anwendung eines Instruments der optimalen Emissionsminderungsstrategie kommt.

Zur Ermittlung der optimalen Emissionsminderungsstrategie müssen dabei, wie in Kap. 2 erläutert, die Grenzkosten β_i^* politisch festgelegt werden, weil wissenschaftliche Methoden zur Ermittlung der Schadensfunktion nicht verfügbar sind. Es ist jedoch für das Kriterium der Zielerreichung unerheblich, wie das zu erreichende Ziel ermittelt wurde.

Die Erfüllung des Kriteriums läßt sich quantitativ ermitteln durch die folgende Gleichung, die die Abweichung vom Wohlfahrtsoptimum ΔW_q angibt, wenn statt der optimalen Strategie j die Strategie q durchgeführt wird (die Herleitung dieser Gleichung ist in Anhang A3 beschrieben):

$$\Delta W_q = \sum_{ik} \beta_{ik}(EM_{iqk} - EM_{ijk}) - \sum_i (K_{iq} - K_{ij}) . \tag{6.4}$$

Im folgenden wird der Grad der Zielerreichung für die verschiedenen Instrumente überprüft.

6.2.1 Auflagen

Eine optimale Auflagenpolitik führt theoretisch auch zur optimalen Minderungsstrategie. Dies ist unmittelbar einsichtig, denn die Umweltbehörde muß ja nur für jeden Emittenten entsprechend der Lösung der Gl. 2.14 die optimale Maßnahme vorschreiben, um die optimale Minderungsstrategie durchzusetzen.

Hauptproblem einer solchen "streng individuellen" Auflagenpolitik ist allerdings, daß die Umweltbehörde sich für jeden Emittenten sehr detaillierte Kenntnisse nicht nur über Art und Typ der Feuerungsanlage und Brennstoffeinsatz - diese Informationen sind bei öffentlichen Stellen bereits jetzt vorhanden -, sondern auch über den zukünftigen Brennstoffeinsatz, Kosten von Minderungsmaßnahmen, technische Restriktionen, verfügbaren Platz usw. beschaffen muß. Nachteilig ist zudem die Planungsunsicherheit für den Emittenten, da die Entscheidungen über Schadstoffminderungsmaßnahmen erst in einem relativ späten Stadium der Planung zur Verfügung stehen; außerdem ist der Aufwand für die Genehmigungsbehörde sehr hoch. Des weiteren besteht die Gefahr, daß die Emittenten der Behörde unrichtige Informationen zukommen lassen, um eine für sie günstigere Auflage zu erreichen.

Auf Grund dieser Probleme wird eine streng individuelle Auflagenlösung in der Praxis nirgends angewendet. Angewendet wird vielmehr eine klassenspezifische Auflagenpolitik. Dazu werden die verschiedenen Emittenten auf Grund bestimmter Eigenschaften zu Klassen zusammengefaßt. In jeder Klasse befinden sich Emissionsquellen mit ähnlichen Eigenschaften, für die dann jeweils die gleichen

Auflagen gelten. Die Eigenschaften, die zur Klasseneinteilung herangezogen werden, sind z. B. bei der deutschen Auflagenpolitik die Feuerungswärmeleistung, der eingesetzte Brennstoff, Feuerungstyp (z. B. Rost-, Wirbelschicht-, Staubfeuerung, Feuerung mit festem oder flüssigem Ascheabzug usw.), das Alter der Anlage bzw. Hubraum und Motortyp bei Pkw.

Eine undifferenzierte Auflage, wie sie in der umweltökonomischen Literatur gern als Beweis für die Ineffizienz einer Auflagenpolitik herangezogen wird, kommt dagegen in der Praxis nicht vor. Es ist daher auch nicht sinnvoll, die Zielerreichung einer undifferenzierten Auflage zu berechnen; daß sie sehr schlecht wäre, liegt auf der Hand.

Je differenzierter und geschickter die Klassen bei der klassenspezifischen Lösung gewählt werden, je besser die geforderte Auflage auf die Eigenschaften der Klasse abgestimmt ist, um so besser ist die Zielerreichung, um so näher kommt also die erreichte Strategie an die optimale heran. Die Erfüllung des Kriteriums 'Zielerreichung' läßt sich somit für die Auflagenlösung nicht generell angeben, sie hängt vielmehr von der Ausgestaltung der Auflage maßgebend ab.

Im folgenden soll die Erfüllung des Kriteriums 'Zielerreichung' für die in der Bundesrepublik praktizierte Auflagenpolitik, die vom Bundesimmissionsschutzgesetz und seinen Verordnungen bestimmt ist, untersucht werden.

Wie in Kap. 4 erläutert, werden mit der bestehenden Auflagenpolitik, also im Referenzfall, die Emissionen im Jahr 2000 um 349,5 kt SÄQ/a (149 kt SO_2/a und 115 kt NO_x/a) vermindert.

Um die Zielerreichung dieser Maßnahme bewerten zu können, sind die Ergebnisse des Referenzfalles mit der optimalen Emissionsminderungsstrategie zu vergleichen. Hierbei stellt sich die Frage, welche optimale Strategie bzw. welche Grenzkosten denn für den Vergleich eingesetzt werden sollen. Abb. 6.1 zeigt die Zielerreichung, also die Abweichung der Wohlfahrt bei Verwirklichung der derzeitigen Auflagenpolitik von der optimalen Strategie, berechnet nach Gl. 6.4, in Abhängigkeit von den Grenzkosten bzw. Grenzschäden der optimalen Emissionsminderungsstrategie. Würden überhaupt keine Schäden auftreten, wären die anzusetzenden Grenzkosten also Null, so wäre die Emissionsminderung überflüssig, die Kosten von ca. 1 Mrd. DM/a somit als Abweichung von der Erreichung des optimalen Ziels zu interpretieren. Entsprechend beginnt die Kurve der Zielerreichung in Abb. 6.1 bei 1 Mrd. DM. Mit zunehmenden Grenzschäden steigt die Zielerreichung an, - die Abweichung zum Optimum wird kleiner -, weil die Emissionsminderungen des Referenzfalls mit zunehmendem Grenzschaden größere Beiträge zur Wohlfahrtsverbesserung bringen. Die Kurve der Zielerreichung erreicht ein flaches Maximum bei ca. 3 - 4,5 DM/kg SÄQ. Liegen die Grenzkosten der optimalen Emissionsminderung noch höher, so sinkt die Zielerreichung wieder ab. Dies liegt daran, daß bei höheren Grenzschäden weitergehende Maßnahmen erforderlich sind als sie im Referenzfall durchgeführt werden. Weil diese unterbleiben, kommt es zu zunehmenden Abweichungen vom optimalen Zustand. Aus Abb. 6.1 wird insbesondere ersichtlich, daß die Kurve an keiner Stelle den Wert Null erreicht, das Maximum der Kurve liegt vielmehr bei - 230 Mio DM/a. Dies bedeutet, daß das Wohlfahrtsoptimum im Referenzfall, also mit der derzeitigen Luftreinhaltung, auf keinen Fall erreicht werden kann.

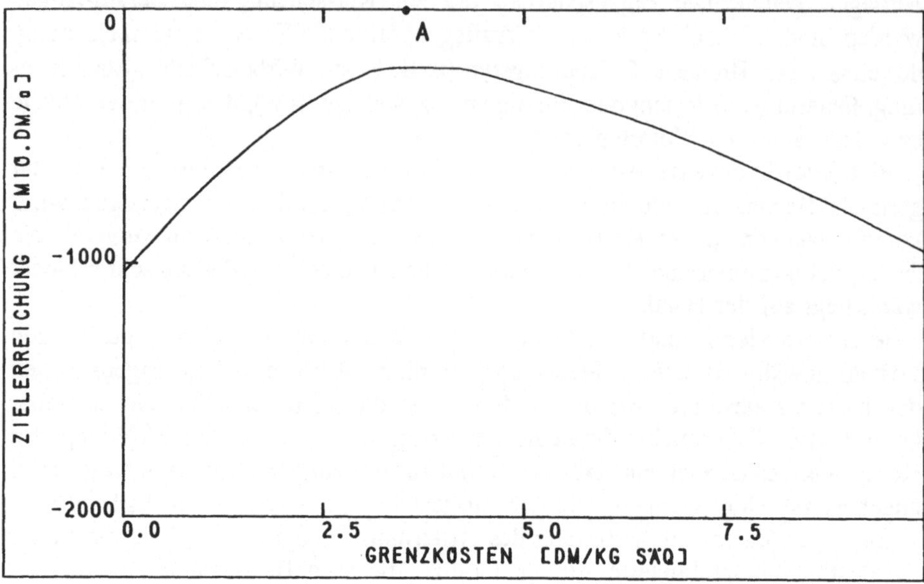

Abb. 6.1: Zielerreichung der derzeit angewandten Auflagenpolitik in Abhängigkeit von den Grenzschäden bzw. Grenzkosten der Schadstoffminderung.

Da die Grenzschäden, die durch die Luftschadstoffemissionen entstehen, nicht bekannt sind, müssen sie politisch festgelegt werden, es liegt nahe, sich bei der Festlegung an die Festsetzungen der bestehenden Luftreinhaltepolitik anzulehnen.

Insbesondere bieten sich hierfür folgende Verfahren an:

a) Die Grenzkosten werden so festgelegt, daß die Emissionsminderung im optimalen Fall die gleiche ist wie im Referenzfall.

b) Die Grenzkosten werden so festgelegt, daß die Zielerreichung möglichst groß, die Wohlfahrtsverringerung nach Gl. 6.4 also möglichst klein ist.

c) Die Grenzkosten werden so festgelegt, daß bei der optimalen Strategie die gleichen Kosten wie im Referenzfall entstehen.

Die gleiche Emissionsminderung von 349 kt SÄQ/a entsteht bei einer optimalen Emissionsminderungsstrategie bei Grenzkosten von 3,52 DM/kg SÄQ entsprechend 3,52 DM/kg SO_2 und 6,16 DM/kg NO_x (Punkt A in Abb. 6.1). Für diese Minderung sind im optimalen Fall Kosten von 803 Mio DM/a aufzuwenden. Demzufolge beträgt die Abweichung von der Erreichung des Optimums 231 Mio DM/a.

Dieser Punkt gleicher Emissionsminderung bezeichnet zugleich auch den Punkt minimaler Wohlfahrtsverringerung. Dies wird auch aus Abb. 6.1 deutlich.

Mit den im Referenzfall aufgewendeten Kosten von 1.034 Mio DM/a ließe sich eine optimale Minderungsstrategie mit Grenzkosten von 4,37 DM/kg SÄQ durchführen. Bei dieser Strategie erfolgt eine Emissionsminderung von 405,2 kt SÄQ, dies sind 56 kt SÄQ mehr als im Referenzfall. Bewertet mit den Grenzkosten von 4,37 DM/kg SÄQ entspricht dies einem Schaden von 243 Mio DM/a.

Die Abweichungen der derzeit eingesetzten Auflagenstrategie von der optimalen Emissionsminderungsstrategie führen somit zu zusätzlichen Kosten bzw. Schäden von mindestens 230 Mio DM/a, dies sind immerhin 22 % der insgesamt in Baden-Württemberg für die NO_x- und SO_2-Minderung eingesetzten Mittel.

Dabei ist darauf hinzuweisen, daß die optimale Emissionsminderungsstrategie theoretisch berechnet wurde anhand von Daten über

- Feuerungswärmeleistung,
- Art und Menge der voraussichtlich im Jahr 2000 eingesetzten Brennstoffe,
- Feuerungstyp,
- gemessene spezifische Emissionen (nur bei Großfeuerungen),
- durchschnittliche Kosten verschiedener Emissionsminderungsmaßnahmen.

Nicht berücksichtigt werden konnten individuelle Schwankungen der Kosten von Emissionsminderungsmaßnahmen auf Grund technischer Gegebenheiten und des zur Verfügung stehenden Platzes oder unterschiedlicher Lieferpreise der örtlichen Energieversorgungsunternehmen. Diese individuellen Schwankungen, die insbesondere bei der Umrüstung bestehender Altanlagen auftreten, da dort nicht wie beim Neubau das technische Konzept der Anlage optimal auf die Emissionsminderungsmaßnahme zugeschnitten sein kann, führen zu weiteren Abweichungen einer klassenspezifischen Auflagenlösung vom optimalen Zustand, die im Rahmen dieser Untersuchung nicht erfaßt werden, aber erheblich sein können. Die tatsächlichen Abweichungen vom Optimum sind daher eher größer als die hier berechneten Abweichungen, welche somit als Untergrenze zu betrachten sind.

Im folgenden soll ermittelt werden, warum bzw. an welchen Stellen die Auflagenpolitik von der optimalen Strategie abweicht. Dazu werden die Maßnahmen, die jeweils im optimalen Fall und im Referenzfall durchgeführt werden, miteinander verglichen. Zu diesem Vergleich wird der optimale Fall mit Grenzkosten von 3,52 DM/kg SÄQ, der gleiche Minderungen wie der Referenzfall aufweist, herangezogen.

Kraftwerke

Im Sektor Kraftwerke werden im Referenzfall wesentlich mehr bzw. weitergehende Maßnahmen als im optimalen Fall durchgeführt. Im letzteren fehlen

- drei Rauchgasentschwefelungsanlagen, die an Kesseln installiert werden, die im Jahr 2000 nur gering ausgelastet sind.
- die überwiegende Zahl der DENOX-SCR-Anlagen zur Entfernung des NO_x aus den Rauchgasen. Im optimalen Fall werden nur 4 SCR-Anlagen gebaut, davon 3 an Schmelzfeuerungen mit relativ hohen Ausgangsemissionen und eine Anlage am neu nach 1990 zugebauten Kohleblock, der relativ stark ausgelastet wird. Die 10 weiteren im Referenzfall eingesetzten SCR-Anlagen werden bei der optimalen Strategie nicht zugebaut. Sie werden im Referenzfall an Kesseln errichtet, die auf Grund der durchgeführten Primärmaßnahmen bereits im Rohgas nur relativ niedrige NO_x-Konzentrationen aufweisen. Die zusätzliche Minderung durch die SCR-Anlage ist daher

entsprechend gering, so daß sich für diese 10 Anlagen Grenzkosten zwischen 3,8 und 10,3 DM/kg SÄQ (6,7 bis 18,0 DM/kg NO_x) ergeben.

Genehmigungsbedürftige Feuerungsanlagen

Wegen der vielfältigen Emittentenstruktur und der vielfältigen Möglichkeiten zur Emissionsminderung werden die Unterschiede zwischen Auflagenpolitik und optimaler Lösung hier besonders deutlich.

Die jeweils entstehenden Kosten sind beidesmal fast gleich; im Referenzfall werden nur etwa 4 Mio DM/a mehr eingesetzt als bei der optimalen Strategie. Im optimalen Fall werden aber 14,1 kt SO_2/a und 1,7 kt NO_x/a mehr gemindert als im Referenzfall.

Die wesentlichen Unterschiede sind:

- Bei der optimalen Strategie erfolgt die Substitution von Steinkohle durch Erdgas in mehr als zwei Dritteln der kohlegefeuerten Anlagen. Diese Maßnahme ist trotz der erforderlichen Umrüstung auf Erdgas wegen der geringen Kostenunterschiede zwischen heimischer Kohle und Erdgas besonders effizient. Im Referenzfall werden dagegen an kohlegefeuerten Anlagen keine Maßnahmen durchgeführt.
- An fünf mit schwerem Heizöl gefeuerten Anlagen werden bei der optimalen Strategie, nicht jedoch im Referenzfall, Rauchgasentschwefelungsanlagen (REA) eingebaut. Zwei dieser Anlagen werden in Industriebetrieben, die Glas herstellen, eingesetzt, drei weitere in der Papier- und Zellstoffindustrie. Bei diesen Anlagen sind die Einsatzmöglichkeiten für REA besonders günstig, weil die Anlagen fast das ganze Jahr über ununterbrochen betrieben werden.
- Zwei der fünf REA des Referenzfalles (siehe Kap. 4) werden dagegen im optimalen Fall nicht zugebaut. Es handelt sich um zwei Anlagen in Zukkerfabriken, die nur während der Kampagne betrieben werden und daher gering ausgelastet sind.
- Bei der optimalen Strategie werden zwei SCR-Anlagen zugebaut, und zwar an Großfeuerungen, in denen überwiegend Erdgas eingesetzt wird. Dies liegt daran, daß bei Erdgas weniger Katalysatorvolumen benötigt wird und die Katalysatorstandzeiten sehr hoch sind, sodaß die Kosten wesentlich niedriger liegen als bei Kohle- und Ölfeuerungen. Im Referenzfall erhält keine Erdgasfeuerung eine SCR-Anlage.
- Primärmaßnahmen, z. B. der Einsatz NO_x-armer Brenner, werden bei optimaler Minderung nur an etwa der Hälfte der Anlagen durchgeführt, und zwar überwiegend an den Anlagen mit höherer Auslastung. Im Referenzfall erhalten dagegen alle Feuerungsanlagen einen NO_x-armen Brenner.
- In der optimalen Strategie wird bei ca. 680 Anlagen mit höherer Auslastung leichtes Heizöl durch Erdgas ersetzt.

Nicht genehmigungsbedürftige Anlagen

Im Referenzfall wird hier lediglich die weitergehende Entschwefelung von leichtem Heizöl auf 0,2 % Schwefelgehalt berücksichtigt; es erfolgt eine Reduzierung der SO_2-Emissionen um 8,12 kt/a, wobei Kosten von 27,1 Mio DM/a entstehen.

Bei der optimalen Strategie wird diese Maßnahme ebenfalls durchgeführt, eine Reihe weiterer Maßnahmen kommen hier jedoch noch dazu, sodaß die Minderung dieser Emittentengruppe jetzt insgesamt 10,9 kt SO_{12}/a und 1,9 kt NO_x/a beträgt; die Kosten dieser Strategie betragen nur 26,7 Mio DM/a.

Die NO_x-Minderung im optimalen Fall wird durch folgende Maßnahmen erreicht:

- Verwendung von Edelstahleinsätzen in allen Gasfeuerungen < 100 kW,
- Einsatz von Gasgebläsebrennern in allen Gasfeuerungen > 100 kW,
- Einsatz von Gelbbrennern mit gestufter Luftzufuhr in größeren Ölfeuerungen (ca. > 200 kW).

Diese Maßnahmen sind alle fast ohne Mehrkosten realisierbar.

Die zusätzliche SO_2-Emissionsreduzierung entsteht durch zwei Maßnahmegruppen:

- Fast alle Kohleheizungen werden durch Heizungen für andere Brennstoffe ersetzt, die Kohleeinzelöfen durch Ölöfen, die Kohlezentralheizungen durch Öl- und Gaszentralheizungen.
- Große Ölzentralheizungen (> 200 kW) werden durch Erdgasheizungen (mit Gebläsebrenner) ersetzt.

Verkehr

Während im Referenzfall überwiegend geregelte Katalysatoren eingesetzt werden, kommt es bei der optimalen Strategie auch zum Einsatz von ungeregelten Katalysatoren in Verbindung mit neuen Motorkonzepten.

Als wesentlich für die Verbesserung der Effizienz der bestehenden Auflagenpolitik hat sich somit folgendes herausgestellt:

- Kohlefeuerungen (außer Großfeuerungen) sollten möglichst auf andere Brennstoffe, insbesondere Erdgas, umgestellt werden. Bei Großfeuerungen sind Rauchgasentschwefelungsanlagen oder Wirbelschichtfeuerungen einzusetzen.
- Bei nicht genehmigungsbedürftigen Anlagen mit hoher Auslastung sollten weitergehende SO_2- und NO_x-Minderungsmaßnahmen durchgeführt werden als in den Anlagen mit niedriger Auslastung.
- Größere nicht genehmigungsbedürftige Anlagen, die leichtes Heizöl einsetzen, sollten auf Erdgas umgestellt werden, ebenso genehmigungsbedürftige Anlagen mit hoher Auslastung.
- Bei einigen Kraftwerkskesseln mit Trockenfeuerung und niedriger Auslastung ist der Einsatz von Primärmaßnahmen dem Zubau von SCR-Anlagen vorzuziehen.

Zusammenfaßend zeigt sich, daß die Effizienz der Auflagenpolitik vor allem dadurch verbessert werden kann, daß die Auslastung der Anlagen stärker als bisher bei der Festlegung der Auflage berücksichtigt wird. Dies kann z. B. dadurch erfolgen, daß neben der Schadstoffkonzentration im Rauchgas auch die Jahresemissionsmenge begrenzt wird. Denkbar wäre auch eine Lösung, bei der Branchen, die ihre Feuerungsanlagen generell hoch auslasten (z. B. die Zellstoffindustrie) schärfere Grenzwerte einhalten müssen als andere Branchen.

6.2.2 Schadstoffsteuern

Steuern führen in der Theorie zum Einsatz der optimalen Emissionsminderungsstrategie. Die Emittenten wählen, konfrontiert mit der Steuer β_{ik} pro Einheit Schadstoff, die für sie optimale Lösung aus.

Wird unterstellt, daß die Emittenten das Ziel haben, ihre Kosten zu minimieren, so wählen sie diejenige Maßnahme aus, für die die Summe aus Steuern und Kosten für die Minderungsmaßnahmen minimal wird:

$$\sum_k \beta_{ik}(E_{iok} - EM_{ijk}) + K_{ij} \overset{!}{=} min \tag{6.5}$$

mit E_{iok} = Emission des Schadstoffs k ohne Minderungsmaßnahme.

Gl. 6.5 läßt sich umformen in

$$\sum_k \beta_{ik} EM_{ijk} - K_{ij} \overset{!}{=} max\ . \tag{6.6}$$

Gl. 6.6 ist identisch mit Gl. 2.14, mit der die optimale Strategie berechnet wird, demnach wird durch eine Abgabe die optimale Strategie 'automatisch' erreicht, soweit die Verursacher ihre Entscheidungen ausschließlich an den aufzuwendenden Kosten orientieren.

Die bei der Auflagenlösung beschriebenen Nachteile und Hemmnisse treten bei der Steuer nicht auf.

Vielmehr ist eine individuelle Optimierung eher möglich, weil diese nicht mehr von der Umweltbehörde, sondern von den Emittenten selbst durchgeführt wird. Der Aufwand wird von den Emittenten selbst getragen. Diese haben zudem ein Interesse, ihre Gegebenheiten und Kosten möglichst exakt zu ermitteln, da jede falsche Entscheidung über die Minderungsmaßnahmen, insbesondere auch die Wahl von Maßnahmen, die zu geringeren als den optimalen Emissionsminderungen führen, die Gesamtkosten für den Emittenten erhöhen.

Schließlich werden auch die Punkte, die bei der derzeit angewandten klassenspezifischen Auflage zu Abweichungen vom Optimum führen, nämlich die Nichtberücksichtigung der Auslastungen der Anlagen und die Nichtberücksichtigung unterschiedlicher Nachrüstkosten bei Altanlagen, bei der Steuer berücksichtigt, da beides in das Entscheidungskalkül des Emittenten einfließt.

Der Steuerlösung wird meist vorgehalten, daß die ökologische Treffsicherheit, d. h. das Erreichen eines gewünschten Emissionsniveaus, nicht gewährleistet sei. So sei es insbesondere schwierig, die Höhe des Steuersatzes so festzusetzen, daß das gewünschte Emissionsniveau auch erreicht wird, da dies genaue Kenntnisse über die verschiedenen Emittenten voraussetze. Daher komme es zu einem iterativen Prozeß. Wird nach erstmaliger Festlegung der Steuer die gewünschte Emissionsreduzierung nicht erreicht, so sind Erhöhungen der Steuer notwendig. Dies führe aber zu hoher Planungsunsicherheit und Fehlentscheidungen bei den Emittenten.

Dieser Argumentation wird hier jedoch nicht gefolgt. Hierfür gibt es zwei Argumente:

1) Selbstverständlich ist es erforderlich, zur Festlegung der Steuerhöhe die Kostenkurve der Emissionsminderung möglichst genau zu ermitteln. Wie nicht zuletzt in diesem Bericht gezeigt wird, sind die dafür notwendigen Informationen über die Einzelemittenten aber mit durchaus vertretbarem Aufwand zu beschaffen, da sie fast alle schon bei staatlichen Stellen vorhanden sind.

   So verfügen die Genehmigungsbehörden (Regierungspräsidium, Gewerbeaufsichtsämter) über detaillierte Informationen über Größe, Leistung, Typ und spezifische Emissionen von genehmigungspflichtigen Feuerungsanlagen.

   Angaben über die eingesetzte Brennstoffmenge und den Brennstofftyp sowie die Auslastung der Anlage werden vom Statistischen Landesamt im Rahmen der Industrieberichterstattung erfaßt. Ab 1992 müssen zudem alle Betreiber genehmigungsbedürftiger Anlagen Emissionserklärungen abgeben, aus denen nicht nur ihre Emissionen sondern auch Daten über die emissionsverursachenden Prozesse hervorgehen. Nicht vorhanden sind lediglich Daten über den Brennstoffeinsatz genehmigungsbedürftiger Anlagen außerhalb des Industriebereichs (z. B. Feuerungen in Krankenhäusern etc.). Diese Daten wurden im Rahmen dieser Untersuchung durch eine Umfrage und die Ableitung typischer Auslastungen ermittelt, sie ließen sich in Zukunft durch eine der o. g. Behörden ohne allzu großen Mehraufwand mit erfassen.

   Die Emittentenstruktur der nicht nach der 4. BImSchV genehmigungsbedürftigen Anlagen der Haushalte und sonstigen Verbraucher sowie im Verkehrssektor läßt sich anhand der veröffentlichten Statistiken ausreichend genau ermitteln.

   Daten über Kosten, Anwendungsbereich und Effektivität von Schadstoffminderungsmaßnahmen stehen inzwischen ebenfalls in ausreichendem Maße zur Verfügung, hinzuweisen ist etwa auf die Umwelttechnologiedatenbank /28/ des Landes Baden-Württemberg.

   Somit liegen die wichtigsten Informationen, die zur Ermittlung der Steuerhöhe benötigt werden, vor. Grobe Fehleinschätzungen des durch die Festlegung einer bestimmten Steuer erreichten Emissionsniveaus sind dadurch eher unwahrscheinlich.

2) Zu begrenzten Abweichungen des tatsächlichen vom berechneten Emissionsniveau auch bei statischer Betrachtung kommt es aber dadurch, daß bei der Berechnung der Höhe des Steuersatzes insbesondere Schwankungen der Kosten der Minderungsmaßnahmen etwa infolge von individuellen Nachrüstkosten bei Altanlagen nicht berücksichtigt sind. Entsprechend dem gewählten Grundansatz, nicht die Emissionsmenge, sondern die Grenzschäden bzw. die Grenzkosten der Schadensminderung festzulegen, sind diese Abweichungen aber durchaus erwünscht, da dadurch vermieden wird, daß infolge unterschätzter Nachrüstkosten die Grenzkosten der Schadstoffminderung die Grenzschäden überschreiten. Eine Anpassung des Steuersatzes aus diesen Gründen ist daher nicht erforderlich.

Allerdings gibt es noch weitere Gründe, die bei einer Steuerlösung in der Praxis zu Abweichungen von der optimalen Emissionsminderungsstrategie führen können. Insbesondere ist es unsicher, ob alle Emittenten die für sie unter Berücksichtigung der Steuer betriebswirtschaftlich optimale Emissionsminderungsmaßnahme auch durchführen.

Gründe für vom Optimum abweichende Entscheidungen der Emittenten sind etwa

a) fehlende oder ungenaue Kenntnisse der Emittenten über die möglichen Minderungsmaßnahmen und deren Kosten,
b) Probleme mit der Reststoffbeseitigung,
c) fehlende Investitionsmittel oder effizientere Verwendungsmöglichkeiten vorhandener Mittel in anderen Bereichen,
d) Hinausschieben von Entscheidungen besonders im Hinblick auf die in vielen Branchen recht geringen Anteile etwaiger Abgaben an den gesamten Kosten,
e) Befürchtung der Einschränkung der Flexibilität durch Kapitalbindung für Rückhaltetechniken,
f) die besonders in der Industrie geforderten kurzen pay-back- bzw. Abschreibungszeiten (Abschreibungszeiten sind die Zeitspannen, die für die Berechnung der Annuität der Investitionen verwendet werden).

Mangels empirischer Daten ist es nicht möglich, die Abweichung vom Optimum durch die genannten Gründe bzw. Hemmnisse zu quantifizieren.

Die Probleme a) bis c) ließen sich allerdings durch flankierende staatliche Maßnahmen verringern oder beseitigen: so könnten etwa Informationen über Emissionsminderungsmaßnahmen von staatlichen Stellen kostenlos bereitgestellt werden, dies könnte in Baden-Württemberg mit Hilfe der sich im Aufbau befindenden Umwelttechnologie-Datenbank /28/ erfolgen. Probleme mit der Reststoffbeseitigung bestehen derzeit auf Grund fehlender Sonderdeponien, auch hier kann der Staat durch Bereitstellen entsprechender Deponien für Abhilfe sorgen. Fehlende Investitionsmittel könnten im Rahmen eines staatlichen Sonderkreditprogramms für Umweltschutzmaßnahmen bereitgestellt werden.

Ob die Punkte e) und f) tatsächlich zur Verschlechterung der gewählten Strategie führen, ist offen. Einerseits kann argumentiert werden, daß lange Abschreibungszeiten und die damit verbundene lange Kapitalbindung in der Tat zu einer Verringerung der Flexibilität der Unternehmen führen. Erforderliche Produktionsänderungen etwa als Folge von Nachfrageverschiebungen oder auf Grund des technischen Fortschritts bei der Produktion können dadurch mit Verlusten verbunden sein. Abschreibungszeiten, die kürzer als die Lebensdauer sind, wären danach berechtigt, weil sie diese Risiken bzw. die damit verbundenen Kosten internalisieren.

Andererseits liegt es auch nahe, zu vermuten, daß die Firmen die für ihre Produktionsanlagen generell gültigen Zinssätze und Abschreibungszeiten auf Energieanlagen übertragen, ohne zu prüfen, ob das Risiko des Veraltens bei Güterproduktionsmaschinen nicht höher ist als bei Energieanlagen, die mit Wärme und Strom relativ elementare Produktionsmittel bereitstellen.

6.2.3 Zertifikate

Auch bei der Zertifikatlösung wird in der Theorie der optimale Zustand exakt erreicht. Auf dem Zertifikatmarkt stellt sich auf Grund von Angebot und Nachfrage ein Gleichgewichtspreis für die Zertifikate ein, der den Grenzkosten der Schadstoffminderung entspricht, mit der man das durch die Summe der Zertifikate definierte gewünschte Emissionsniveau erreicht.

Wie bei den Abgaben minimiert dann jeder Emittent die Summe aus Zertifikatkosten und Kosten für die Minderungsmaßnahme:

$$\sum_k \beta_{ik}(E_{iok} - EM_{ijk}) + K_{ij} \overset{!}{=} min \; , \tag{6.7}$$

mit E_{iok} = Emission des Schadstoffs k ohne Minderungsmaßnahmen,

β_{ik} = Kosten für ein Zertifikat zur Emission einer Einheit des Schadstoffs k.

Dies entspricht wiederum der Gl. (2.14) für die optimale Strategie. Wie bei der Abgabe gilt zunächst, daß bei Zertifikaten die Nachteile der bestehenden Auflagenpolitik, insbesondere die ungenügende Berücksichtigung individueller Kosten für Nachrüstmaßnahmen und der unterschiedlichen Auslastung der Anlagen, vermieden werden, weil jeder Betreiber diese Angaben für seine Anlage kennt und bei seinen Entscheidungen berücksichtigen kann.

Allerdings führen höhere, bei der Ermittlung des gewünschten Emissionsniveaus nicht berücksichtigte Kosten des nachträglichen Einbaus von Minderungstechniken bei bestehenden Anlagen nicht wie bei der Steuer zu einer Erhöhung des Emissionsniveaus über das erwartete hinaus bei gleichbleibenden Grenzkosten der Schadstoffminderung, sondern zu einer Erhöhung der Grenzkosten der Minderung bei gleichbleibendem Emissionsniveau. Die mit dem erwarteten Emissionsniveau verknüpften Grenzschäden sind dann offensichtlich nicht mehr den Grenzkosten der Minderung gleich, was eine Abweichung vom optimalen Zustand anzeigt.

Bei der Steuer dagegen ergeben sich bei linearem Verlauf der Schadensfunktion keine Abweichungen vom optimalen Zustand, da Grenzschäden und 'Grenzkosten' sich nach wie vor entsprechen. Bei konvexem Verlauf der Schadensfunktion trifft dies nicht mehr zu, da dann die Grenzschäden auf Grund des steigenden Emissionsniveaus ansteigen.

Anhand dieser Überlegungen läßt sich folgende Regel ableiten:
Steigen die Grenzschäden bei Erhöhung des Emissionsniveaus schneller an als die 'Grenzkosten' absinken, so führen die Zertifikate zu besserer Zielerfüllung als Steuern und umgekehrt.

Wie bei den Steuern gibt es auch bei den Zertifikaten eine Reihe von Hemmnissen, die die Einführung der optimalen Maßnahmen behindern, insbesondere besteht die Möglichkeit, daß die Emittenten aus verschiedenen Gründen nicht die für sie betriebswirtschaftlich optimalen Maßnahmen durchführen.

Zunächst lassen sich hierfür die gleichen Gründe wie bei der Schadstoffsteuer anführen, dazu sei auf den vorangegangenen Abschnitt dieses Kapitels verwiesen.
Zusätzlich gibt es aber bei Zertifikaten noch weitere Hemmnisse, die bei Steuern nicht auftreten:

a) Um Flexibilität etwa zur Produktionserhöhung oder bei Ausfall der Anlage zur Schadstoffminderung zu bewahren, werden die Schadstoffemittenten mehr Zertifikate halten als sie entsprechend ihrer Planung voraussichtlich benötigen.

   Um dies zu begründen, betrachten wir eine Gruppe von Emittenten, bei denen sich nach Einführung der Zertifikate auf dem Zertifikatmarkt ein Marktgleichgewicht eingestellt hat, wobei jeder Emittent gerade so viele Zertifikate erworben hat, wie er auch unter Berücksichtigung der für ihn optimalen Minderungsmaßnahme benötigt. Wenn nun bei einem der Emittenten - etwa auf Grund unerwartet hoher Produktnachfrage - die Emissionen unvorhergesehen ansteigen, so muß er weitere Zertifikate zukaufen. Nach der Theorie müßte dies bei nur geringem Anstieg des Zertifikatpreises möglich sein, indem ein Emittent eine Maßnahme durchführt, deren Grenzkosten geringfügig über dem alten Preis liegen, und die freiwerdenden Zertifikate abgibt. In der Praxis hat dieser Emittent aber gerade in eine andere Minderungstechnologie (mit niedrigeren Grenzkosten und niedrigerer Emissionsminderung) investiert; solange diese nicht abgeschrieben ist, wird er eine neue Minderungstechnik mit höherer Minderung nicht einsetzen, weil dann ja die Annuitäten der Investitionen beider Minderungsmaßnahmen zu tilgen wären.

   Nachträglicher Zukauf von Zertifikaten ist daher im allgemeinen mit überhöhten Zertifikatpreisen verbunden oder kurzfristig sogar ganz unmöglich. Diese Überlegung wird die Emittenten im allgemeinen dazu veranlassen, Zertifikate zu horten, also mehr Zertifikate zu kaufen als voraussichtlich benötigt werden.

   Umgekehrt ist denkbar, daß diese Überlegungen dazu führen, daß Spekulanten Zertifikate aufkaufen, um sie bei kurzfristigem Bedarf von Emittenten an diese zu überhöhten Preisen zu verkaufen.

   In jedem Fall führen aber Zertifikate, die nicht genutzt werden, dazu, daß das gewünschte Emissionsniveau unterschritten und die erwarteten Grenzkosten und Gesamtkosten der Schadstoffminderung überschritten werden, was eine Abweichung vom optimalen Zustand bedeutet.

b) Während eine Steuer prinzipiell konstant bleibt und allenfalls durch politische Entscheidungen geändert werden kann, wird der Preis der Zertifikate durch den Marktprozeß, also durch Angebot und Nachfrage, ständig verändert. Auf Grund des begrenzten festgelegten Angebots hängt dabei der Preis vom individuellen Verhalten aller Marktteilnehmer ab und ist daher prinzipiell kaum vorhersagbar. Ein solcher Preisbildungsprozeß kann etwa mit dem Geschehen an einer Wertpapierbörse verglichen werden. Wie dort ist es auch an der Zertifikatbörse denkbar, ja wahrscheinlich, daß die Preisbildung von Komponenten wie Spekulationen, Gerüchten, Trends mit beeinflußt wird; Preisausschläge und -schwankungen erscheinen unvermeidlich.

Daraus folgt, daß die Emittenten über die Entwicklung des Zertifikatpreises unsicher sein müssen, ihre Erwartungen über den zukünftigen Zertifikatpreis werden daher divergieren. Da die Entscheidungen über Minderungsmaßnahmen aber vom zukünftigen Zertifikatpreis abhängen, sind auch bei gleichen Randbedingungen unterschiedliche Entscheidungen die Folge. Daraus resultiert ein weiteres Abweichen vom optimalen Zustand.

6.2.4 Zusammenfassende Bewertung

Das Kriterium der Zielerreichung wird von der Umweltsteuer bei linearer Schadensfunktion am besten erfüllt.

Die bestehenden Auflagenlösungen, z. B. die in der Bundesrepublik praktizierte Luftreinhaltung, führen zu deutlich schlechterer Zielerreichung als eine optimale Steuerlösung. Durch Verbesserung, d. h. vor allem Differenzierung der Auflagen kann man dem optimalen Zustand allerdings beliebig nahe kommen; insbesondere ist es erforderlich, die Auslastung der Anlagen bei der Festsetzung der Auflage mit zu berücksichtigen. Eine weitergehende Differenzierung der Auflagen bedingt jedoch einen stark steigenden Aufwand für die Genehmigungsbehörden.

Zertifikate sind hinsichtlich der Zielerfüllung bei linearer Schadensfunktion schlechter zu beurteilen als Steuern. Ausgenommen davon sind lediglich Fälle, bei denen der Grenzschaden durch die Emissionen in der Umgebung des Optimums stärker ansteigt als die spezifischen Differenzkosten bzw. 'Grenzkosten' der Schadstoffminderung. Man denke etwa an eine Schadensfunktion mit Schwellenwert; bei Emissionen unterhalb dieses Schwellenwertes sind die Schäden gering, oberhalb aber steigen sie sprunghaft an. In einem solchen Fall sind Zertifikate für die Zielerreichung wesentlich besser geeignet, weil sie das Überschreiten des Schwellenwerts sicher verhindern. Dieser Fall ist für die Praxis aber irrelevant, weil Schadensfunktionen und damit die Höhe etwaiger Schwellenwerte meist unbekannt sind - man wird daher im allgemeinen eher von einer linearen Schadensfunktion ausgehen, bei der die Schadstoffsteuern eindeutig das Kriterium der Zielerreichung am besten erfüllen.

Außerdem ist zu bedenken, daß Schwellenwerte sich in den meisten Fällen auf Immissions- oder Depositionswerte beziehen. Vorschläge für Zertifikatlösungen beziehen sich aber meist auf die Schadstoffemissionen. Durch Ausgabe von Zertifikaten für Emissionen kann aber das Überschreiten von Immissionsgrenzwerten in einzelnen Punkten nicht sicher verhindert werden. Die Realisierung von Immissionszertifikaten wird andererseits bei nichtlinearem Zusammenhang zwischen Emissionen und Immissionen durch Zurechnungsprobleme erschwert.

Daraus folgt, daß bei Vorhandensein von Schwellenwerten lokaler oder regionaler Immission oder Deposition in der Praxis Auflagenlösungen (z. B. Immissionsgrenzwerte) einfacher zu realisieren sind.

6.3 Dynamische Anpassungsfähigkeit an veränderte Rahmenbedingungen

Die Rahmenbedingungen, die die optimale Emissionsminderungsstrategie bestimmen, ändern sich ständig, damit ändert sich aber auch die statisch, also für einen Zeitpunkt ermittelte optimale Emissionsminderungsstrategie im Zeitablauf.

Dies bedeutet, daß Anpassungen an die neue optimale Strategie erforderlich werden.

Prinzipiell gibt es folgende Möglichkeiten, die zu einer Änderung des Optimums führen:

- eine Änderung der Emissionen (ohne Berücksichtigung von Emissionsminderungsmaßnahmen),
- eine Änderung der Schadensfunktion, die die Schäden in Abhängigkeit von den Emissionen angibt,
- eine Änderung der Kostenfunktion, die die Minderungskosten in Abhängigkeit von der Emissionsminderung angibt.

Eine *Änderung der Emissionen* erfolgt durch Änderungen der emissionsverursachenden Aktivitäten, z. B. durch höhere Produktion, Ansiedlung neuer Industriebetriebe, Stillegung von Betrieben, Änderung von Produktionsverfahren, Neubau und Abriß von Wohnungen und deren Heizanlagen, Durchführung von energiesparenden Maßnahmen, Zunahme der Zahl der Pkw und deren Fahrleistungen, Erhöhung des Gütertransports usw. und durch Änderungen der Emissionsfaktoren der emittierenden Anlagen aus Gründen, die primär nichts mit einer Emissionsminderung zu tun haben, z. B. Ersatz von Feuerungsanlagen durch neue Anlagen, Brennstoffsubstitution, usw..

Diese Emissionsänderungen führen natürlich auch zu geänderten optimalen Emissionsminderungsmaßnahmen bei den entsprechenden Emittenten. Darüberhinaus wird aber auch das optimale Emissionsniveau der primär nicht veränderten Anlagen beeinflußt, falls die Beziehungen zwischen Emission und Schäden nicht linear sind, da die Grenzschäden β_i sich ändern.

Eine *Änderung der Schadensfunktion* kann erfolgen durch

- eine Änderung der Zahl oder Größe der geschädigten Objekte. So zieht etwa eine Veränderung der Bevölkerungsdichte bei gleichbleibenden Immissionen eine entsprechende Veränderung der Gesundheitsschäden nach sich. Der Anbau von Nutzpflanzen mit erhöhter Resistenz vermindert Wachstumsschäden.

- eine Änderung des Nutzens der geschädigten Objekte. Die Höhe einer Reihe von Schäden ist nicht monetärer Art, sondern von der subjektiven Bewertung der Individuen der Gesellschaft abhängig. So ist etwa die Verringerung des Erholungswertes eines geschädigten Waldes davon abhängig, wie hoch der Erholungswert von Wald gerade generell eingeschätzt wird und inwieweit der Anblick kranker Bäume diesen Erholungswert mindert. Auch der Wert schützenswerter Arten oder historischer Bauten unterliegt subjektiven Bewertungsschwankungen.

  Daneben kann der Nutzen bestimmter geschädigter Objekte und damit auch der Betrag der Schädigung dadurch geändert werden, daß Konkurrenzprodukte auf den Markt kommen oder vom Markt genommen werden. Ein Beispiel ist etwa das Verbot der Einfuhr billiger Agrarprodukte, das es erlaubt, den Preis heimischer Produkte zu erhöhen.

- die Entwicklung von Maßnahmen zur Begrenzung und Verhinderung von Schäden. Lassen sich Schäden durch Gegenmaßnahmen an den geschädigten Objekten mindern oder beseitigen und sind die Kosten dafür niedriger als die geminderten oder vermiedenen Schäden, so gehen nur die Maßnahmenkosten anstelle der Schäden in die Schadensfunktion ein. Denkbare Schadensbegrenzungsmaßnahmen sind etwa die Düngung von Wäldern, die Anwendung schadstoffresistenter Lacke oder die Überdeckung von historischen Baudenkmälern mit transparenten, widerstandsfähigen Schichten.

- die Entdeckung neuer Schäden. Möglich ist etwa, daß auf Grund neuer Erkenntnisse über Ursache-Wirkungs-Beziehungen Schäden den Luftverschmutzungen zugeordnet werden können, für die bisher die Ursache nicht bekannt war. Ebenso ist natürlich denkbar, daß Schäden, die derzeit den Luftverunreinigungen angelastet werden, andere Ursachen haben. Des weiteren ist möglich, daß Schäden erst auf Grund verfeinerter Analyse- und Meßmethoden entdeckt werden.

Eine *Änderung der Kostenfunktion* wird durch die Weiter- oder Neuentwicklung von Maßnahmen zur Schadstoffminderung bewirkt. Eine solche verbesserte Maßnahme M_v mit Emissionsminderung EM_{ivk} und Kosten K_{iv} wird aber nur dann die optimale Minderungsstrategie verändern, wenn für mindestens einen Emittenten gilt:

$$\sum_k \beta_{ik} EM_{ijk} - K_{ij} < \sum_k \beta_{ik} EM_{ivk} - K_{iv} , \qquad (6.8)$$

wobei (EM_{ijk}, K_{ij}) die bisher optimale Maßnahme der Emittenten i definiert. Dies gilt auch bei konvexem Verlauf der Schadensfunktion.

Theoretisch kann man nun eine "dynamisch optimale" Emissionsminderungsstrategie definieren. Eine solche Emissionsminderungsstrategie ist dabei nicht nur wie bisher durch die Kombination von Maßnahmen für jeden Emittenten, sondern auch durch die Angabe des Zeitpunkts der Einführung jeder Maßnahme gekennzeichnet, die Zeit ist also als zusätzlicher Parameter hinzugekommen. Kosten und

Emissionsminderungen einer Maßnahme ändern sich dabei im Zeitablauf, da der technische Fortschritt zu Verbesserungen führt; manche Maßnahmen stehen zudem erst ab bestimmten Zeitpunkten zur Verfügung.

Eine solche dynamische Strategie könnte etwa bei einem Emittenten die Einführung einer Minderungsmaßnahme zurückstellen, bis eine verbesserte Technik auf dem Markt ist. Oder es könnten in Erwartung eines Wertewandels in der Gesellschaft hin zu mehr Umweltschutz weitergehende Maßnahmen durchgeführt werden, als auf Grund der derzeitigen Situation optimal wären.

Die mathematische Formulierung solcher Überlegungen ist zwar möglich, aber müßig, weil die zukünftige Entwicklung der oben beschriebenen Parameter, z. B. der Schadstoffminderungstechniken oder der Bewertung von Umweltschäden nicht bekannt ist. Daher können auch keine dynamisch optimalen Luftreinhaltestrategien berechnet werden.

Möglich ist dagegen die Anpassung der Minderungsstrategie im nachhinein, nachdem Veränderungen bei Emissionen, Schadensfunktion und Kostenfunktion eingetreten sind. Dabei können diese Anpassungen aber nur mit gewisser Zeitverzögerungen wirksam werden, weil i. a. einmal durchgeführte Minderungsmaßnahmen zunächst einmal genutzt bzw. abgeschrieben werden müssen, bevor andere, danach optimal gewordene Maßnahmen eingesetzt werden können.

Bei dem hier zu untersuchenden Kriterium "dynamische Anpassungsfähigkeit" kann es nicht darum gehen, ob und wie überhaupt Anpassungen an veränderte Rahmenbedingungen möglich sind. Das Maß der Annäherung an ein Optimum durch die verschiedenen umweltpolitischen Instrumentarien wurde nämlich bereits im letzten Kapitel als 'Zielerreichung' ermittelt. Bei der 'dynamischen Anpassungsfähigkeit' geht es vielmehr darum, wie das Emissionsminderungssystem ohne staatliche Eingriffe auf die Änderung der Rahmenbedingungen reagiert: kommt es zu einer automatischen Anpassung, die nach der erwähnten Zeitverzögerung quasi von selbst, also ohne staatlichen Eingriff zum neuen optimalen Zustand führt, bleibt der alte Zustand erhalten, oder verschlechtert sich die Zielerreichung gar über die Differenz zwischen altem und neuem Optimum hinaus? Dieses Kriterium beruht somit auf der Auffassung, daß eine automatische Anpassung besser ist als eine staatlich gelenkte Anpassung, weil bei letzterer

- Zeitverluste zu erwarten sind, da bis zur Verabschiedung von Gesetzen, Verordnungen usw. Zeit vergeht,
- sachlich notwendige Änderungen unterbleiben können, weil jedes staatliche Handeln mit Aufwand verbunden ist,
- die Gefahr besteht, daß sachfremde Erwägungen in die Entscheidungen einfließen.

Die dynamische Anpassungsfähigkeit ist somit definiert als die Änderung der Zielerreichung, die sich einstellt, wenn sich die Rahmenbedingungen ändern, ohne daß das eingesetzte Umweltinstrumentarium und dessen Parameter (Auflage, Steuersatz, Anzahl der Zertifikate) verändert werden.

Die jeweilige Zielerreichung kann nach Gl. 6.4 berechnet werden.

Im folgenden soll nun die dynamische Anpassungsfähigkeit der verschiedenen Instrumente diskutiert werden.

6.3.1 Änderungen der Schadensfunktion

Wie in Kap. 2 erläutert, kann der marginale Schaden im Optimum mangels ausreichender Kenntnisse der Schadensfunktion nicht berechnet werden, er muß daher festgelegt werden. Aus dieser Festlegung resultieren dann auch die Parameterwerte für die einzusetzenden umweltpolitischen Instrumente, wie z. B. die Höhe der Steuer oder die Menge an Schadstoffemissionen, die durch Zertifikate freigegeben wird.

Daraus folgt, daß Änderungen der Schadensfunktion von den Instrumenten nicht automatisch berücksichtigt werden können, es sind vielmehr in jedem Fall neue Festlegungen der Parameterwerte, also der Steuerhöhe, der Grenzwerte oder der Anzahl der Emissionszertifikate notwendig. Eine dynamische Anpassung bei veränderter Schadensfunktion erfolgt daher bei keinem der Instrumente, vielmehr bleibt die ursprüngliche Emissionsminderungsstrategie ohne staatliche Eingriffe weiter bestehen; das Kriterium der dynamischen Anpassungsfähigkeit wird daher in diesem Fall von allen Instrumenten gleich schlecht erfüllt.

6.3.2 Änderung der Emissionen

Änderungen der Emissionen bestimmter Emittenten, etwa durch Produktionserweiterungen, Neuansiedlungen oder Betriebsstillegungen, führen bei Auflagen und Steuern nicht zu Änderungen der Minderungsstrategie und der Emissionen bei den übrigen Emittenten.

Bei linearer Schadensfunktion wird dadurch die Zielerreichung beibehalten; denn in diesem Fall ändert sich der marginale Schaden bei verändertem Emissionsniveau nicht, die optimale Minderungsmaßnahme bleibt bei den Emittenten ohne Emissionsänderung erhalten.

Bei konvexer Schadensfunktion entstehen allerdings Abweichungen vom Optimum: bei Erhöhung des Emissionsniveaus steigen die marginalen Schäden, die Schadstoffminderung und deren Kosten müßten sich daher tendenziell ebenfalls erhöhen, entsprechend gilt bei einem Absinken des Emissionsniveaus das Gegenteil.

Bei Zertifikaten muß das Emissionsniveau konstant bleiben, bei Neuansiedlungen und Produktionssteigerungen kommt es daher zu erhöhter Nachfrage und damit zu einem Anwachsen der Zertifikatpreise. Langfristig wird sich damit ein neuer Gleichgewichtszertifikatpreis β' einstellen, der zu einer Emissionsminderungsstrategie führt, die bei den Grenzschäden β' optimal wäre. Die Zunahme des Preises von β auf β' ist aber allein auf die Erhöhung der Emissionen zurückzuführen, sie hat mit einer Änderung der Grenzschäden nichts zu tun, schließlich ist das Emissionsniveau gleich geblieben, also auch die Grenzschäden. Daher kommt es hier zwangsläufig zu Abweichungen vom Optimum.

Ähnliches gilt bei Emissionsminderungen durch Produktionsrückgänge oder Betriebsstillegungen. Das zusätzliche Angebot auf dem Zertifikatmarkt führt zu einem neuen Gleichgewichtspreis β' unterhalb des alten Preises β, ohne daß eine entsprechende Verminderung der Grenzschäden erfolgt.

Dies soll anhand eines Beispiels auch quantitativ verdeutlicht werden. Dazu werden zwei Szenarien A und B entwickelt, die niedrigere bzw. höhere Emissionsniveaus aufweisen als der OEMM-Fall.

In Szenario A wird angenommen, daß das Emissionsniveau ohne Minderungsmaßnahmen im Jahr 2000 um 25 kt SÄQ/a bzw. 2,8 % niedriger liegt als im OEMM-Fall. Eine solche Entwicklung erscheint sicherlich möglich. So würde allein eine Halbierung der Raffineriekapazität in Baden-Württemberg eine Verminderung der Emissionen um 13,7 kt SÄQ/a bewirken. Es sei daran erinnert, daß 1988 relativ kurzfristig bekannt gegeben wurde, daß eine der damals noch vorhandenen drei Raffinerien Ende 1988 stillgelegt wird. Die weiteren Verminderungen des Ausgangsemissionsniveaus könnten durch geringere Produktion in der Grundstoffindustrie, etwa der Zement- oder Papierindustrie, oder durch Umstellung in der Chemischen Industrie auf weniger energieintensive Verfahren erfolgen.

Bei Szenario B wird dagegen die Raffineriekapazität verdoppelt und die Zementproduktion um 20 % erhöht, was zu einer Emissionserhöhung von 25 kt SÄQ/a führt.

Den sich ergebenden Zusammenhang zwischen Emissionsniveaus und Minderungskosten, also die Kostenkurven für die beiden Szenarien und die vom OEMM-Fall ausgehende Emissionsminderung zeigt Abb. 6.2.

Die Unterschiede zwischen Steuern und Zertifikaten bei Eintreten der so definierten Szenarien sollen anhand eines Beispiels aufgezeigt werden. Dazu wird angenommen, daß der Gesetzgeber in Erwartung des durch den OEMM-Fall definierten Ausgangsemissionsniveaus eine Steuer von 4 DM/kg SÄQ festgesetzt hat, was zu Emissionen von ca. 530 kt SÄQ/a führen würde, bzw. alternativ Zertifikate in Höhe von 530 kt SÄQ/a ausgegeben hat.

Bei der Steuerlösung (und auch bei der Auflage) verringert sich das Emissionsniveau um 25 kt SÄQ/a bei Szenario A, bei Szenario B erhöht es sich um 25 kt SÄQ/a; die bei den Emittenten jeweils durchgeführten Emissionsminderungsmaßnahmen verändern sich nicht.

Bei Zertifikaten bleibt das Emissionsniveau von 530 kt SÄQ/a gleich, der langfristige Zertifikatsgleichgewichtspreis sinkt dabei bei Szenario A auf 3,38 DM/kg SÄQ, bei Szenario B steigt er auf 4,19 DM/kg SÄQ. Die dadurch verursachten, nach Gl. 7.6 berechneten Wohlfahrtsverluste betragen etwa 12,7 Mio DM/a bei Szenario A und etwa 5 Mio DM/a bei Szenario B. Die niedrigeren Verluste bei Szenario B entstehen dadurch, daß eine ausreichende Anzahl von Maßnahmen verfügbar ist, die Grenzkosten von nur wenig mehr als 4 DM/kg SÄQ aufweisen.

Als zweites Beispiel soll der Fall mit Grenzkosten von 5 DM/kg SÄQ betrachtet werden. Diese Grenzkosten entsprechen - ausgehend vom OEMM-Fall - einem Emissionsniveau von 441 kt SÄQ/a. Werden Zertifikate in Höhe von 441 kt SÄQ/a ausgegeben, so verändert sich der Zertifikatpreis auf Grund der Änderungen der Ausgangsemissionen bei Szenario A auf 4,37 DM/kg SÄQ, bei Szenario B auf 6,57 DM/kg SÄQ. Die dadurch entstehenden Wohlfahrtsverluste betragen 14,5 Mio DM/a (Szenario A) bzw. 36 Mio DM/a (Szenario B).

Dies zeigt, daß die Abweichungen vom Optimum durch Veränderungen des Emissionsniveaus bei Zertifikaten erheblich sein können.

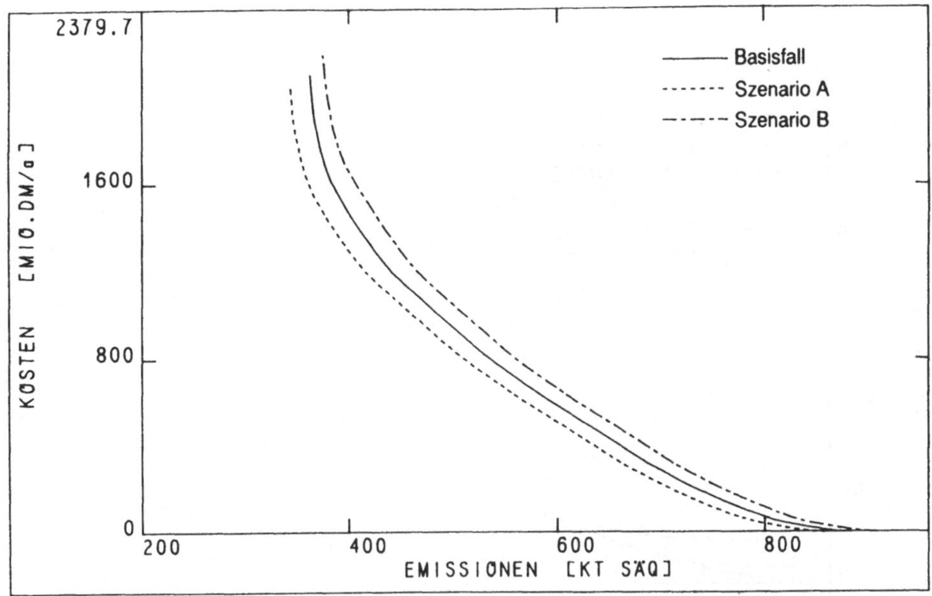

Abb. 6.2: Zusammenhang zwischen Emissionsniveau und Minderungskosten bei unterschiedlichen Ausgangsemissionen

Ein besonderes Problem bei Zertifikaten sind zudem die kurzfristigen Preisschwankungen. Wie bereits erwähnt, ist ein Emittent, der eine kapitalintensive Schadstoffminderungsmaßnahme durchgeführt hat, auf längere Zeit, i. a. während der Lebensdauer der Anlage, auf diese Technik festgelegt. Er kann während dieser Zeit auf Änderungen der Zertifikatpreise nicht reagieren. Dies führt dazu, daß Neuemittenten kurzfristig Zertifikate nur zu überhöhten Preisen erwerben können, sie müssen daher im allgemeinen zu teure und zu weitgehende Minderungsmaßnahmen durchführen. Umgekehrt führt ein zusätzliches Angebot an Zertifikaten zunächst zu einem rapiden Absinken der Zertifikatpreise, weil die anderen Emittenten ihre Investitionen in den Umweltschutz ja nicht rückgängig machen können; für sie lohnt sich ein Zurückfahren ihrer Emissionsminderungsanlagen und der Zukauf von Zertifikaten erst dann, wenn der Zertifikatpreis unter die variablen Kosten der Schadstoffminderungsmaßnahme gesunken ist.

Dies ist eines der wesentlichen Probleme der Zertifikatlösung.
Um dieses Problem auch quantitativ darstellen zu können, wurde die Elastizität der Emissionen bei Rückgang der Zertifikatpreise anhand der Emittentenstruktur von Baden-Württemberg ausgehend von der optimalen Emissionsminderungsstrategie für verschiedene Grenzkosten berechnet.

Dazu wurde für jeden Emittenten ermittelt, wieviele Kosten er kurzfristig einspart, wenn er die bei ihm durchgeführte Maßnahme wieder rückgängig macht. Dies sind offensichtlich nur die variablen Kosten, die durch die Maßnahme entstehen. Teilt man die ermittelten variablen Kosten durch die Emissionsminderung der Maßnahme, so erhält man die Grenzkosten (Steuersatz, Zertifikatpreise), bei denen sich ein Rückgängigmachen der Maßnahme bzw. Stillegen der einge-

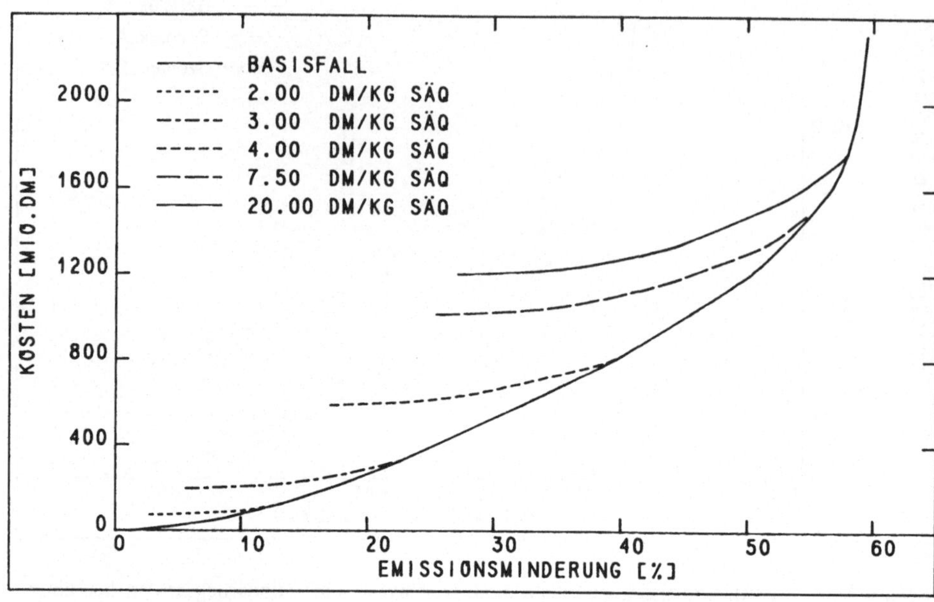

Abb. 6.3: Emissionsminderung und Kosten bei Rücknahme der Emissionsminderung ausgehend von der optimalen Emissionsminderungsstrategie

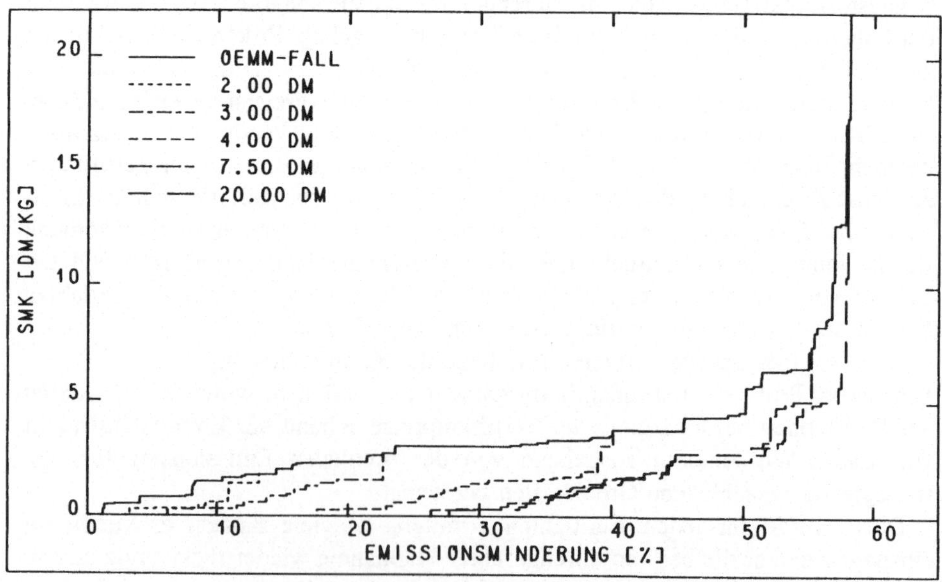

Abb. 6.4: Emissionsminderung und Grenzkosten bei Rücknahme der Emissionsminderung ausgehend von der optimalen Emissionsminderungsstrategie

gesetzten Schadstoffminderungstechnik für den Emittenten lohnt. Ordnet man die Maßnahmen nach sinkenden Grenzkosten und trägt Kosten und Emissionsminderungen bzw. Grenzkosten und Emissionsminderungen ausgehend von der optimalen Emissionsminderungsstrategie auf, so erhält man die in Abb. 6.3. und 6.4 gezeigten Kurven.

Die gezeigten Ergebnisse sollen anhand des Falles mit Ausgangsgrenzkosten von 4 DM/kg SÄQ erläutert werden. Die optimale Emissionsminderungsstrategie ergibt bei diesen Grenzkosten eine Emissionsreduzierung um 50 % bzw. um 355 kt SÄQ, die dafür aufzuwendenden Kosten betragen 822 Mio DM/a. Sinkt nun das Ausgangsniveau der Emissionen, etwa durch Stillegungen oder Produktionsabsenkungen, z. B. um 25 kt ab, so müssen bei der Zertifikatlösung jetzt 25 kt weniger gemindert werden, da die Anzahl der Zertifikate und damit das zu erreichende Emissionsniveau konstant bleiben. Diese Emissionserhöhung wird aber kurzfristig nur erreicht, wenn der Zertifikatpreis auf 2,50 DM/kg SÄQ fällt.

Der Gleichgewichtszertifikatpreis, der langfristig zum gleichen Emissionsniveau führt, beträgt aber 3,38 DM/kg SÄQ. Bereits ohne kurzfristige Reduzierung des Zertifikatpreises entsteht eine Wohlfahrtsminderung von 12,7 Mio DM/a. Durch die kurzfristige Preisreduzierung und die Rücknahme von Maßnahmen entstehen zusätzliche Kosten, sodaß unter Berücksichtigung dieser kurzfristigen Effekte Mehrkosten von mindestens 75 Mio DM/a auftreten.

Aus Abb. 6.4 läßt sich der Unterschiedsbetrag zwischen dem sich kurzfristig einstellenden und dem langfristigen Preis, letzterer ist gekennzeichnet durch die durchgezogene Linie, ablesen. Es zeigt sich, daß es bei allen betrachteten Ausgangsgrenzkosten zu erheblichen Preisunterschieden kommt.

Das resultierende vorübergehend sehr niedrige Preisniveau für Zertifikate führt außerdem dazu, daß Neuemittenten und Emittenten, die auf Grund der Möglichkeit des Einsatzes unterschiedlicher Brennstoffe flexibel reagieren können, sehr billig Zertifikate einkaufen können und daher ihre Anlagen ohne die optimalen Minderungstechniken betreiben. Dies führt zu weiteren erheblichen Abweichungen vom Optimum.

Zwar kann man theoretisch die genannten Nachteile der Zertifikate dadurch zum Teil ausgleichen, daß bei Produktionserhöhungen und für Neuanlagen Zusatzzertifikate ausgegeben bzw. bei Produktionsrückgängen und Stillegungen Zertifikate eingezogen werden. Dies wiederspricht aber gerade dem Grundprinzip der Zertifikatidee, die Emissionen zu begrenzen; zudem läßt allein der Verwaltungsaufwand für die ständigen Zertifikatausgaben und -einziehungen und für die notwendige Überwachung der emissionsverursachenden Aktivität, also etwa der Produktionshöhe, diesen Vorschlag als wenig praktikabel erscheinen.

6.3.3 Technischer Fortschritt bei der Schadstoffminderung

Die bei statischer Betrachtung optimale Emissionsminderungsstrategie ist definiert durch Gl. 2.14:

$$\sum_k \beta_{ik} EM_{ijk} - K_{ij} \overset{!}{=} \max. \quad \text{für alle Emittenten i .}$$

Wird nun durch technischen Fortschritt eine Emissionsminderungsmaßnahme M_v mit den Parametern (EM_{ivk}, K_{iv}) entwickelt, so führt dies zu einer Änderung der optimalen Strategie, wenn für wenigstens einen Emittenten i gilt:

$$\sum_k \beta'_{ik} EM_{ivk} - K_{iv} > \sum_k \beta'_{ik} EM_{ijk} - K_{ij} \ . \tag{6.9}$$

β'_{ik} ist dabei der Grenzschaden im neuen Optimum. Ist die Emissionsminderung im neuen Optimum größer als im alten, so ist wegen der konvexen Schadensfunktion β'_{ik} kleiner oder gleich β_{ik}.

Für eine lineare Schadensfunktion ($\beta_{ik} = \beta'_{ik}$ = konst.) sind die Bereiche, in denen sich die Wertepaare (EM_{iv}, K_{iv}) neuer fortgeschrittener Minderungsmaßnahmen, die die optimale Strategie verändern, befinden können, beispielhaft für einen Emittenten i und einen Schadstoff in Abb. 6.5 dargestellt.

Die möglichen Minderungsmaßnahmen eines Emittenten (vor Eintreten technischen Fortschritts) sind in Abb. 6.5 mit den Ziffern 1 bis 4 gekennzeichnet. Die Steigung der gestrichelten Linie entspricht dem festgelegten marginalen Schaden bzw. den marginalen Kosten β_i. Dementsprechend wird bei diesem Emittenten bei der optimalen Minderungsstrategie Maßnahme 3 durchgeführt (die Steigung der Strecke 23 ist kleiner als β_i, die der Strecke 34 größer als β_i). Eine Änderung der optimalen Emissionsminderungsstrategie erfolgt in diesem Fall genau dann, wenn eine neue Maßnahme durch einen Punkt rechts von der gestrichelten, durch Punkt 3 gehenden Kurve dargestellt wird. Denn nur dann ist Gl. 6.9 erfüllt.

Der mögliche Wertebereich für neue, auf Grund technischen Fortschritts entstehende Maßnahmen, die die optimale Emissionsminderungsstrategie beeinflussen, ist in Abb. 6.5 in 3 Teilbereiche A, B und C eingeteilt.

Befindet sich die neue Maßnahme im Teilbereich A, so geht die Emissionsminderung zurück, die Emissionen nehmen also zu. Insgesamt ergibt sich dennoch eine Erhöhung der Wohlfahrt, weil die eingesparten Kosten in diesem Bereich höher sind als die zusätzlichen Schäden durch die Mehremissionen. Festzuhalten bleibt, daß ein Fortschreiten des Standes der Technik somit durchaus zu einer Erhöhung des optimalen Emissionsniveaus führen kann.

Im Teilbereich B nimmt die Emissionsminderung zu, dennoch nehmen die Kosten gleichzeitig ab, ein solcher technischer Fortschritt ist natürlich in jeder Hinsicht ideal.

Liegt eine Maßnahme im Teilbereich C, so nimmt die Emissionsminderung zu, dies muß aber mit einer Kostenerhöhung erkauft werden. Die Mehrkosten gegenüber Maßnahme 3 sind aber geringer als die Schäden, die durch die zusätzliche Emissionsminderung vermieden werden.

Stellt man eine solche Betrachtung für alle möglichen Werte von β_i an, so erkennt man, daß eine Beeinflussung der Kostenkurve nur dann erfolgt, wenn sich das Wertepaar (EM_{ivk}, K_{iv}) einer neuen Maßnahme rechts vom Polygonzug, der durch die Verbindung der bisher vorhandenen Maßnahmen entsteht, befindet.

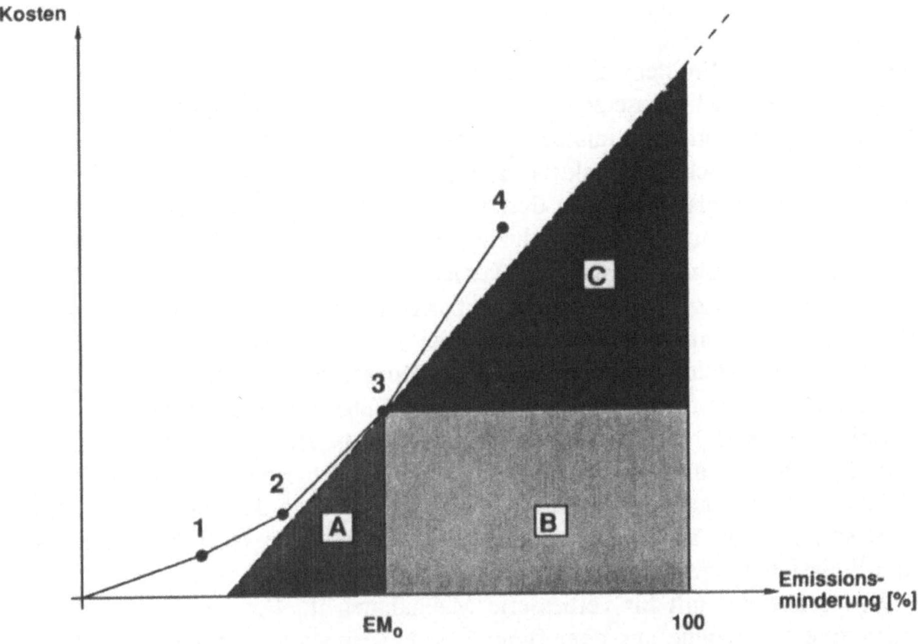

Abb. 6.5: Möglicher Wertebereich für Emissionsminderungsmaßnahmen, die zu einer Änderung der optimalen Emissionsminderungsstrategie führen

Wie werden nun die Entscheidungen der Emittenten bei Fortschreiten des Standes der Technik durch die verschiedenen umweltpolitischen Instrumente beeinflußt?

Bei Auflagen führen prinzipiell nur neue Maßnahmen aus dem Wertebereich B zu einer Änderung der eingesetzten Maßnahme. Neue Techniken im Bereich A würden die Emissionen über den auf Grund der Auflage erlaubten Wert erhöhen, sie können daher von den Emittenten nicht verwendet werden. Techniken aus dem Wertebereich C werden nicht eingesetzt, weil sie Mehrkosten verursachen. Uneingeschränkt eingesetzt werden nur Maßnahmen, die sich auf der Grenzlinie zwischen den Bereichen A und B befinden, da hier das festgesetzte Emissionsniveau mit geringeren Kosten als bisher erreicht wird. Maßnahmen im Bereich B werden zwar auch eingesetzt, sie werden jedoch - soweit dies technisch möglich ist - nicht maximal genutzt, sondern nur bis zur festgesetzten Emissionshöhe, da dies i. a. mit Kostenreduzierungen verbunden ist. Die Auflage schneidet hier somit schlecht ab.

Dieser Nachteil der Auflage kann durch entsprechende Anpassungsregeln, die eine vereinfachte Veränderung der Auflage durch die Genehmigungsbehörden vorsehen, zum Teil korrigiert werden. So enthält die deutsche Immissionsschutzgesetzgebung (s. Kap. 5.1) Hinweise, daß die Emissionen nach dem Stand der Technik zu vermindern seien. Die Genehmigungsbehörde kann somit, wenn neue Techniken mit höheren Emissionsminderungen vorliegen, bei Neuanlagen und wesentlichen Änderungen von Altanlagen entsprechend strengere Grenzwerte verlangen.

Steuern berücksichtigen bei linearer Schadensfunktion den Stand der Technik in idealer Weise. Bei Vorliegen einer neuen Maßnahme in einem der Bereiche A, B oder C wird der Emittent diese Maßnahme - sobald die alte Minderungstechnik ersetzt werden muß - einsetzen, weil sie zu geringeren Gesamtkosten führt als die Erneuerung der vorher optimalen Maßnahme.

Bei konvexer Schadensfunktion kommt es zu Abweichungen vom Optimum, wenn sich das Emissionsniveau durch technischen Fortschritt stark ändert. Wird das Emissionsniveau z. B. stark reduziert, so sinkt der Grenzschaden im Optimum; also müßte der Steuersatz reduziert werden.

Diese Anpassungen könnten automatisiert werden, indem der Steuersatz als Funktion der Summe der Emissionen aller Emittenten statt als absoluter Wert festgelegt wird. Beim derzeitigen Stand der Kenntnisse ist allerdings eine wissenschaftlich begründete Ableitung einer solchen Funktion nicht möglich.

Bei Zertifikaten bleibt das Emissionsniveau konstant. Wird eine Maßnahme in den Bereichen B und C entwickelt und bei einigen Emittenten eingeführt, so sinken die Emissionen dieser Emittenten und damit auch die Zertifikatpreise, und zwar so lange, bis andere Emittenten die freigewordenen Zertifikate kaufen und ihre Emissionen entsprechend erhöhen.

Entsprechendes gilt für verbesserte Maßnahmen im Bereich A von Abb. 6.5 Wird eine Maßnahme aus dem Bereich A bei einem Emittenten eingeführt, so steigen die Emissionen des Emittenten, er muß daher Zertifikate zukaufen, wodurch die Zertifikatpreise steigen. Wie bereits erwähnt, kann es dabei kurzfristig zu so hohen Zertifikatpreisen kommen, daß die Einführung der Maßnahme überhaupt unterbleibt.

Bei streng konvexer Schadensfunktion ist bei Änderung der äußeren Rahmenbedingungen bei jedem der untersuchten umweltpolitischen Instrumente eine Anpassung erforderlich.

Läßt man die beschriebenen kurzfristigen Zertifikatpreisschwankungen außer acht, so erzielen Zertifikate tendenziell dann günstigere Ergebnisse als Steuern, wenn die Änderung des Grenzschadens (bzw. die zweite Ableitung der Schadensfunktion) in der Umgebung des Optimums größer ist als die Änderung der spezifischen Differenzkosten der Emissionsminderung bzw. der 'Grenzkosten'.

Durch die beschriebenen kurzfristigen Zertifikatpreisschwankungen wird der Vorteil der Zertifikate allerdings auch in diesem Bereich relativiert.

Zudem lassen sich bei streng konvexen Schadensfunktionen Steuern leichter anpassen als die anderen Instrumente. Bei Steuern kann der Zusammenhang zwischen Steuersatz und Umweltqualität im vorhinein festgelegt werden, eine jährliche Anpassung bzw. Neufestsetzung der Steuer erfolgt dann automatisch auf Grund der jeweils im Vorjahr erreichten Umweltqualität. Bei Auflage und Zertifikaten müssen dagegen die Anpassungen nachträglich abhängig vom erreichten technischen Fortschritt und den Änderungen im Ausgangsemissionsniveau festgelegt werden.

Die beschriebenen Auswirkungen des technischen Fortschritts sollen anhand eines konkreten Beispiels verdeutlicht werden. Da das Ausmaß des technischen

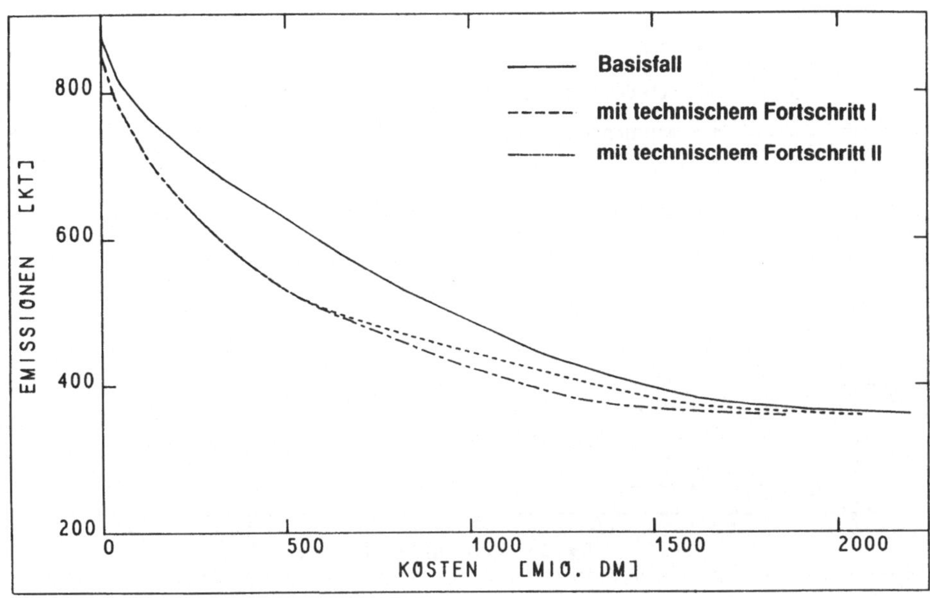

Abb. 6.6: Kostenkurve der Schadstoffminderung mit und ohne Berücksichtigung von technischem Fortschritt

Fortschritts bei Emissionsminderungsmaßnahmen in der Zukunft nicht vorhergesagt werden kann, werden folgende Annahmen getroffen, die eine mögliche Entwicklung beschreiben:

- Durch verbesserte oder neue Techniken lassen sich SO_2 und NO_x um 20 % kostengünstiger als derzeit aus dem Rauchgas entfernen.
- Die Kosten der Entschwefelung von leichtem Heizöl und Diesel sind um 20 % niedriger als bisher angenommen.
- Durch kombinierte Primärmaßnahmen lassen sich die NO_x-Emissionen bei gleichen Kosten statt um 60 % um 70 % vermindern.
- Für Ottomotoren steht ein verbessertes Magerkonzept mit Oxidationskatalysator zur Verfügung, dabei wird eine NO_x-Minderung von über 60 % erreicht.

In einer Variante (Szenario II) wird darüberhinaus angenommen, daß die Kosten für den geregelten Katalysator um 35 % sinken.

Unter Berücksichtigung dieser Verbesserungen ergeben sich die in Abb. 6.6 mit 'technischer Fortschritt' bezeichneten Kostenkurven.

Es überrascht nicht, daß sich die Emissionsminderungen nun mit geringeren Kosten realisieren lassen. Z. B. wird die Emissionsminderung um 40 % nunmehr mit einem um 320 Mio DM/a geringeren Betrag erreicht.

Betrachtet man die einzelnen durchgeführten Maßnahmen, so stellt man fest, daß die geplanten Rauchgasreinigungsmaßnahmen nun schon bei geringeren Grenzkosten durchgeführt werden. Die Zahl der Rauchgasreinigungsanlagen bei den genehmigungsbedürftigen Anlagen nimmt leicht zu, z. B. werden bei 5 DM/kg SÄQ 6 Rauchgasentschwefelungsanlagen und 10 DENOX-Anlagen mehr als im

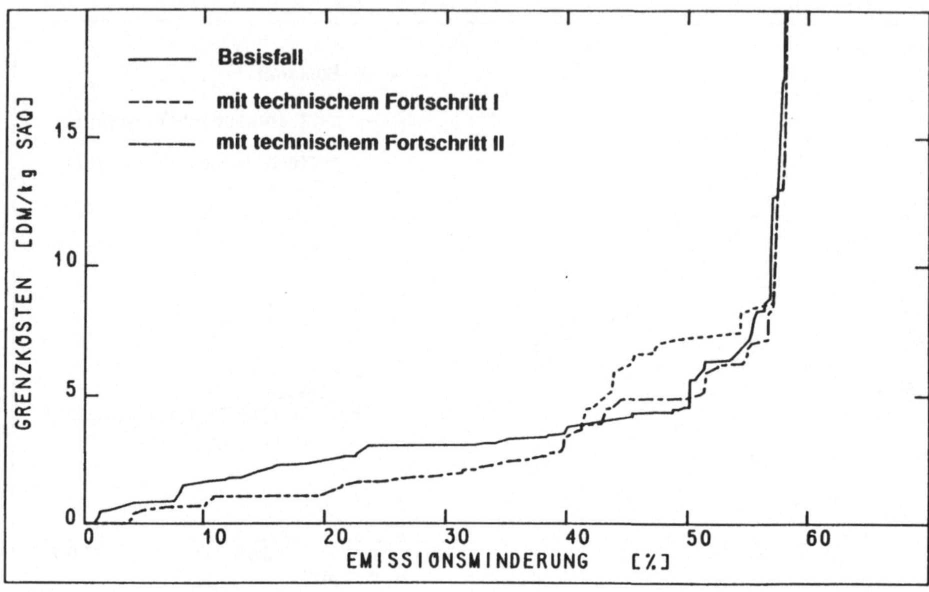

Abb. 6.7: Zusammenhang zwischen Emissionsminderung und Grenzkosten mit und ohne technischen Fortschritt

optimalen Fall ohne technischen Fortschritt eingesetzt; bei 10 DM/kg SÄQ sind es 10 zusätzliche REA und 12 zusätzliche SCR-Anlagen. Die entscheidende Rolle des Erdgases wird dadurch aber nur wenig eingeschränkt.

Aus Abb 6.7 wird deutlich, daß in Szenario I, also bei unveränderten Katalysatorkosten, der technische Fortschritt bei Grenzkosten ab 3,38 DM/kg SÄQ zu geringeren Emissionsminderungen, also höheren Emissionen führt. Dies ist auf die bereits erläuterten Konstellationen im Verkehrssektor zurückzuführen; der geregelte Katalysator wird jetzt nicht mehr bei Grenzkosten ab 3,38 DM/kg SÄQ, sondern erst wesentlich später eingesetzt.

Alternativ wurden daher in Szenario II die Kosten für den geregelten Katalysator herabgesetzt. In diesem Fall führt der angenommene technische Fortschritt bei Grenzkosten über 3,38 DM/kg zu ähnlichen Emissionsminderungen wie beim Fall ohne technischen Fortschritt.

Ausgehend von diesen Szenarien sollen die Auswirkungen des Einsatzes der umweltpolitischen Instrumente diskutiert werden.

Bei der Auflagenpolitik nutzen die Emittenten die Möglichkeiten, die Auflage kostengünstiger zu erfüllen. Das Emissionsniveau ändert sich somit nicht, die Kosten der Emissionsminderung sinken aber von 1034 Mio DM/a bei der derzeitigen Umweltschutzpolitikauf auf 860 Mio DM/a ab.

Eine Steuer von 3,52 DM/kg SÄQ führt ohne technischen Fortschritt zu denselben Emissionsminderungen wie die derzeitige auflagenorientierte Luftreinhaltepolitik. Bei Berücksichtigung des technischen Fortschritts wird die Emissionsminderung um 7 kt/a erhöht. Dabei wird im Idealfall das Wohlfahrtsoptimum erreicht.

Bei der Zertifikatlösung sei eine Zertifikatmenge ausgegeben, die wie der Referenzfall der derzeitigen Luftreinhaltepolitik Emissionen von 535 kt SÄQ/a ermöglichen. Ohne technischen Fortschritt stellt sich ein Gleichgewichtspreis von 3,52 DM/kg SÄQ ein. Tritt technischer Fortschritt in der beschriebenen Weise ein, so sinkt der Zertifikatpreis auf 2,82 DM/kg SÄQ. Das Wohlfahrtsoptimum wird um ca. 1,2 Mio DM/a verfehlt.

6.3.4 Zusammenfassende Bewertung

In diesem Teilkapitel wurden die Auswirkungen verschiedener Änderungen äußerer Rahmenbedingungen auf die eingesetzte Emissionsminderungsstrategie bei den betrachteten umweltpolitischen Instrumenten untersucht.

Die Ergebnisse dieser Analyse sind in Tab. 6.1 zusammengefaßt.

Änderungen der Schadensfunktion werden von keinem Instrument automatisch erfaßt. Auf Änderungen der Emissionen z. B. durch Produktionsänderungen

Tabelle 6.1: Auswirkungen veränderter Rahmenbedingungen auf die eingesetzte Emissionsminderungsstrategie

Veränderung	Auswirkung bei Auflagen	Steuern	Zertifikaten
Erhöhung der Schäden[2]	H	H	H
Verringerung der Schäden[2]	N	N	N
Erhöhung der Ausgangsemissionen (z. B. durch Produktionserhöhung)	O/H[1]	O/H[1]	N
Verringerung der Ausgangsemissionen (z. B. durch Produktionsverringerung)	O/N[1]	O/N[1]	H
technischer Fortschritt B/C[3]	H	O/N[1]	H
technischer Fortschritt A[3]	N	O/H[1]	N

O = die neue optimale Luftreinhaltestrategie wird langfristig durchgeführt.
H = das Emissionsniveau ist zu hoch, es wird zu viel emittiert.
N = das Emissionsniveau ist zu niedrig, es wird zu viel gemindert.
1) : bei linearer / konvexer Schadensfunktion
2) : bei gleichbleibendem Immissionsniveau
3) : A, B und C bezieht sich auf die Wertebereiche in Abb. 6.5

reagieren Auflage und Steuer bei linearer Schadensfunktion optimal, bei konvexer Schadensfunktion sind Anpassungen erforderlich. Der technische Fortschritt wird - bei linearer Schadensfunktion - nur bei Steuern optimal berücksichtigt.

Bei linearer Schadensfunktion erfüllt die Steuer das Kriterium 'dynamische Anpassungsfähigkeit' somit eindeutig am besten. An zweiter Stelle folgt die Auflage, während Zertifikate das Kriterium in allen Bereichen nur schlecht erfüllen.

Bei stark konvexer Schadensfunktion sind prinzipiell bei allen Instrumenten Anpassungen erforderlich, der Vorteil der Steuer wird also geringer. Die Art der Anpassung ist unterschiedlich:

- Bei der Auflage erfolgt eine Änderung der Grenzwerte.
- Bei der Steuer wird der Steuersatz in Abhängigkeit vom insgesamt erreichten Emissionsniveau verändert.
- Bei Zertifikaten müssen Zertifikate zusätzlich ausgegeben oder eingezogen werden, alternativ können die vorhandenen Zertifikate auf- oder abgewertet werden.

Eine genauere Analyse dieser Anpassungsmechanismen zeigt aber dennoch einen Vorteil für die Steuerlösung.

Die Änderung der Auflage muß individuell ausgehend vom erreichten Stand der Technik festgelegt werden; die Zahl der einzuziehenden bzw. zusätzlich auszugebenen Zertifikate kann erst festgelegt werden, wenn die erfolgten Emissionsänderungen und das Ausmaß des technischen Fortschritts bekannt sind.

Mit den veränderten Daten muß bei beiden Instrumenten jedesmal neu die optimale Minderungsstrategie berechnet und daraus das optimale Emissionsniveau oder die optimalen Auflagen ermittelt werden.

Bei der Steuer genügt dagegen die Angabe eines im vorhinein festgelegten oder ermittelten Zusammenhangs zwischen Emissionsniveau und Steuersatz. Die jährliche Neufestsetzung der Steuer erfolgt dann ohne weitere Berechnung oder Festlegung auf Grund des jeweils im Vorjahr erreichten Emissionsniveaus. Diese 'automatische' Anpassung bei der Steuer ist offensichtlich hinsichtlich Transparenz und Aufwand günstiger zu beurteilen als die entsprechenden Mecha-nismen bei Auflage und Zertifikaten.

6.4 Anreizwirkung zur Erzielung technischen Fortschritts

Wie im vorangegangenen Abschnitt bereits erläutert, führt technischer Fortschritt unter bestimmten Bedingungen zu einer Erhöhung der Wohlfahrt im Optimum. Es ist daher erstrebenswert, technischen Fortschritt so weit wie möglich anzuregen und zu fördern.

Diese Förderung kann prinzipiell auf zwei Wegen geschehen:

- durch Anreize der öffentlichen Hand, etwa in Form der Vergabe von Forschungs- und Entwicklungsmitteln oder der Gewährung von Steuererleichterungen oder

- durch eigenfinanzierte Entwicklung durch Unternehmen, die Umweltschutzprodukte herstellen.

Die erste Möglichkeit ist jedoch mit Nachteilen verbunden. So führt die Subventionierung bestimmter Techniken zu Wettbewerbsvorteilen für die Technik gegenüber Alternativen, somit entscheidet der Staat und nicht der Markt über die Auswahl von Produkten mit. Es besteht die Gefahr, daß die Vorteilhaftigkeit neu zu entwickelnder Techniken nicht erkannt wird und deren Entwicklung, insbesondere bei knappen Haushaltsmitteln, nicht in die Wege geleitet wird. Dies gilt insbesondere, weil Sachverstand und Ideen bezüglich der Entwicklung neuer Umweltschutztechnik zwangsläufig eher bei den auf diesem Gebiet tätigen Industrieunternehmen als in der Verwaltung anzutreffen sein werden.

Die zweite Möglichkeit, nämlich eine eigenfinanzierte Forschung und Entwicklung bei Industrieunternehmen, wird nur stattfinden, wenn auch Aussicht besteht, das entwickelte Produkt auf dem Markt verkaufen zu können.

Daher soll im folgenden untersucht werden, ob bzw. inwieweit für die Emittenten ein Anreiz besteht, unter dem Einfluß eines umweltpolitischen Instruments neu entwickelte Emissionsminderungsverfahren einzusetzen. Dazu wird hier postuliert, daß ein positiver Anreiz für einen Verursacher von Schadstoffemissionen dann besteht, wenn seine Kosten sich bei Einsatz einer neuen Technik, die zu einer Wohlfahrtserhöhung führt (siehe Abb. 6.5), verringern.

Dabei sei daran erinnert, daß eine Wohlfahrtserhöhung eintritt, wenn Gl. 6.9 erfüllt ist, bzw. die neue Maßnahme in einem der Bereiche A, B oder C in Abb. 6.5 angesiedelt ist.

6.4.1 Auflagen

Bei bestehender Auflage ist eine neue Technik für den Emittenten dann interessant, wenn mit ihr die Auflage kostengünstiger als mit der vorher eingesetzten Technik (Referenztechnik) erfüllt wird.

Ein Anreiz zur Entwicklung besonders kostengünstiger Maßnahmen mit geringeren Emissionsminderungen als die Referenztechnik (Wertebereich A in Abb. 6.5) besteht nicht. Ebensowenig ist ein Anreiz zur Entwicklung neuer Techniken, die Emissionsminderungen über die Auflage hinaus erlauben, aber höhere Kosten als die Referenztechnik aufweisen (Wertebereich C), gegeben.

Sollte eine neue kostengünstigere Technik, gewissermaßen als Nebeneffekt, auch höhere Emissionsminderungen aufweisen, so wird sie, um zusätzliche Einsparungen zu realisieren, nicht in vollem Umfang, sondern nur in dem Maß, das zur Erfüllung der Auflage nötig ist, eingesetzt werden.

Somit bleibt festzuhalten: bei einer zeitlich invarianten Auflage besteht lediglich ein Anreiz, die Auflage kostengünstiger zu erfüllen, d. h. Techniken zu entwickeln, die auf der Grenzlinie zwischen den Wertebereichen A und B in Abb. 6.5 liegen. Alle anderen Wertebereiche werden ausgegrenzt, obwohl auch sie zu einer Verbesserung der Wohlfahrt führen würden. Insbesondere bestehen keine Anreize für Anstrengungen, zu weitergehenden Emissionsminderungen zu kommen.

Besonders problematisch ist dies bei Emittenten, die hohe genehmigte Emissionen aufweisen, weil für sie derzeit noch keine geeigneten Emissionsminderungstechniken auf dem Markt sind. Ein Beispiel dafür sind die Prozeßfeuerungen von Zementfabriken, die hohe NO_x-Emissionsfaktoren aufweisen. Solche Emittenten müssen somit derzeit trotz hoher Emissionen so gut wie keine Kosten für die Emissionsminderung tragen, ein Anreiz zur Entwicklung und Erprobung von Minderungstechniken besteht nicht, zumal die Emissionsverursacher damit rechnen müssen, daß die Entwicklung solcher Techniken zu entsprechend verschärften Auflagen und zu Mehrkosten führen würde.

Somit besteht bei zeitlich konstanten Auflagen nur ein unzureichender Anreiz zur Weiterentwicklung des Standes der Technik, dies ist einer der wesentlichen Nachteile der Auflagenpolitik.

Um diesen Nachteil zu kompensieren, werden in der Praxis der Auflagenpolitik zwei gekoppelte Strategien angewandt.

1) *Anreize durch Subventionen*

Um neue Techniken und deren Einsatz zu fördern, kann die öffentliche Hand

- Zuschüsse und Aufträge zur Forschung und Entwicklung vergeben und
- den Bau von Pilot- und Demonstrationsanlagen bezuschussen.

Im ersten Fall werden den Unternehmen, die Umweltschutztechnik herstellen, die Risiken der Entwicklung bei ungewissen Marktchancen ganz oder teilweise abgenommen. Im zweiten Fall wird im allgemeinen der Anwender der Technik, also der Emittent, begünstigt. Er wird somit motiviert, neue Techniken einzusetzen, die über die Auflage hinausgehen.

Die Förderung ist natürlich nur dann sinnvoll, wenn anschließend, nachdem das Funktionieren der neuen Technik anhand der Demonstrationsanlage gezeigt wurde,der Grenzwert der Auflage entsprechend verschärft wird. Der Emittent, bei dem die Demonstrationsanlage eingebaut wurde, hat dann den zusätzlichen Vorteil, daß er die neue Auflage als einziger ohne Mehrkosten erfüllt.

In einigen Publikationen wird darauf hingewiesen, daß es ein 'Kartell der Ingenieure' bei dieser Frage geben könnte. So könnte etwa ein Emittent, der für die Einrichtung einer Test- oder Demonstrationsanlage in Frage käme, dies trotz Subventionierung ablehnen, um den Mitbewerbern die Mehrkosten einer verschärften Auflage zu ersparen. Dies ist in der Tat vor allem dann denkbar, wenn

- eine Emittentengruppe aus einer überschaubaren Anzahl von Unternehmen besteht und zudem gut, etwa innerhalb eines Verbands, organisiert ist und
- die Emittentengruppe starkem Wettbewerb aus dem Ausland oder aus anderen Branchen ausgesetzt ist, so daß sie bestrebt sein muß, gegenüber diesen branchenfremden Mitbewerbern wettbewerbsfähig zu bleiben.

Ein Beispiel für eine Emittentengruppe, bei der diese Bedingungen erfüllt sind, sind die Betreiber von Raffinerien. Für die Mehrzahl der Branchen bzw. Emittentengruppen dürften solche 'Solidaritätskartelle' aber kaum eine wesentliche Rolle spielen, Hemmnis für die Durchsetzung verbesserter Techniken ist hier schlicht der fehlende oder zu geringe finanzielle Anreiz.

2) *Dynamische Veränderung der Auflage nach dem Stand der Technik*

In Kap. 5 wurde ausgeführt, daß die Verordnungen zum BImSchG in vielen Fällen die Klausel enthalten, daß die Auflage nach dem Stand der Technik erfolgen sollte. Die Genehmigungsbehörde hat die Möglichkeit, ja sogar die Pflicht, bei der Genehmigung von Neuanlagen über die in der Verordnung angeführten Grenzwerte hinauszugehen, wenn nachgewiesen ist, daß dies entsprechend dem Stand der Technik möglich ist.

Dieser Nachweis kann, wie eben beschrieben, durch die staatliche Förderung einer Demonstrationsanlage erfolgen. Es besteht jedoch auch unabhängig davon ein Anreiz für Unternehmen, die Umweltschutztechnik produzieren, neue Techniken zu entwickeln und - gegebenenfalls auf eigene Kosten - in einer Demonstrationsanlage zu testen. Ist nämlich der Nachweis erbracht, daß höhere Emissionsminderungen wie bisher möglich sind, so ist die Auflage entsprechend zu verschärfen, für die neue Technik sind somit gesicherte Einsatzmöglichkeiten vorhanden.

Allerdings erfolgt die Anpassung der Auflage in der Praxis keinesfalls so automatisch wie oben angedeutet. Die Vergangenheit hat gezeigt, daß die Genehmigungsbehörden dahin tendieren, neue Techniken eher zögernd als Stand der Technik anzusehen; dies gilt nicht zuletzt deshalb, weil bei der erstmaligen Forderung nach Anwendung verschärfter Grenzwerte oft die Gefahr langwieriger juristischer Auseinandersetzungen mit dem Betreiber der emittierenden Anlage besteht. Wesentlicher ist jedoch, daß die Dynamisierungsklauseln meist nur bei Neuanlagen angewendet werden. Die Zahl neu gebauter Anlagen ist jedoch im Vergleich zur Zahl der Altanlagen nur verschwindend gering, so daß auch die Absatzmöglichkeiten für die neuen Techniken entsprechend niedrig blieben, solange die verschärften Auflagen nicht auch für Altanlagen angewendet werden.

Zusammenfaßend bleibt festzuhalten, daß die geschilderten Strategien zur Erzielung von technischem Fortschritt bei Anwendung der Auflagenpolitik im Prinzip die Nachteile einer zeitlich starren Auflage kompensieren können. Dazu bedarf es allerdings einer gezielten, nach Effizienzgesichtspunkten gesteuerten Subventionspolitik der öffentlichen Hand und der konsequenten Anwendung von Dynamisierungsklauseln auch bei Altanlagen.

Sind alle diese Bedingungen optimal erfüllt, so ließe sich die Anreizwirkung von Auflagenlösungen soweit verbessern, daß sie an die anderer Instrumente, etwa der Steuer, heranreicht. Zweifel bleiben jedoch, ob eine öffentliche Subventions- und Auflagenveränderungspolitik tatsächlich so effizient gestaltet werden kann, daß sie an die Effizienz marktwirtschaftlicher Lösungen anknüpfen kann.

6.4.2 Schadstoffsteuern

Bei linearer Schadensfunktion, also konstantem Grenzschaden, erfüllt die Schadstoffsteuer das Kriterium 'Anreizwirkung zur Erzielung technischen Fortschritts' in optimaler Weise.

Für den Emittenten, der seine Gesamtkosten, also die Summe aus Steuern und Kosten der Schadstoffminderungstechnik, vermindern will, besteht dann ein Anreiz zur Einführung einer neuen Technik, wenn

$$\sum_k A_{ik} EM_{ivk} - K_{iv} > \sum_k A_{ik} EM_{ijk} - K_{ij}, \tag{6.10}$$

wobei v die neue, j die bisher eingesetzte Emissionsminderungstechnik und A_{ik} die Steuer pro Schadstoffeinheit bezeichnet. Dies entspricht - bei linearer Schadens-- funktion - genau der Gl. 6.9, in der die Maßnahmen definiert sind, die zu einer Verbesserung der Wohlfahrt führen.

Vorteilhaft ist auch, daß die Anreizwirkung zur Entwicklung neuer Techniken an den richtigen Stellen am größten ist, nämlich dort, wo hohe Steuern zu zahlen sind, d. h. hohe Emissionen und/oder hohe spezifische Schäden pro Schadstoffeinheit vorhanden sind; hohe Steuern in einer Branche signalisieren den Unternehmen der Umweltschutzbranche hohe potentielle Umsätze bei Techniken, die die Emissionen in dieser Branche mindern.

Die Anreizwirkung ist prinzipiell auch bei Altanlagen vorhanden. Dabei wird dort ein optimaler Zeitverlauf des Einsatzes der neuen Technik erreicht. Noch nicht abgeschriebene ältere Umweltschutzanlagen mit hohen Investitionen werden u. U. erst bis zum Ende der Lebensdauer genutzt, bevor die neue Technik eingesetzt wird. Andere Techniken mit geringeren Fixkosten, z. B. Brennstoffsubstitutionen, werden dagegen sofort durch die neue Technik ersetzt.

Bei konvexer Schadensfunktion ist eine etwas differenziertere Betrachtung erforderlich.

Werden Techniken mit höherer Emissionsminderung (Bereiche B und C in Abb. 6.5) entwickelt und eingesetzt, so führt dies zu einem insgesamt niedrigeren Emissionsniveau und damit zu niedrigeren Grenzschäden

$$\beta'_{ik} < \beta_{ik}.$$

Unter Umständen kann damit bei einem Emittenten Gl. 6.10 erfüllt sein, nicht dagegen Gl. 6.9.

Somit kann es vorkommen, daß unter dem Einfluß der 'alten' Steuer β_{ik} mehr Emittenten zum Einbau der neuen Technologie veranlaßt werden, als entsprechend den neuen Optionen mit Grenzschäden β'_{ik} optimal wäre.

Dies gilt umso mehr, je höher die zusätzliche Emissionsminderung (EM_{ivk} - EM_{ijk}) und je größer die Änderung der Grenzschäden, d. h. je größer der Betrag der zweiten Ableitung der Schadensfunktion ist.

Umgekehrt wächst bei Anwendung neuer Techniken aus dem Bereich A der Abb. 6.5 das Emissionsniveau an, die Grenzschäden β'_{ik} erhöhen sich. Auch hier kann es somit bei einem Teil der betroffenen Emittenten vorkommen, daß bei Fortbestehen der alten Steuer ein Anreiz zum Einsatz der neuen Technik besteht, obwohl unter Berücksichtigung der höheren Grenzschäden die Optimalitätsbedingung 6.9 nicht erfüllt ist.

Dies ist jedoch nur scheinbar eine Einschränkung der Erfüllung des Kriteriums 'Anreizwirkung'. Ist nämlich die Änderung der Grenzschäden bzw. Grenzkosten bei verändertem Emissionsniveau bekannt oder zumindest politisch festgelegt, so können sich die Anbieter von Umweltschutztechnik darauf einstellen und ihre Absatzchancen entsprechend nach unten korrigieren; so daß auch in diesem Fall eine ausreichende Zielerfüllung erreicht wird.

6.4.3 Zertifikate

Bei Zertifikatlösungen wird die Betrachtung dadurch erschwert, daß jede Änderung des Emissionsniveaus zu einer Änderung des Zertifikatpreises führt.

Kommt etwa eine neue Technik auf den Markt, deren spezifische Differenzkosten bzw. 'Grenzkosten' für einige Emittenten geringer sind als der momentane Zertifikatpreis und deren Emissionsminderung höher ist als die der vorher bei diesem Preis optimalen Maßnahmen - solche Maßnahmen sind in Abb. 6.5 durch den Wertebereich B und C repräsentiert -, so besteht zunächst für die Emittenten ein Anreiz, diese neue Technik zu verwenden, weil bei einem konstanten Zertifikatpreis von Z_k die Gesamtkosten mit der neuen Maßnahme (EM_{ivk}, K_{iv}) kleiner sind als mit der alten Maßnahme (EM_{ijk}, K_{ij}):

$$\sum_k Z_k(E_{iok} - EM_{ivk}) + K_{iv} < \sum_k Z_k(E_{iok} - EM_{ijk}) + K_{ij} \,, \tag{6.11}$$

wobei E_{iok} die Emissionen des Emittenten i ohne Emissionsminderungsmaßnahmen beschreibt. Z_k bezeichnet die jährlichen Zertifikatkosten, bei unbegrenzt geltenden Zertifikaten also die für den Zertifikatpreis aufzuwendenden Zinsen, bei jährlich erneuerbaren Zertifikaten den Zertifikatpreis. Im folgenden wird aber in beiden Fällen vereinfachend vom Zertifikatpreis gesprochen.

Der Emittent würde somit bei konstantem Z_k jährliche Kosten JK_i von:

$$JK_i = \sum_k Z_k(EM_{ivk} - EM_{ijk}) + K_{ij} - K_{iv} \tag{6.12}$$

einsparen.

Bei dem Versuch der Emittenten, die freiwerdenden Zertifikate zu verkaufen, treten jedoch folgende Effekte ein:

- Kurzfristige Schwankungen des Zertifikatpreises mit entsprechend negativen Auswirkungen können vorkommen, da viele Emittenten durch Investitionen in Umweltschutzmaßnahmen noch festgelegt sind, die Nachfrageelastizität also gering ist.
- Es wird sich ein langfristiger Gleichgewichtspreis Z_k' einstellen, der unterhalb dem bisherigen Preis Z_k liegt:

$$Z_k^{\prime} < Z_k . \tag{6.13}$$

Diese Verminderung des Zertifikatpreises reduziert auch den Anreiz für Emittenten zum Einsatz der neuen Technik.

Da der Emittent die überschüssigen Zertifikate nur zum neuen, niedrigeren Preis verkaufen kann, ist der Anreiz bei unbefristeten Zertifikaten um den jährlichen Betrag

$$\sum_k (Z_k - Z_k^{\prime}) \quad (EM_{ivk} - EM_{ijk}) \tag{6.14}$$

geringer als etwa bei einer Steuer. Er ist somit auch geringer als der Wohlfahrtsgewinn, der bei linearer Schadensfunktion erzielbar ist.

Dazu kommt, daß alle Emittenten einen Vermögensverlust erleiden, weil die von ihnen gehaltenen Zertifikate weniger wert werden. Die daraus folgenden Abweichungen vom Optimum wurden bereits in den vorangegangenen Kapiteln beschrieben.

Beim Sonderfall der befristeten, z. B. jährlich ausgegebenen Zertifikate profitiert zunächst jeder Emittent, auch der, der die neuen Techniken nicht einsetzt, vom Absinken des Zertifikatpreises, Abweichungen vom optimalen Maßnahmeneinsatz sind die Folge. Der zusätzliche Anreiz durch den Einsatz der neuen Technik ist auch hier um den oben bereits genannten Betrag geringer als bei der Steuer.

Bei Einsatz von Schadstoffminderungstechniken, die zu einer Erhöhung der Emissionen führen (Bereich A in Abb. 6.5), steigt der langfristige Zertifikatpreis an. Auch in diesem Fall ist der Anreiz um den oben genannten Betrag (mit umgekehrtem Vorzeichen) zu niedrig.

6.4.4 Zusammenfassende Bewertung

Die Umweltsteuer erfüllt das Kriterium 'Anreizwirkung' bei linearer Schadensfunktion in optimaler Weise.

Bei Zertifikaten besteht ebenfalls ein Anreiz zur Verbesserung des Standes der Technik. Allerdings wird dieser dadurch reduziert, daß die Anwendung der neu entwickelten Techniken den Zertifikatpreis verändert, ohne daß dies durch entsprechende Änderung der Grenzschäden gerechtfertigt wäre. Diese Änderung des Zertifikatpreises vermindert den vom Emittenten eingesparten Betrag, also die Anreizwirkung. Somit ist bei linearer Schadensfunktion die Erfüllung des Kriteriums bei Zertifikaten etwas schlechter als bei Steuern zu bewerten.

Vorteile ergeben sich für Zertifikate dann, wenn die Grenzschäden sich in der Umgebung des Optimums schneller ändern als die 'Grenzkosten'. Legt man durch die Eckpunkte der Stufenfunktion der Kosten der Emissionsminderung eine differenzbare Kurve, so kann dies wie folgt formuliert werden. Vorteile für Zertifikate ergeben sich dann, wenn der Betrag der zweiten Ableitung der Schadensfunktion in der Umgebung des Optimums höher ist als der Betrag der zweiten Ableitung dieser differenzbaren Kostenfunktion. Durch die beschriebenen kurzfristigen Zertifikatpreisschwankungen wird dieser Vorteil aber relativiert.

Bei Auflagen besteht zunächst nur ein Anreiz, die Auflage mit geringeren Kosten zu erfüllen, die Suche nach Lösungen mit veränderter Emissionsminderung bleibt ausgegrenzt. Diese eingeschränkte Anreizwirkung läßt sich zum Teil dadurch verbessern, daß

- durch Subventionen eine entsprechende Steuerung stattfindet und
- die richtige Anwendung von Dynamisierungsklauseln Anbietern von neuen Techniken die Gewißheit bietet, daß ihr Produkt von den Emittenten eingesetzt werden muß.

Allerdings müssen hier Steuerungen, die der Markt bei der Steuerlösung von selbst vornimmt, von der öffentlichen Hand durchgeführt werden.

Die Erfahrung zeigt, daß dies im allgemeinen weniger effizient erfolgt, so daß die Auflage hinsichtlich der Erfüllung des Ziels 'Anreizwirkung' hier schlechter beurteilt wird als die Steuer.

6.5 Kostenbelastung und Wettbewerbsfähigkeit

Bei den bisherigen Überlegungen wurde untersucht, wie die optimale Luftreinhaltestrategie erreicht werden kann. Dabei kam es darauf an, Kosten und Schäden, die die Volkswirtschaft zu tragen hat, insgesamt zu minimieren. Es wurde aber bis jetzt nicht darauf geachtet, wer die Kosten für das Erreichen der optimalen Strategie zu tragen hat und welche indirekten volkswirtschaftlichen Auswirkungen damit verbunden sind.

Die Kosten, die der einzelne Emittent zu tragen hat, gehen in sein betriebswirtschaftliches Kalkül und damit in die Preise ein. Änderungen der Preise von Vorprodukten führen zu Änderungen der Preise von Endprodukten, dadurch wird wiederum die Nachfrage nach diesen Endprodukten beeinflußt. Nachfrage nach bestimmten Techniken bzw. Gütern zur Luftreinhaltung führt zu Mehrproduktion und Aufbau von Arbeitsplätzen in den entsprechenden Branchen, in anderen Branchen verursacht die sinkende Nachfrage dagegen u. U. einen Abbau von Arbeitsplätzen.

Die Investitionen der privaten Verbraucher in Umweltschutzgüter (z. B. Autokatalysatoren, Einsatz NO_x-armer Brenner) bindet einen Teil des privaten Einkommens, entsprechend ändern sich Sparquote und Nachfrage nach anderen Gütern sowie gegebenenfalls die Kreditaufnahme.

Des weiteren sind Auswirkungen auf die Außenhandelsbeziehungen zu beachten. Höhere Produktkosten im Inland können die Nachfrage nach Importen erhöhen und die ausländische Nachfrage nach im Inland produzierten Gütern reduzieren. Dies wiederum führt zu Wechselkursänderungen, die wiederum die Nachfrage nach Im- und Exporten verändern.

Alle diese indirekten Auswirkungen des Einsatzes von Umweltschutzmaßnahmen bzw. von umweltpolitischen Instrumenten wurden bis jetzt bei der Definition und Ermittlung der optimalen Emissionsminderungsstrategien vernachlässigt. Dies soll hier nachgeholt werden. Insbesondere soll untersucht werden, wie hoch die Kostenbelastung der verschiedenen Sektoren der Volkswirtschaft, insbesondere der verschiedenen Branchen des Verarbeitenden Gewerbes und der privaten Haushalte ist. Dabei sind sowohl die direkten Kosten für Umweltschutzmaßnahmen einer Branche zu betrachten als auch die indirekten Kosten, die durch die Preiserhöhung von Vorleistungen anderer Branchen entstehen, die ebenfalls Umweltschutzkosten tragen müssen. Insbesondere ist zu prüfen, inwieweit mit dieser Kostenerhöhung Wettbewerbsnachteile verbunden sein können.

Die bei den einzelnen Branchen sowie bei den privaten Haushalten auftretenden Kosten sind je nach eingesetztem Instrumentarium unterschiedlich:

Kostenbelastung bei der Auflage

Bei der Auflage bezahlt der Emittent die von ihm einzusetzenden Emissionsminderungsmaßnahmen, die darüber hinaus gehenden zulässigen Emissionen können jedoch kostenlos abgegeben werden. Dies führt dazu, daß der zu zahlende Beitrag vom Stand der Technik der Emissionsminderung stark beeinflußt wird: Emittenten mit hohen Emissionen, für die Emissionsminderungstechniken nicht vorhanden sind, z. B. Lastkraftwagen oder Anlagen der Zementindustrie, können die Luft zur Entsorgung ihrer Schadstoffe kostenlos nutzen; andere Emittenten müssen dagegen, weil für sie effektive Emissonsminderungstechniken verfügbar sind, entsprechende Kosten aufbringen.

Eine solche Kostenverteilung entspricht offensichtlich nicht dem Verursacherprinzip. Daher treten folgende Nachteile auf:

- Anreize zur Erzielung technischen Fortschritts bei der Emissionsminderung sind nur eingeschränkt vorhanden,
- Anreize zur Umstellung der Produktion auf emissionsärmere Verfahren sind nur eingeschränkt vorhanden,
- preisbedingte Anreize zur Verlagerung der Nachfrage von einem mit hohen Emissionen produzierten Gut auf Güter, die mit geringeren Emissionen produziert werden, sind nur eingeschränkt vorhanden.

Die eingeschränkte Anreizwirkung bezüglich technischen Fortschritts bei der Emissionsminderung ist bereits in Kap. 6.4 behandelt worden; es zeigt sich, daß dieser Nachteil durch staatliche Maßnahmen zum Teil ausgeglichen werden kann.

Die Höhe der Nachteile, die mit dem Fehlen der beiden anderen Anreize verbunden sind, hängt von der Höhe der verursachten, aber nicht in den Preisen internalisierten Schäden ab. Je schärfer bzw. weitgehender somit die Auflagen sind, je mehr Emissionen also gemindert werden, um so geringer sind die noch verursachten Schäden, umso geringer sind also auch die Abweichungen, die durch die Nichtberücksichtigung der Schäden in den Kosten und damit Preisen der Verursacher entstehen.

Im folgenden sollen die volkswirtschaftlichen Auswirkungen einer Auflagenpolitik am Beispiel der derzeitigen Luftreinhaltepolitik dargestellt werden. Zur Abschätzung dieser Auswirkungen wird eine Input-Output-Analyse durchgeführt.

Dabei wird auf eine für das Jahr 2000 geltende geschätzte Input-Output-Tabelle für Baden-Württemberg zurückgegriffen /29/. In /29/ werden die für Baden-Württemberg verfügbaren Input-Output-Tabellen (IOT), die für verschiedene Jahre der Vergangenheit vorliegen, zunächst von nominalen in reale Werte umgerechnet. Ausgehend von den realen Werten wird dann eine Projektion der Input-Output-Tabelle für das Jahr 2000 durchgeführt. Die so ermittelte IOT verfügt über die folgenden 16 Sektoren:
Landwirtschaft; Energie und Bergbau; Chemie und Mineralöl; Steine, Erden und Glas; Kunststoff, Gummi, Eisen, NE-Metalle, Gießereien; Stahl- und Maschinenbau, ADV, Fahrzeuge; Elektrotechnik, EDM-Waren; Papier und Druck; Holz, Leder, Textilien und Bekleidung; Nahrungsmittel und Tabak; Bau; Handel; Verkehr; sonstige Dienstleistungen; Staat; private Organisationen ohne Erwerbscharakter.

Mit dieser IOT wird die direkte und indirekte, also über die Kostenerhöhung bei den Vorleistungen entstehenden Kostenbelastung der Sektoren ermittelt.

Diese Kosten werden den Nettoproduktionswerten der Sektoren gegenübergestellt, um Auswirkungen auf die Preise abschätzen zu können. Wie bereits erwähnt, beträgt die direkte Kostenbelastung durch die im Referenzfall durchgeführten Emissionsminderungsmaßnahmen in Baden-Württemberg 1,03 Mrd. DM/a.

Die Aufteilung dieser Kosten und die Berücksichtigung der indirekten Kosten resultiert in einer durchschnittlichen Kostenbelastung der Sektoren (ohne Haushalte) von 0,2 % des Nettoproduktionswertes. Die höchste Kostenbelastung erfolgt im Sektor Energie mit 6,7 % des Nettoproduktionswertes, hier werden die hohen, der Stromerzeugung aufgebürdeten Schadstoffminderungskosten deutlich. Es folgen die Sektoren Steine, Erden und Glas mit 1,4 % und Papier und Druck mit 0,5 %. Alle anderen Sektoren weisen prozentuale Kostenbelastungen auf, die unter dem letztgenannten Wert liegen.

Auf Grund der Monopolstellung der Elektrizitätsversorgungsunternehmen ist eine Überwälzung der Mehrkosten bei der Stromerzeugung auf die Stromkunden i. a. möglich. Probleme bereitet hier allenfalls die Versorgung sehr stromintensiv produzierender Branchen, etwa der Aluminiumindustrie. Wettbewerbsnachteile könnten inZukunft dann entstehen, wenn im Zuge der Verwirklichung des europäischen Binnenmarktes der Gebietsschutz der Stromversorgung gelockert würde.

Bei den anderen Sektoren sind die Kostenwirkungen weitaus geringer als Kostenänderungen, die z. B. durch veränderte Lohnkosten oder Wechselkurse entstehen. Andererseits muß jede noch so kleine Kostenerhöhung, wenn sie nicht marktbedingt ist, erwirtschaftet werden - entweder durch Verminderung des Ertrags oder durch Verminderung des realen Lohnniveauzuwachses. Negative Auswirkungen auf die Wettbewerbsfähigkeit durch die genannten Kosten sind daher vor allem bei der Grundstoffindustrie nicht auszuschließen, eine Quantifizierung ist allerdings nicht möglich.

Die erhöhte Nachfrage nach Umweltschutztechniken führt zu positiven Produktions- und Beschäftigungseffekten bei den Branchen, die Umweltschutzgüter herstellen. So werden durch die derzeitige Luftreinhaltepolitik etwa 1500 Arbeitsplätze im Sektor Maschinenbau/ Fahrzeuge und etwa 1200 Arbeitsplätze im Bausektor geschaffen. Dazu kommen Mehreinnahmen durch erhöhtes Steueraufkommen, was die Schaffung von 1100 weiteren Arbeitsplätzen im öffentlichen Dienst ermöglicht.

Die Aufwendungen für den Umweltschutz führen aber auch dazu, daß die privaten Haushalte einen Teil ihres Einkommens aufwenden müssen, um die durchzuführenden Umweltschutzmaßnahmen zu bezahlen und um die Mehrkosten der nachgefragten Produkte, die auf Grund der Luftreinhaltemaßnahmen bei den Herstellern entstehen, auszugleichen. Geht man vereinfachend von einer gleichbleibenden Sparquote aus, so muß die Nachfrage nach Gütern um den für Umweltschutz ausgegebenen Betrag sinken. Dies wiederum führt zu negativen Produktionseffekten und einer Verringerung von Arbeitsplätzen vor allem bei den Herstellern von Verbrauchsgütern und im tertiären Sektor (Handel, Dienstleistungen).

Saldiert man die positiven und negativen Effekte, so werden in Baden-Württemberg als Folge der derzeitigen Luftreinhaltepolitik etwa 600 neue Arbeitsplätze geschaffen. Es entsteht ein Produktionseffekt von ca. 180 Mio DM/a.

Kostenbelastung bei der Steuer

Bei einer Steuer wird jeder Emittent erstens mit den Kosten der bei ihm eingesetzten Emissionsminderungsmaßnahme und zweitens mit der Steuer für die nach Durchführung der Minderungsmaßnahme noch verbleibenden Emissionen belastet.

Bei der Steuerlösung sind die Emittenten somit im allgemeinen mit höheren Kosten beaufschlagt als bei der Auflagenlösung. Entsprechend sind auch die Wettbewerbsnachteile gegenüber Konkurrenten auf dem Weltmarkt, die keine oder geringere Umweltschutzkosten zu tragen haben, höher.

Wie bei der Auflage sollen auch bei der Steuer die volkswirtschaftlichen Auswirkungen mit Hilfe einer Input-Output-Analyse berechnet werden.

Dazu wird zunächst der Fall einer Steuer von 3,52 DM/kg SÄQ behandelt; bei dieser Steuerhöhe stellt sich die gleiche Emissionsminderung wie im Referenzfall ein. Diese Emissionsminderung kostet jedoch nur noch 803 Mio DM/a, gegenüber dem
Referenzfall werden somit 230 Mio DM/a eingespart. Zusätzlich werden jedoch für die verbleibenden Restemissionen von 535,5 kt SÄQ/a Steuern in Höhe von 1,9 Mrd. DM/a erhoben. Die durchschnittliche Kostenbelastung der betrachteten Branchen beträgt ca. 0,4 % des Nettoproduktionswertes.

Neben dem Elektrizitätssektor müssen insbesondere die Sektoren 'Steine, Erden und Glas' mit 4,0 % des Nettoproduktionswertes, 'Papier und Druck' mit 1,3 % und 'Holz, Leder, Textilien und Bekleidung' mit 0,5 % stärkere Kostenbelastungen hinnehmen. Dabei ist immer zu bedenken, daß es sich um sektorspezifische Mittelwerte handelt, für einzelne Unternehmen können auch wesentlich höhere Kostenbelastungen auftreten.

Bei höheren Steuersätzen steigen auch die Kosten entsprechend an. So beträgt die Kostenbelastung des Sektors 'Steine, Erden und Glas' bei 5 DM/kg SÄQ schon 5,3 % und bei 10 DM/kg SÄQ sogar 9,5 % des Nettoproduktionswertes.

Kosten in solcher Größenordnung können zweifellos zu erheblichen Wettbewerbsnachteilen gegenüber Betrieben, bei denen solche Kosten nicht entstehen, führen. Die besonders betroffenen Sektoren 'Steine, Erden, Glas' und 'Papier und Druck' erwirtschaften etwa 2 % des gesamten Bruttoinlandsprodukts von Baden-Württemberg.

Die zusätzliche Kostenbelastung gegenüber der Auflagenlösung wird oft als gravierender Nachteil der Steuerlösung bezeichnet; insbesondere wird argumentiert, daß die bei einigen Branchen vorhandene Gefährdung der Wettbewerbsfähigkeit und die damit evtl. verbundene Gefährdung von Arbeitsplätzen die politische Durchsetzung einer Steuer unmöglich mache, weil sowohl Arbeitgeber als auch Arbeitnehmer wegen der beschriebenen Gefahren gegen eine Steuer seien.

Da die bisherigen Untersuchungen aber die Vorteilhaftigkeit der Steuer als Instrument, das über den Markt optimale Emissionsminderungen erreicht, gezeigt haben, sollte das Instrument der Steuer nicht vorschnell beiseite gelegt werden. Vielmehr ist es eher angebracht, stattdessen eine möglichst weitgehende Durchsetzung der Steuerlösung auch in anderen Ländern und Staaten zu erreichen, um Wettbewerbsnachteile zu vermeiden. Werden Schadstoffsteuern nur in der Bundesrepublik, nicht aber in anderen Ländern eingeführt, obwohl in diesen Ländern vergleichbare Schäden entstehen, so kommt es zu dynamischen Anpassungsprozessen (Verlagerung von Produktion und Arbeitsplätzen), die Kosten verursachen, denen kein Nutzengewinn gegenübersteht. Im Hinblick auf den Anfang 1993 vollzogenen gemeinsamen Binnenmarkt innerhalb der EG ist es weder sinnvoll noch juristisch ohne weiteres durchsetzbar, eine Steuer für Luftschadstoffe nur für Baden-Württemberg oder die Bundesrepublik Deutschland festzusetzen; wie bei den Auflagen sollte man auch bei Steuern EG-weite Regelungen anstreben.

Auch wenn eine EG-weite Regelung erfolgt, so verbleiben allerdings noch Wettbewerbsnachteile gegenüber Konkurrenten aus Nicht-EG-Ländern. Sofern geringere Umweltschutzsteuern in anderen Ländern auf geringeren Grenzschäden beruhen, etwa infolge wiederstandsfähiger Flora und Fauna, so sind die entsprechenden Wettbewerbsvorteile als Standortvorteile zu werten, die einer optimalen globalen Allokation der volkswirtschaftlichen Ressourcen und daher dem Erreichen eines Wohlfahrtsoptimums nicht entgegenstehen. Dies führt dann dazu, daß die Produktion emissionsintensiver Produkte dorthin verlagert wird, wo die Emissionen keine oder geringere Schäden verursachen. Die im Inland freiwerdenden Ressourcen können statt dessen für die Produktion emissionsärmer herzustellender Produkte eingesetzt werden. Beruhen die geringeren Umweltschutzkosten der Konkurrenten dagegen auf mangelndem Umweltbewußtsein trotz vergleichbar hoher Schäden, so sind Gegenmaßnahmen legitim, um Fehlallokationen volkswirtschaftlicher Ressourcen zu vermeiden.

Eine mögliche Gegenmaßnahme ist insbesondere die Erhebung einer Einfuhrsteuer auf emissionsintensiv erzeugte Produkte. Die Höhe dieser Einfuhrsteuer könnte sich an der Differenz der Umweltschutzkosten, die bei der Erzeugung eines Gutes im Inland und im Exportland entstehen, orientieren. Parallel zur Einfuhrsteuer könnten exportierte Waren mit einer Subvention in Höhe der aufgewendeten Umweltschutzkosten bedacht werden, um gleiche Wettbewerbschancen zu erreichen.

Auf lange Sicht erscheint es jedoch am vielversprechendsten, Informationen über die durch Luftschadstoffe entstehenden Schäden zu verbreiten bzw. innerhalb internationaler Forschungsvorhaben zu erarbeiten und bekannt zu machen. Dadurch werden die Länder ohne oder mit geringeren Umweltschutzmaßnahmen motiviert, die entstehenden volkswirtschaftlichen Schäden mit zu betrachten und gegebenenfalls ihre Umweltschutzgesetzgebung an die der EG anzupassen.

In diesem Zusammenhang ist auch zu erörtern, wie denn die vom Staat eingenommene Steuer verwendet werden soll.

Naheliegend erscheint zunächst, die Steuer zur Abgeltung der verursachten Schäden einzusetzen; also etwa Waldbesitzern die infolge geringen Baumwachstums entstehenden Vermögensschäden zu ersetzen oder den Fassadenanstrich in Gebieten mit hohen Immissionen zu subventionieren. Dies ist allerdings in vielen Fällen nicht möglich, weil bis jetzt eine genaue Quantifizierung der Schäden auf Grund der häufig nicht bekannten Immissions-Wirkungs-Beziehungen oft nicht möglich ist; somit fehlt meist eine Grundlage für die Berechnung der zu zahlenden Entschädigung.

Darüber hinaus ist dann, wenn die Genzschäden bei abnehmenden Emissionen abnehmen, die Summe der Steuern höher als die Summe der Schäden. Dies gilt bei konvexer Schadensfunktion, weil dort die Grenzschäden mit abnehmendem Emissionsniveau kontinuierlich geringer werden. Es gilt aber auch bei linearer Schadensfunktion, wenn ein Schwellenwert vorliegt, unterhalb dem keine oder nur sehr geringe Schäden auftreten. In diesen Fällen bliebe also auch bei vollständiger Regulierung aller Schäden noch ein Teilbetrag für andere Verwendungen übrig.

Der Einsatz der nicht zur Entschädigung eingesetzten Schadstoffsteuer zur Erhöhung der allgemeinen Steuereinnahmen des Staats erscheint nicht gerechtfertigt, weil die zusätzliche Einnahme nicht mit zusätzlich zu übernehmenden staatlichen Aufgaben gerechtfertigt werden kann.

Ein anderer Vorschlag besteht darin, die Steuer gezielt zur Förderung der Entwicklung und des Einsatzes von Emissionsminderungstechniken zu verwenden - in diesem Fall würde man nicht von Steuern, sondern von einer Abgabe sprechen. Wird dabei der volle Abgabensatz entsprechend der Grenzschäden erhoben, so führt dies dazu, daß auch Emissionsminderungsmaßnahmen durchgeführt werden, deren 'Grenzkosten' höher sind als die Grenzschäden, so daß Abweichungen von der optimalen Emissionsminderungsstrategie und zu hohe Emissionsminderungen die Folge sind. Als Kompromiß denkbar wäre die Absenkung der Abgabe um X % unter die Grenzschäden und die gleichzeitige Subventionierung von Emissionsminderungsmaßnahmen mit X % der Kosten. In diesem Fall bliebe die Relation zwischen Schadstoffminderungskosten und Grenzschäden erhalten, es würden somit nach wie vor die optimalen Emissionsminderungsmaßnahmen durchgeführt. Gleichzeitig würde die Kostenbelastung der Emittenten um X % reduziert. Als Nachteil folgt jedoch aus der Subventionierung von Abgabe und Kosten der Emissionsminderung, daß der Preis der mit hohen Emissionen oder hohen Minderungskosten hergestellten Güter und Dienstleistungen i. a. unter den entstehenden Kosten liegt. Die Anreize zur Umstellung auf emissionsärmere Produkte oder Herstellverfahren sind daher zu gering.

Als beste Verwendung der nicht für Entschädigungen eingesetzten Steuer ergibt sich unter Berücksichtigung der bisher vorgetragenen Argumente folgendes: Die Steuer wird den Einnahmen des Staates aus Steuern pauschal zugeschlagen. Die allgemeinen Steuern (z. B. Körperschaftssteuer, Gewerbesteuer, Einkommenssteuer) werden gleichzeitig soweit herabgesetzt, daß das Einkommen des Staates trotz der zusätzlich erhobenen Umweltsteuer konstant bleibt; gegebenenfalls ist eine Erhöhung der Einnahmen in Höhe des Verwaltungsaufwandes für die Erhebung der Steuer zulässig. Wichtig ist, daß die Steuererleichterungen unabhängig von den Umweltschutzkosten gewährt werden. Dieses Vorgehen hat den Vorteil, daß höhere Kostenbelastungen der Industrie insgesamt durch eine Schadstoffsteuer nicht mehr auftreten, da die Ausgaben für die Umweltsteuer durch Steuererleichterungen kompensiert werden. Innerhalb der Sektoren, etwa der Industrie, kommt es jedoch zu Verlagerungen der Kostenbelastung. Emissionsarm produzierende Unternehmen werden sogar entlastet, da hier der Steuererleichterung nur geringe Umweltschutzkosten und Schadstoffsteuern gegenüberstehen. Mit hohen Emissionen oder hohen Umweltschutzkosten produzierende Unternehmen werden stärker belastet. Das Erreichen eines Wohlfahrtsoptimums wird somit nicht beeinträchtigt.

Solche Steuerentlastungen können bei der Input-Output-Analyse berücksichtigt werden. Es zeigt sich, daß bei entsprechender Ausgestaltung der Entlastung sogar im Sektor Steine, Erden und Glas Mehrkosten fast ganz vermieden werden können. Zusätzliche Kosten treten dann nur noch bei der Elektrizitätsversorgung, im Verkehr und bei den privaten Haushalten auf.

Kostenbelastung bei Zertifikaten

Werden die Zertifikate versteigert, so entspricht die Kostenbelastung derjenigen bei einer Schadstoffsteuer; sie setzt sich zusammen aus den Kosten der Emissionsminderungsmaßnahmen und den Kosten für die Zertifikate. Letztere entsprechen den Kosten für die Steuer. Somit gelten die Aussagen, die für die Steuer gemacht wurden, auch für Zertifikate.

Um die Kostenbelastung für die Emittenten zu senken, wird häufig der Vorschlag gemacht, die Zertifikate kostenlos abzugeben (siehe Kap. 6.3). Die gesamte Kostenbelastung entspricht dann derjenigen der Auflagenpolitik, da hier wie dort die Restemissionen kostenlos an die Luft abgegeben werden können. Allerdings kann es auf Grund der Handelbarkeit der Zertifikate zu Verschiebungen der Kostenbelastung bei Veränderungen der Ausgangsbedingungen kommen. Insbesondere sind Neuemittenten und Firmen, die ihre Produktion ausweiten wollen, systematisch benachteiligt, da sie die Emissionsrechte nicht kostenlos erhalten, sondern auf dem Zertifikatmarkt zukaufen müssen.

Daneben ist - wie bei der Auflage auch - wenig einsichtig, warum ein Emittent, der mit umweltbelastenden Verfahren produziert, mehr Schadstoffe kostenlos emittieren darf als etwa ein Produzent, der mit umweltverträglichen Verfahren und Brennstoffen arbeitet. Das Verursacherprinzip ist hierbei somit nicht gewährleistet, dem Ziel des Erreichens eines Wohlfahrtsoptimums abträgliche Kostenverzerrungen sind die Folge.

Zusammenfassende Bewertung

Die Kostenbelastung der Betreiber von Emissionsquellen ist bei Auflagen und bei kostenlos abgegebenen Zertifikaten am geringsten. Allerdings entspricht die Kostenverteilung nicht dem Verursacherprinzip, da Restemissionen, die nach dem derzeitigen Stand der Technik nicht gemindert werden können, kostenlos emittiert werden dürfen.

Bei der Steuer und bei Zertifikaten (soweit sie nicht kostenlos abgegeben werden) kommen zu den Kosten der Schadstoffminderung noch die Kosten für die Steuer bzw. den Kauf der Zertifikate hinzu; die Kostenbelastung der Unternehmen ist höher als bei der Abgabe. Insbesondere bei einigen Branchen der Grundstoffindustrie (Steine und Erden, Glas, Zellstoff, Papier) können diese Mehrkosten zur Gefährdung der Wettbewerbsfähigkeit führen, wenn bei ausländischen Konkurrenten entsprechende Umweltschutzkosten nicht auftreten. Um diesen Nachteil zu vermeiden,

- sollten Umweltsteuern und Zertifikate EG-weit einheitlich eingeführt werden,
- können die Umweltsteuern zu allgemeinen Steuer- bzw. Abgabenentlastungen eingesetzt werden; das Ausmaß der Entlastung darf dabei keinen Bezug zu den gezahlten Umweltsteuern bzw. den Zertifikatkosten haben.

7 Zusammenfassung und Schlußfolgerungen

1. Ziel dieser Arbeit ist die Entwicklung und Anwendung von Verfahren, mit denen optimale Luftreinhaltestrategien ermittelt werden können, und die Bewertung von umweltpolitischen Instrumenten zur Realisierung gewünschter Luftreinhaltestrategien.
2. Ausgehend vom globalen Ziel politischen Handelns, die Wohlfahrt zu maximieren, ist eine optimale Luftreinhaltestrategie definiert als dasjenige Bündel von Maßnahmen zur Verringerung von Luftschadstoffemissionen, bei dessen Einsatz die Summe aus
   - den monetarisierten Schäden, die durch die Restemissionen entstehen, und
   - den Kosten, die durch die Durchführung von Emissionsminderungsmaßnahmen entstehen,

   minimiert wird. Die Existenz einer Wohlfahrtsfunktion wird dabei vorausgesetzt.
3. Um aus dieser Definition konkrete Handlungsanweisungen ableiten zu können, muß der Zusammenhang zwischen dem Grad der Verminderung der Emissionen und den dafür aufzuwendenden Kosten ermittelt werden.

   Die Umweltökonomie geht bisher davon aus, daß sich der Zusammenhang zwischen Kosten und Emissionsminderung durch eine stetige, konvexe Kurve darstellen läßt, daß also die Kosten für die Reduzierung der Emissionen um eine Schadstoffeinheit umso höher werden, je mehr die Emissionen bereits vermindert sind.

   Die Analyse der praktisch verfügbaren Maßnahmen und deren Kosten zeigt jedoch, daß diese Annahme nicht zutrifft. Vielmehr ist die Kostenfunktion nicht stetig, sie besteht vor allem aus singulären Punkten und konkaven Teilfunktionen.

   Die Ableitung von Handlungsweisungen muß daher unter Berücksichtigung des anhand realer Daten ermittelten Zusammenhangs zwischen Kosten und Emissionen neu abgeleitet werden.
4. Die weitere Analyse zeigt, daß prinzipiell nur bestimmte Punkte der Kostenfunktion, also bestimmte genau definierte Maßnahmen, für eine optimale Emissionsminderungsstrategie in Frage kommen. Insbesondere kommt i. a. nur der vollständige Einsatz einer Maßnahme in Betracht;

beispielsweise ist eine Entschwefelung des vollen Rauchgasvolumenstroms einer Teilentschwefelung vorzuziehen, die vollständige Substitution von schwerem Heizöl durch leichtes Heizöl kann effizient sein, eine Teilsubstitution ist jedoch auf jeden Fall weniger effizient.

5. Über den Zusammenhang zwischen Luftschadstoffemissionen und verursachten Schäden ist noch sehr wenig bekannt, insbesondere fehlen quantitative Angaben. Um dennoch optimale Luftreinhaltestrategien ermitteln zu können, müssen Annahmen über die Schadensfunktion, die den Zusammenhang zwischen Schäden und Emissionen angibt, getroffen werden.

   Es werden folgende Annahmen getroffen:

   - Der Schaden ist eine Funktion der gewichteten Summe der Schadstoffemissionen aller Emittenten:

$$s(\vec{r})=\sum_k s_k\Big(\sum_i \alpha_{ik}(\vec{r})\cdot E_{ik,r},\vec{r}\Big) \tag{7.1}$$

$s(\vec{r})$	:	monetarisierter Schaden (in DM) am Ort $\vec{r}$,
s_k	:	Schadensfunktion für den Schadstoff k am Ort $\vec{r}$,
α_{ik}	:	Funktion der Ausbreitung und chemischen Umwandlung für den Schadstoff k des Emittenten i, berücksichtigt u. a. die Wetterlagen während des Betrachtungszeitraums,
E_{ik}	:	Emission des Schadstoffs k beim Emittenten i.

   - Die Schadensfunktion ist konvex, d. h., bei einer marginalen Erhöhung der Emissionen bleibt der marginale Schaden, der zusätzlich entsteht, gleich oder er nimmt zu.

6. Bei Berücksichtigung dieser Annahmen läßt sich ableiten, daß die Maßnahmen M_{ij}, aus denen sich die optimale Emissionsminderungsstrategie zusammensetzt, für jede Emissionsquelle i mit folgender Gleichung berechnet werden können:

$$\sum_k \beta_{ik} EM_{ijk} - K_{ij} \overset{!}{=} max. \quad \text{für alle i mit} \tag{7.2}$$

EM_{ijk}	=	Emissionsminderung des Schadstoffs k bei Emissionsquelle i gegenüber dem Fall ohne Emissionsminderungsmaßnahme bei Durchführung der Maßnahme oder Maßnahmenkombination M_{ij},
K_{ij}	=	Kosten der Maßnahme oder Maßnahmenkombination M_{ij} beim Emittenten i,
β_{ik}	=	marginaler Schaden bei Emission einer zusätzlichen Einheit des Schadstoffs k bei der Emissionsquelle i, ausgehend vom Zustand bei Durchführung der optimalen Luftreinhaltestrategie.

Das komplexe Optimierungsproblem ist somit in getrennte Optimierungsrechnungen für jede Emissionsquelle aufgespalten; da die Zahl der in Frage kommenden Maßnahmen pro Emissionsquelle begrenzt ist, lassen sich die Gl. 7.2 durch einen einfachen EDV-gestützten Optimierungsalgorithmus auch für eine große Anzahl von Emissionsquellen lösen.

7. Die derzeit noch fehlenden Kenntnisse über den quantitativen Zusammenhang zwischen Schäden und Emissionen lassen eine wissenschaftlich fundierte Berechnung der Grenzschäden β_{ik} nicht zu. Diese müssen daher im Rahmen eines gesellschaftlichen Entscheidungsprozesses festgelegt werden. Um Entscheidungshilfen für diese Festlegung bereitzustellen, können Kostenkurven der Schadstoffminderung errechnet werden. Dazu werden die optimalen Emissionsminderungsstrategien für alle möglichen Werte von β bestimmt. Es ergibt sich eine endliche Zahl von Emissionsminderungsstrategien, die jeweils für einen bestimmten Wertebereich von β optimal sind. Diese Strategien können durch die erreichte Emissionsminderung und durch die aufzuwendenden Kosten charakterisiert werden.

Trägt man diese Kosten über der Emissionsminderung für alle optimalen Emissionsminderungsstrategien auf, so erhält man eine Folge singulärer Punkte. Verbindet man benachbarte Punkte durch eine Strecke, so erhält man einen konvexen Polygonzug, dieser entspricht der Kostenkurve der Schadstoffminderung. Die Steigungen der Strecken, die von links und rechts an jeden Eckpunkt heranreichen, stellen den oberen und unteren Wert des Grenzschadenintervalls dar, bei dem der Eckpunkt die optimale Emissionsminderungsstrategie repräsentiert. Die Steigungen der genannten Strecken werden im folgenden als spezifische Differenzkosten bezeichnet.

Aus dieser Kurve kann folgendes entnommen werden:

- die minimalen Kosten, um eine gewünschte Emissionsminderung zu erreichen,
- die maximal mögliche Emissionsminderung, die mit gegebenem Kostenaufwand realisiert werden kann,
- die Emissionsminderung und die Kosten, die bei Vorgabe eines spezifischen Grenzschadens β_k im optimalen Fall entstehen.

Eine solche Kostenkurve ist daher als Entscheidungsgrundlage geeignet, um den für die Berechnung der optimalen Luftreinhaltestrategie benötigten Grenzschaden β festzulegen.

8. Beispielhaft wurde eine solche Kostenkurve für die simultane Verminderung der Emissionen der Schadstoffe SO_2 und NO_x im Jahr 2000 bei allen Emissionsquellen in Baden-Württemberg berechnet. Dabei wurden die SO_2- und NO_x-Emissionen entsprechend ihrer Schädigungswirkung in Schadstoffäquivalente (SÄQ) umgerechnet, 1 kg SÄQ entspricht 1 kg SO_2 oder 0,571 kg NO_x.

Es wird von den SO_2- und NO_x-Emissionen, die im Jahr 2000 ohne Emissionsminderungsmaßnahmen entstehen würden, ausgegangen. Diese betragen 885 000 t SÄQ/a bzw. 240 000 t SO_2/a und 368 000 t NO_x/a (entsprechend 644 000 t SÄQ/a durch NO_x). Aus Abb. 7.1 ist erkennbar, daß beim derzeitigen Stand der Schadstoffminderungstechnik die SO_2-

Emissionen kostengünstiger und auch weitgehender gemindert werden können wie die NO_x-Emissionen.

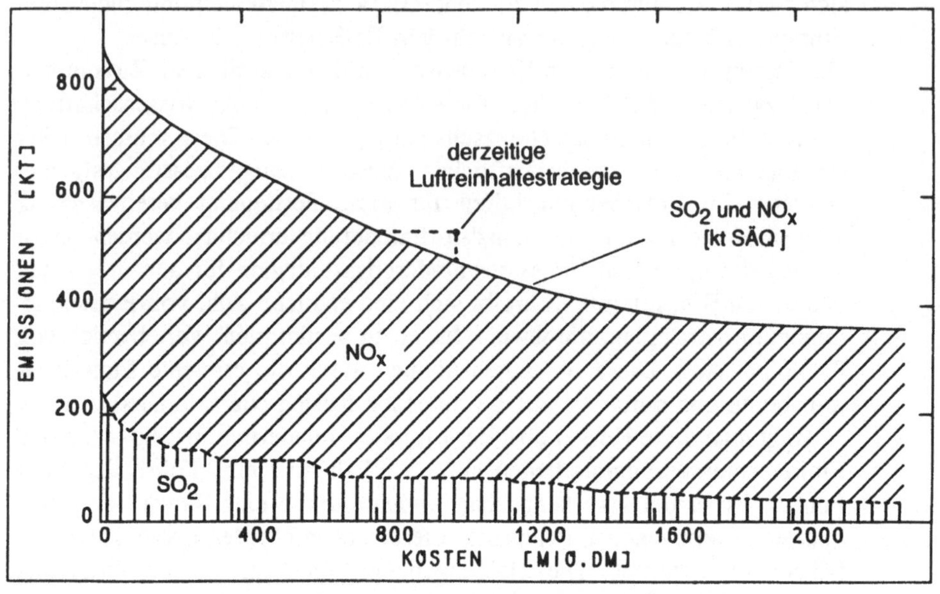

Abb. 7.1: Kostenkurve der Minderung von SO_2- und NO_x-Emissionen

9. Prinzipiell kann der Staat vor allem drei Typen von umweltpolitischen Instrumenten einsetzen, um die gewünschte Luftreinhaltestrategie in die Praxis umzusetzen:
   - Erstens kann jedem Betreiber von Emissionsquellen die jeweils einzusetzende Maßnahme oder das zu erreichende Emissionsniveau vorgeschrieben werden. Dies entspricht einer differenzierten Auflagenpolitik.
   - Zweitens kann eine Abgabe oder Steuer pro emittierter Schadstoffeinheit festgelegt werden. Dies bewirkt, daß die Emittenten die jeweils optimale Maßnahme selbst ermitteln und durchführen.
   - Drittens kann das gewünschte Emissionsniveau festgelegt und eine entsprechende Anzahl von Zertifikaten, die zusammen die Emission der festgelegten Menge an Luftschadstoffen gestatten, ausgegeben werden. Die Zertifikate sind handelbar, es wird dadurch den Betreibern von Emissionsquellen ermöglicht, die jeweils effizientesten Maßnahmen durchzuführen.

Daneben gibt es eine Reihe von Misch- und Sonderformen der genannten drei Grundtypen, z. B. die in den USA angewandten Instrumente 'bubble policy', 'offset policy' und 'banking of emission reduction credits' oder die in Baden-Württemberg mit Erfolg eingesetzte Kooperationslösung.

Das als weiteres grundsätzliches Instrument in Frage kommende Instrument der Erweiterung des Haftungsrechts scheitert im Falle der Luftreinhaltung meist daran, daß nicht zweifelsfrei nachgewiesen werden kann, daß bestimmte Schäden durch bestimmte Luftschadstoffemissionen verursacht werden. Darüberhinaus wird die Durchsetzung von Ansprüchen durch die Vielzahl der Emissionsquellen, die zu den Immissionen beitragen, erschwert.

Instrumente, bei denen Umweltschutzmaßnahmen subventioniert werden, werden ebenfalls von der weiteren Betrachtung ausgeschlossen, weil sie dem Verursacherprinzip widersprechen und zu einer überhöhten Nachfrage nach den subventioniert produzierten Gütern führen.

Die drei näher untersuchten Grundtypen umweltpolitischer Instrumente - Auflage, Abgabe/Steuer oder Zertifikate - führen in der Theorie alle gleichermaßen zur Durchführung der optimalen Emissionsminderungsstrategie. In der Praxis treten allerdings Abweichungen auf.

10. Für die Bewertung der umweltpolitischen Instrumente werden vier Kriterien herangezogen:
- die Zielerreichung,
- die dynamische Anpassungsfähigkeit an veränderte Rahmenbedingungen,
- die Anreizwirkung zur Erzielung technischen Fortschritts bei der Emissionsminderung und
- die Kostenverteilung.

Das Kriterium der ***Zielerreichung*** mißt, wie nahe man durch den Einsatz eines umweltpolitischen Instruments der optimalen Emissionsminderungsstrategie kommt. Zur quantitativen Berechnung der Zielerreichung wird sowohl die Abweichung der Kosten der Emissionsminderung von den Kosten der optimalen Strategie als auch die Abweichung der Emissionsminderung von der Minderung der optimalen Strategie quantitativ ermittelt.

Mit dem Kriterium der ***dynamischen Anpassungsfähigkeit an veränderte Rahmenbedingungen*** wird bewertet, inwieweit die erforderlichen Änderungen der optimalen Emissionsminderungsstrategie bei veränderten äußeren Rahmenbedingungen automatisch bewältigt werden, ohne daß der Staat die Ausprägung der Instrumente (z. B. Grenzwerte, Steuersatz, Zertifikatsmenge) verändern muß. Sich verändernde äußere Rahmenbedingungen sind z. B. das Ausgangsemissionsniveau, das durch Anlagenstillegung, Neubau von Anlagen, Produktionserweiterungen, Produktionsumstellungen usw. erhöht oder erniedrigt wird, und das Vorhandensein neuer oder verbesserter Emissionsminderungsmaßnahmen.

Durch das Kriterium ***Anreizwirkung zur Entwicklung technischen Fortschritts*** soll überprüft werden, inwieweit bei Einsatz der umweltpolitischen Instrumente ein Anreiz zur Verbesserung des Standes der Technik entsteht.

Das Kriterium ***Kostenverteilung*** untersucht, welche Kosten die einzelnen Emittentengruppen zu tragen haben und ob dadurch Wettbewerbsnachteile entstehen.

11. Die Zielerreichung der Auflagenpolitik läßt sich quantitativ bewerten, indem man beispielhaft die Auswirkungen der derzeit in der Bundesrepublik angewandten Luftreinhaltepolitik mit den Auswirkungen optimaler Strategien vergleicht.

Die nach 1984 eingeleiteten umweltpolitischen Maßnahmen zur Luftreinhaltung, insbesondere die Verabschiedung der Großfeuerungsanlagenverordnung, die Novellierung der TA Luft, die Festsetzung des maximalen Schwefelgehalts in leichtem Heizöl und Diesel auf 0,2 % und die neuen EG-Grenzwerte für Pkw-Emissionen, führen im Jahr 2000 in Baden-Württemberg zu der folgenden Emissionsminderung gegenüber dem Emissionsniveau ohne Emissionsminderungsmaßnahmen.

Die SO_2-Emissionen betragen statt 240 000 t/a nur 91 000 t/a, sie sind um 62 % reduziert. Die NO_x-Emissionen werden von 368 000 t/a um 31 % auf 254 000 t/a abgesenkt.

Diese Emissionsminderungen verursachen Kosten von 1,03 Mrd DM/a in Baden-Württemberg.

Der Vergleich mit der optimalen Luftreinhaltestrategie ergibt folgendes:

- Die Mehrkosten der derzeit angewandten Auflagenpolitik gegenüber der optimalen Emissionsminderungsstrategie betragen mindestens 230 Mio. DM/a, dies sind immerhin 22 % der insgesamt für die Minderung von SO_2 und NO_x eingesetzten Kosten.
- Mit den eingesetzten 1,03 Mrd. DM/a ließe sich bei Durchführung optimaler Maßnahmen eine zusätzliche Emissionsminderung von 56 000 t SÄQ erreichen.
- Der Abgaben- bzw. Steuersatz, mit dem sich die gleiche Emissionsminderung wie bei der derzeitigen Luftreinhaltepolitik in Baden-Württemberg erreichen läßt und der damit alternativ zur derzeitigen Auflagenpolitik einzusetzen wäre, beträgt 3,52 DM/kg SO_2 und 6,16 DM/kg NO_x.

Effiziente Maßnahmen, die bei der derzeitigen Auflagenpolitik nicht durchgeführt werden, sind u. a.

- die Verwendung von NO_x-armen Brennern in kleineren Anlagen ($\leq$ 1 MW), z. B. Hausheizungen,
- die Substitution von Kohle durch leichtes Heizöl und Erdgas bei kleineren Anlagen (< 1 MW)
- die Substitution durch Erdgas oder der Einbau von Rauchgasentschwefelungsanlagen bei mit Kohle oder schwerem Heizöl gefeuerten genehmigungsbedürftigen Anlagen (> 5 MW) mit hoher Auslastung.

12. Die Zielerreichung der Auflagen läßt sich verbessern, indem man die Auflage individuell an die Gegebenheiten der verschiedenen Emissionsquellen anpaßt. Je differenzierter die Auflage, umso mehr läßt sich die durchgeführte Emissionsminderungsstrategie der optimalen annähern, um so besser ist also die Zielerreichung. Dabei ist neben Anlagenart, Leistung und Brennstoff vor allem auch die Auslastung der Anlage als Kriterium für die Ermittlung der Auflagenhöhe heranzuziehen.

13. Auch bei Schadstoffsteuern treten in der Praxis Abweichungen von der optimalen Strategie ein.

Diese Abweichungen erfolgen vor allem durch fehlende oder ungenaue Kenntnisse der Emittenten über Emissionsminderungsmöglichkeiten, Probleme mit der Reststoffbeseitigung, fehlende Investitionsmittel, Bequemlichkeit, Befürchtung der Einschränkung der Flexibilität infolge Kapitalbindung und durch in der Industrie oft geforderte zu kurze pay-back- bzw. Abschreibungszeiten.

Mangels empirischer Daten ist es nicht möglich, die dadurch bedingten Abweichungen vom Optimum zu quantifizieren. Die meisten der genannten Hemmnisse für die Umsetzung der optimalen Luftreinhaltestrategie bei der Verwendung von Abgaben bzw. Steuern lassen sich jedoch durch flankierende politische Maßnahmen zum großen Teil beseitigen.

Daher wird die Zielerreichung durch Steuern als sehr gut eingeschätzt.

14. Bei Zertifikaten gelten die bei Abgaben/Steuern genannten Hemmnisse ebenfalls. Es treten jedoch noch eine Reihe weiterer Probleme auf, die das Erreichen optimaler Strategien mit Zertifikaten gefährden.

So ist zu vermuten, daß die Emittenten, um bei Bedarf die Produktion erhöhen zu können oder um trotz Ausfall der Schadstoffminderungsanlage weiter produzieren zu können, mehr Zertifikate halten als sie voraussichtlich benötigen. Dies gilt auch deshalb, weil die kurzfristige Beschaffung von zusätzlichen Zertifikaten auf dem Zertifikatmarkt wegen der Inflexibilität der Emittenten, die in langfristig abzuschreibende Emissionsminderungstechniken investiert haben, nur eingeschränkt und - gemessen am langfristigen Gleichgewichtspreis - zu überhöhten Preisen möglich ist.

Darüber hinaus hängt der Zertifikatpreis vom Verhalten vieler Marktteilnehmer ab - Zertifikatpreisschwankungen vergleichbar etwa mit Aktienkursschwankungen können die Folge sein. Sowohl die möglichen Preisschwankungen selbst als auch die unterschiedlichen Erwartungen der Marktteilnehmer bzw. Emittenten über den zukünftigen Zertifikatpreis führen zu Abweichungen von der optimalen Minderungsstrategie.

Zu bedenken ist auch, daß Abweichungen von der optimalen Strategie durch einen Emittenten dazu führen, daß andere Emittenten ebenfalls nicht optimale Maßnahmen einsetzen müssen. Realisiert z. B. ein Emittent eine zu geringe, nicht optimale Emissionsminderung, so müssen andere Emittenten Emissionsminderungen durchführen, die über das optimale Maß hinausgehen. Dadurch entstehen zusätzliche Abweichungen vom Gesamtoptimum.

Zertifikate erfüllen somit das Kriterium 'Zielerreichung' deutlich schlechter als Steuern.

15. Bei Veränderung der Basisemissionen, die ohne Minderungsmaßnahmen entstehen würden, z. B. durch Erhöhung oder Verringerung der Produktion, Stillegung oder Neuansiedlung von Emissionsquellen oder Umstellung von Produktionsverfahren, verändert sich die optimale Emissionsminderungsstrategie. Das Kriterium der dynamischen Anpassungsfähigkeit bewertet,

inwieweit diese neue Strategie bei Einsatz der verschiedenen Instrumente automatisch, d. h. ohne staatliche Eingriffe, erreicht wird.

Bei linearer Beziehung zwischen Emissionen und Schäden wird das Kriterium sowohl von Steuern als auch von Auflagen optimal erfüllt. Bei Zertifikaten führt aber das Festhalten an einem konstanten Emissionsniveau dazu, daß der Zertifikatpreis sich ändert, ohne daß der Grenzschaden sich ändert, die Durchführung nicht optimaler Maßnahmen ist die Folge.

Darüberhinaus können starke kurzfristige Zertifikatpreisschwankungen dadurch entstehen, daß die Emittenten, die kapitalintensive Schadstoffminderungsmaßnahmen durchgeführt haben, während der Lebensdauer der Emissionsminderungsanlage auf diese Technik festgelegt sind. Sie können daher auf Zertifikatpreisänderungen nicht reagieren, die Preisänderungen werden dadurch verstärkt. Dieser Effekt kann unter Berücksichtigung der Emittentenstruktur Baden-Württembergs und der verfügbaren Minderungsmaßnahmen auch quantifiziert werden. Sinken z. B. - ausgehend von einem Gleichgewichtszertifikatpreis von 4 DM/kg SÄQ - die Emissionen etwa durch Stillegungen von Emissionsquellen oder Produktionsverringerungen um 25 kt SÄQ/a (ca. 3 % der Ausgangsemissionen) ab, so sinkt der Zertifikatpreis kurzfristig auf 2,50 DM/kg SÄQ. Volkswirtschaftliche Verluste von mindestens 75 Mio. DM/a sind die Folge.

16. Dynamische Anpassungsfähigkeit ist auch erforderlich, wenn infolge technischen Fortschritts neue oder verbesserte Minderungstechniken zur Verfügung stehen.

Bei linearer Schadensfunktion wird technischer Fortschritt von Steuern in idealer Weise berücksichtigt. Bei Auflagen führen nur neue oder verbesserte Maßnahmen, die den von der Auflage geforderten Grenzwert mit geringeren Kosten erreichen, zu automatischen Anpassungen. Führt technischer Fortschritt dagegen zu optimalen Maßnahmen mit verändertem Emissionsniveau, so sind von den Genehmigungsbehörden verfügte Anpassungen der Auflage erforderlich.

Auch bei Zertifikaten wird technischer Fortschritt nicht adäquat berücksichtigt. Wird eine neue Technik entwickelt und eingesetzt, die mehr Emissionen effizient mindert, so sinken die Zertifikatpreise solange, bis andere Emittenten die freigewordenen Zertifikate kaufen, um ihre Emissionen zu erhöhen. Wegen der bereits beschriebenen fehlenden Flexibilität der Emittenten kommt es kurzfristig zu starken Zertifikatpreisreduktionen, ohne daß die Grenzschäden entsprechend zurückgehen. Abweichungen vom Optimum sind die Folge.

17. Bei stark konvexer Schadensfunktion ist bei Änderung der äußeren Rahmenbedingungen bei jedem der untersuchten umweltpolitischen Instrumente eine Anpassung erforderlich.

Auch hier weisen jedoch Steuern Vorteile auf:
Bei ihnen kann der Zusammenhang zwischen Steuersatz und Emissionsniveau im vorhinein festgelegt werden, eine jährliche Anpassung bzw. Neufestsetzung der Steuer erfolgt dann automatisch auf Grund des jeweils

im Vorjahr erreichten Emissionsniveaus. Bei Auflage und Zertifikaten müssen dagegen die Anpassungen nachträglich abhängig vom erreichten technischen Fortschritt und den Änderungen im Ausgangsemissionsniveau festgelegt werden.

18. Das Kriterium 'Anreizwirkung zur Erzielung technischen Fortschritts' erfüllen Steuern in optimaler Weise.
Bei Zertifikaten besteht ebenfalls ein Anreiz zur Verbesserung des Standes der Technik. Allerdings wird dieser dadurch vermindert, daß die Anwendung der neu entwickelten Techniken den Zertifikatpreis verändert, ohne daß dies durch entsprechende Änderungen der Grenzschäden gerechtfertigt wäre. Diese Änderung des Zertifikatpreises vermindert den vom Emittenten eingesparten Betrag, also die Anreizwirkung. Somit ist die Erfüllung des Kriteriums bei Zertifikaten etwas schlechter als bei Steuern zu bewerten.

Bei Auflagen besteht zunächst nur ein Anreiz, die Auflage mit geringeren Kosten zu erfüllen, die Suche nach Lösungen mit veränderter Emissionsminderung bleibt ausgegrenzt. Diese eingeschränkte Anreizwirkung läßt sich zum Teil dadurch verbessern, daß

- durch Subventionen eine entsprechende Steuerung stattfindet und
- die konsequente Anwendung von Dynamisierungsklauseln Anbietern von neuen Techniken die Gewißheit bietet, daß ihr Produkt von den Emittenten eingesetzt wird.

Allerdings müssen hier Steuerungen, die der Markt bei der Steuerlösung von selbst vornimmt, von der öffentlichen Hand durchgeführt werden.

19. Die derzeitige auflagenorientierte Politik zur Begrenzung der SO_2- und NO_x-Emissionen führt zu durchschnittlichen Kostenbelastungen der Wirtschaftssektoren (ohne private Haushalte) von 0,2 % des Nettoproduktionswertes der Sektoren. Vergleichbare Kostenbelastungen entstehen auch bei Zertifikaten, sofern sie zu Anfang kostenlos ausgegeben werden. Dabei sind sowohl die direkten Kosten für Luftreinhaltemaßnahmen als auch die indirekten Kosten, die durch Umweltschutz bei den vorgelagerten Produktionsprozessen entstehen, berücksichtigt. Überdurchschnittlich hohe Kosten entstehen bei der Stromerzeugung und bei einigen Branchen der Grundstoffindustrie.

Bei Schadstoffsteuern und bei Zertifikaten, die anfangs versteigert werden, werden die Betreiber von Emissionsquellen mit höheren Kosten beaufschlagt, weil zusätzlich zur Emissionsminderungsmaßnahme noch die Steuern bzw. die Zertifikate für die Restemissionen zu bezahlen sind. So steigt z. B. die Kostenbelastung des Sektors 'Steine, Erden und Glas' von 1,4 % des Nettoproduktionswertes bei der derzeitigen Auflagenpolitik auf 4 % bei einer Steuer von 3,52 DM/kg SÄQ.

Die Kostenbelastung liegt bei Steuern und versteigerten Zertifikaten insbesondere bei einigen Branchen der Grundstoffindustrie (Steine und Erden, Glas, Zellstoff, Papier) in einer Größenordnung, die zu einer Gefährdung der Wettbewerbsfähigkeit führen kann, wenn bei ausländischen Konkurrenten entsprechende Umweltschutzkosten nicht auftreten.

Es ist daher wünschenswert, Abgaben EG-weit einzuführen; nationale Alleingänge sind nicht empfehlenswert. Darüberhinaus können die Einnahmen des Staates aus der Schadstoffsteuer bzw. dem Zertifikatverkauf für allgemeine Kostenentlastungen der Unternehmen verwendet werden, um die Wettbewerbsfähigkeit generell zu stärken. Mit einer solchen Strategie läßt sich sogar eine Kostenentlastung und damit eine Steigerung der Wettbewerbsfähigkeit für alle Industriesektoren mit Ausnahme des Sektors 'Energieversorgung' erreichen.

20. Zusammenfassend ergibt sich folgende Bewertung:
Steuern erfüllen die aufgestellten Kriterien zur Bewertung umweltpolitischer Instrumente dann am besten, wenn es eher darauf ankommt, Abweichungen von den Grenzkosten des Umweltschutzes im Optimum zu vermeiden als Abweichungen von der Umweltqualität. Dies ist näherungsweise dann der Fall, wenn sich der Betrag der 'Grenzkosten' der Schadstoffminderung in der Umgebung des Optimums schneller ändert als der Betrag des monetarisierten Grenzschadens (also des Schadens, der durch die Emission einer zusätzlichen Einheit Schadstoff entsteht).

Insbesondere bei linearer Schadensfunktion ist eine Steuer das ideale, am besten geeignete Instrument.

Ist die Schadensfunktion streng konvex, steigt also der Grenzschaden mit steigenden Emissionen an, so müßte die Steuer eigentlich

- variabel als Funktion der Höhe der Umweltbeeinträchtigung und zudem
- zeit- und ortsabhängig festgelegt werden.

Solche Festlegungen sind aber derzeit kaum praktikabel, zumal über den quantitativen Zusammenhang zwischen der Beeinflussung natürlicher Ressourcen und Schäden kaum Kenntnisse vorliegen.

Steuern sind daher insbesondere dann vorteilhaft, wenn die Schadensfunktion im betrachteten Umweltqualitätsbereich als näherungsweise linear gelten kann.

Wenn über Schadensfunktionen bzw. die quantitativen Zusammenhänge nichts bekannt ist, ist eine lineare Beziehung eine brauchbare Hypothese, auch in diesen Fällen bietet sich die Steuer als Instrument an.

Dies gilt jedoch nur solange, als man sich nicht im Wertebereich erheblicher Schäden und Gefährdungen etwa für die menschliche Gesundheit befindet, da in solchen Wertebereichen stark konvexe Funktionsteile nicht auszuschließen sind.

Aus diesem Grund - und auch um trotz fehlender regionaler Differenzierung der Steuer lokale Belastungsspitzen zu vermeiden -, empfiehlt sich die Kombination einer Steuer mit Grenzwerten (z. B. Immissionsgrenzwerten), die den Wertebereich der Umweltbelastung, für die Steuern erhoben werden, nach oben begrenzt. Die Steuer wird somit im wesentlichen im Vorsorgebereich, d. h. als Instrument zur Verbesserung der Umweltqualität unterhalb von Grenzwerten und damit unterhalb von erheblichen Schädigungen, eingesetzt.

Um bei Einführung von Steuern zu erreichen, daß die Umweltnutzer die für sie optimalen Maßnahmen auch durchführen, können u. U. flankierende staatliche Maßnahmen (z. B. Behebung von Wissensdefiziten, Vereinfachung von Genehmigungsverfahren usw.) notwendig sein.

Zertifikate erfüllen die aufgestellten Kriterien dann in nahezu optimaler Weise, wenn sich die optimale Umweltschutzstrategie im Bereich eines Sprungs der Schadensfunktion oder eines Sprungs der Funktion der Grenzschäden befindet. Denn in diesen Fällen bleibt das optimale Umweltqualitätsniveau auch bei Änderungen der Kostenfunktion des Umweltschutzes gleich.

Bei konvexen Schadensfunktionen sind bei Veränderungen äußerer Rahmenbedingungen, die das Optimum verändern, Anpassungen, z. B. An- bzw. Verkauf von Zertifikaten erforderlich. Sind weder bei Zertifikaten noch bei Steuern Anpassungen vorgesehen, so gilt näherungsweise, daß Zertifikate theoretisch dann vorteilhaft sind, wenn in der Umgebung des Optimums der Betrag der Grenzschäden sich schneller ändert als der Betrag der 'Grenzkosten' der Emissionsminderung.

In der Praxis entstehen jedoch vermutlich bei Zertifikaten Abweichungen vom Optimum auf Grund von kurzfristigen Preisschwankungen. Ursache hierfür sind zum einen Preisschwankungen, wie man sie auch von der Wertpapierbörse her kennt. Darüberhinaus ergeben sich Probleme dadurch, daß die Umweltnutzer auf Umweltschutztechniken, in die sie investiert hatten, auf Jahre hinaus festgelegt sind, weil beim Abbau der Technik nur die variablen Kosten, nicht aber die Annuität der Investitionen eingespart werden. Die Umweltnutzer können daher auf kleinere Änderungen der Zertifikatpreise nicht - wie in der Theorie vorausgesetzt - mit entsprechenden Änderungen ihrer Umweltschutzmaßnahmen reagieren. Kurzfristige erhebliche Schwankungen des Zertifikatpreises sind die Folge.

Wie gezeigt wurde, können die dadurch entstehenden Abweichungen von der optimalen Umweltschutzstrategie dieselbe Größenordnung erreichen wie etwa Abweichungen, die durch begrenzte Berücksichtigung individueller Gegebenheiten bei Auflagen entstehen.

Zertifikate sind daher nur dann zu empfehlen, wenn Schwellenwerte der Schadensfunktion vorliegen, bei denen sich die Grenzschäden erheblich bzw. sprunghaft ändern. Voraussetzung dafür ist aber, daß man den Schwellenwert kennt. Ist zwar die Hypothese, daß ein Schwellenwert existiert, anerkannt, aber ist der Schwellenwert selbst nicht oder nur mit großer Unsicherheitsbandbreite bestimmbar, so ist in diesen Fällen eine Steuer vorzuziehen, soweit der Erwartungswert der Schäden durch eine lineare Schadensfunktion beschrieben bzw. angenähert werden kann.

Als weitere Voraussetzung für die Vorteilhaftigkeit der Einführung von Zertifikaten gilt, daß die Einheit der Umweltqualität, auf die sich der Schwellenwert bezieht, in einem linearen Zusammenhang mit der Einheit der Umweltnutzung, auf die sich die Zertifikate beziehen, stehen muß. Handelt es sich z. B. beim Schwellenwert um eine Schadstoffimmission oder -deposition, so kann dessen Überschreitung durch die Ausgabe von Emissionszertifikaten nicht sicher verhindert werden.

Unter Berücksichtigung der bestehenden Unsicherheiten sind Steuern, gegebenenfalls in Verbindung mit Grenzwerten, das universellere Instrument. Die Anwendung von Zertifikaten wird auf Spezialfälle beschränkt bleiben. Neben den bereits erwähnten Schwellenwerten können z. B. Varianten der Zertifikatlösung eingesetzt werden, wenn im internationalen Bereich eine zentrale Steuerbehörde nicht vorhanden ist oder nicht akzeptiert wird. Staaten könnten dann eingegangene Emissionsminderungsverpflichtungen (z. B. von Treibhausgasen) gegen zu vereinbarende Zahlungen an andere abtreten.

Auflagen haben gegenüber Steuern folgende Nachteile:

Die Abweichungen einer Auflagenstrategie von der optimalen Umweltschutzstrategie können, wie am Beispiel der Luftreinhaltung gezeigt wurde, erheblich sein. Außerdem entstehen Nachteile durch die eingeschränkte Anreizwirkung zur Erzielung technischen Fortschritts und die eingeschränkte Anpassungsfähigkeit an neue technisch fortgeschrittene Umweltschutzmaßnahmen.

Die Nachteile gegenüber Steuern lassen sich jedoch durch flankierende staatliche Maßnahmen verringern; diese Maßnahmen sind insbesondere:

- die Festlegung von möglichst differenzierten Auflagen,
- die Förderung des technischen Fortschritts beim Umweltschutz durch Förderung von Forschungs- und Entwicklungsvorhaben und von Demonstrationsprojekten,
- die rasche Anpassung von Auflagen an veränderte Rahmenbedingungen, insbesondere bei technischen Fortschritten.

Der Aufwand, um der optimalen Umweltschutzstrategie nahe zu kommen, ist allerdings wesentlich höher als bei Steuern.

Vorteilhaft ist bei der Auflage, daß es sich um ein eingeführtes Instrument handelt; Akzeptanzprobleme treten daher nicht auf, eine EG-weite Durchsetzung erscheint leichter möglich als bei Steuern. Inwieweit dieser Vorteil die genannten Nachteile aufwiegt, muß hier offen bleiben und ist im Einzelfall zu prüfen.

Subventionen für Umweltschutzmaßnahmen sind unabhängig vom gewählten Instrument zu vermeiden, da sonst umweltbelastend hergestellte Produkte ungerechtfertigt Wettbewerbsvorteile gegenüber Alternativen erhalten. Dies bedeutet, daß Zertifikate nicht kostenlos abgegeben werden sollten und Umweltsteuern, deren Ertrag dem allgemeinen Steueraufkommen zufließt, Abgaben, die zur Unterstützung von Umweltschutzmaßnahmen eingesetzt werden, vorzuziehen sind. Dies spricht auch gegen Auflagen, da bei Auflagen die nach Erfüllung der Auflage verbleibenden Umweltbelastungen für den Verursacher kostenlos sind.

Steuern und Zertifikate sind für die Umweltnutzer teurer als Auflagen, weil für die nach der Einführung der Umweltschutzmaßnahmen noch verbleibenden Umweltbeeinträchtigungen ebenfalls zu zahlen ist. Wird nun in einem EG-Staat eine Steuer erhoben, in einem anderen aber nicht, obwohl dort vergleichbare Schäden entstehen, kommt es zu Anpassungsreaktionen (z. B. Verlagerung von Produktion und Arbeitsplätzen), die Kosten verursachen, aber keinen Nutzengewinn bringen. Alle umweltpolitischen Instrumente sollten daher EG-weit einheitlich eingesetzt werden.

Die Zusatzeinnahmen des Staates durch Zertifikate und Steuern sollten - von etwaigen Mehraufwendungen für Verwaltung und Kontrolle abgesehen - durch allgemeine Steuersenkungen an anderer Stelle wieder ausgeglichen werden.

21. Die beschriebenen Grundsätze sollen durch ihre beispielhafte Anwendung bei der Verminderung von SO_2- und NO_x-Emissionen verdeutlicht werden. *Eine effiziente Luftreinhaltepolitik enthält danach folgende Elemente:*

- *Es wird eine Steuer für jedes kg emittierten Schadstoffs erhoben. Der Steuersatz ist konstant und wird bei allen Emissionsquellen, die den jeweils betrachteten Schadstoff emittieren, ohne Unterschied erhoben. In späteren Ausbaustufen sind regionale oder örtliche Differenzierungen der Steuer bei immobilen Quellen denkbar.*
- *Geht man von den derzeit erkennbaren Luftreinhaltezielen und den Kosten der derzeit verfügbaren Luftreinhaltetechniken aus, ist eine Festsetzung der Steuer auf ca. 3,50 DM - 4,50 DM pro kg SO_2 und 6,10 DM bis 7,90 DM pro kg NO_x sinnvoll.*
- *Die eingenommenen Steuern werden, soweit sie nicht zur Kompensation von Umweltschäden oder für die Steuerverwaltung und Kontrolle verwendet werden, durch allgemeine, nicht an der gezahlten Umweltsteuer orientierte Steuererleichterungen kompensiert.*
- *Als flankierende Maßnahmen werden den Betreibern von Emissionsquellen Informationen über Emissionsminderungsmaßnahmen, deren Einsatzbereiche und Kosten zur Verfügung gestellt; außerdem wird die Abnahme von Reststoffen garantiert.*
- *Zusätzlich werden Immissionsgrenzwerte festgelegt, die insbesondere dem Schutz vor Gefährdungen der menschlichen Gesundheit dienen sollen. Die Höhe der Grenzwerte und Meß- bzw. Berechnungsvorschriften können in Anlehnung an die Bestimmungen der TA-Luft vorgesehen werden.*

22. Um die bereitgestellten Entscheidungshilfen zur Identifizierung einer rationalen und effizienten Luftreinhaltepolitik weiter verbessern und erweitern zu können, ist die Weiterentwicklung von Modellen zur Abbildung der Ausbreitung und chemischen Umwandlung von Luftschadstoffen und insbesondere die Erforschung der quantitativen Zusammenhänge zwischen Luftschadstoffimmissionen und Schäden erforderlich.

Literaturverzeichnis

/1/ Staatsministerium Baden-Württemberg (Hrsg.): Bericht der Arbeitsgruppe 'Wirtschaftliche Entwicklung-Umwelt-Industrielle Produktion', Stuttgart 1986

/2/ Friedrich, R.; Mattis, M.; Voß, A.: Entstickung in sechs Schritten. Energiewirtschaftliche Tagesfragen 35 (1985), Nr. 1/2, S. 47-52

/3/ Friedrich, R.; Voß, A.; Ruff, E.: Fünf Vorschläge für reinere Luft. Energiewirtschaftliche Tagesfragen 34 (1984), Nr. 8, S. 597-601

/4/ Friedrich, R.; Boysen, B.; Mattis, M.; Voß, A.: Kosten-Effektivitäts-Analyse von Maßnahmen zur Reduzierung der SO_2- und NO_x-Emissionen in großen Städten am Beispiel der Stadt Stuttgart, in: VDI (Hrsg.): Umweltschutz in großen Städten, VDI-Verlag, Düsseldorf, 1987

/5/ Siebert, H.: Analyse der Instrumente der Umweltpolitik, Göttingen, 1976

/6/ Kabelitz, K. R.: Eigentumsrechte und Nutzungslizenzen als Instrumente einer ökonomisch rationalen Luftreinhaltepolitik, ifo-Studien zur Umweltökonomie 5, München 1984

/7/ Pigou, A. C.: The Economics of Welfare, 4th. ed., London, Maxmillan, 1932

/8/ Baumol, V. J.; Oates, W. E.: The Use of Standards and Prices for Protection of the Environment, in Swedish Journal of Economics, 73 (1971), S. 42-54

/9/ Siebert, H.: Ökonomische Theorie der Umwelt, D. Mohr, Tübingen, 1978

/10/ Wicke, L: Umweltökonomie, Verlag Vahlen, München 1982

/11/ Bonus, H.: Marktwirtschaftliche Konzepte im Umweltschutz, Ulmer Verlag, Stuttgart, 1984

/12/ Kabelitz, K. R.: Flexible Steuerungsinstrumente im Umweltschutz, Beiträge 119, Deutscher Instituts-Verlag, Köln 1983

/13/ Ewringmann, D.; Schafhausen, F.: Abgaben als ökonomischer Hebel in der Umweltpolitik, Berichte des Umweltbundesamts 8, Erich Schmidt Verlag Berlin, 1985

/14/ Deutscher Industrie- und Handelstag (Hrsg.): Mehr Markt im Umweltschutz, DIHT 221, 1985

/15/ Osterkamp, R.: Emissionsstandards und Emissionssteuern als alternative Instrumente der Umweltpolitik, ifo-Studien zur Umweltökonomie 1, München, 1984

/16/ Schelling, T. C. (ed).: Incentives for Environmental Protection, MIT-Press, Cambridge, London 1983

/17/ Pohl, H. G. (Hrsg.): Saubere Luft als Marktprodukt, Shell-Umwelt-Symposium, Verlag Bonn Aktuell, 1983

/18/ Schärer, B.: Ökonomische Wege zur Bekämpfung der Luftverschmutzung in den Vereinigten Staaten-Offset Policy, Bubble Policy, Emission Banking, Zfu 3/82, S. 237-250

/19/ Streets, D. G.; Garvey, D. B.; Grogang, P. J.; Hanson, D. A.; Carter, L. D.: A Regional, New Source Bubble Policy: Its Advantages Illustrated for the State of Illinois APCA-Journal, Vol. 34, No. 1, January 1984, S. 25-31

/20/ Rentz, O.; Ballreich, K.-L.; Haasis, H.-D.; Heer, W.: Erfassung der betrieblichen Auswirkungen von Luftreinhaltemaßnahmen bei Anwendung des Bubble-Konzepts. Bericht des Instituts für Industriebetriebslehre und industrielle Produktion, Universität Karlsruhe, 1985

/21/ Friedrich, R.; Boysen, B.; Müller, Th.; Obermeier, A.; Voß, A.: Emissionskataster: Kenntnisse und Lücken, GSF-Bericht 17/88, S. 76-97

/22/ Staatsministerium Baden-Württemberg (Hrsg.): Bericht der Arbeitsgruppe Energiebedarf-Umwelt-Kraftwerksbetrieb, Stuttgart 1983

/23/ Mattis, M.; Friedrich, R.; Voß, A.: Reinere Luft in Ballungsgebieten. Energiewirtschaftliche Tagesfragen (1988), Nr. 7, S. 540-544

/24/ Endres, A.: Umwelt- und Ressourcenökonomie, Wiss. Buchgesellschaft Darmstadt, 1985

/25/ Direct Desulphurisation of Residual Petroleum Oil, Concawe Report 5/82, Den Haag 1981

/26/ Anglens, M.; Schroth, G.: Entwicklung auf dem Gebiet der Rostfeuerungen, Vortrag auf dem VGB-Kongreß 'Kraftwerke 1985', Essen 1985

/27/ ECE (Hrsg.): NO_x Task Force - Technologies for Controlling NO_x Emissions from Stationary Sources, Juli 1986

/28/ Rentz, O.; Hackenberg, D.; Hillenbrand, R.: Informationssystem für Umwelttechnologien - Umwelttechnologie - Datenbank. 5. Statuskolloquium des PEF, KFK-PEF, Karlsruhe 1989

/29/ Fahl, U.: Input- Output-Analyse für Baden-Württemberg, internes Arbeitspapier, Institut für Kernenergetik und Energiesysteme, Universität Stuttgart, 1989

/30/ European Communities (Hrsg.): Energy and Environment - Strategies for Acid Pollutant Reduction, CEC, Brüssel, 1989

/31/ Friedrich, R.; Müller, Th.; Wartmann, R.: Energie und Umwelt - Grundlagen zur Entwicklung örtlicher und regionaler Energieversorgungskonzepte, Veröffentlichung der Forschungsgemeinschaft Bauen und Wohnen Nr. 164/85, Stuttgart 1985

/32/ Boysen, B.; Friedrich, R.; Müller, Th.; Scheirle, N.; Voß, A.: Erfassung stündlicher SO_2- und NO_x-Emissionen in Baden-Württemberg in einer räumlichen Auflösung von 1 x 1 km für die Zeit der TULLA Meßkampagne, Bericht KFK-PEF 21, Stuttgart 1987

/33/ Voß, A.; Friedrich, R.; et. al.: Perspektiven der Energieversorgung - Möglichkeiten der Umstrukturierung der Energieversorgung Baden-Württembergs unter besonderer Berücksichtigung der Stromerzeugung, Stuttgart, 1987

/34/ Fiedler, F.; Adrian, G.; Bär, M.; Hugelmann, C. P.; Nester, K.; Vogel, B.; Vogel, H.; Walk, O.: Transport von Luftverunreinigungen in Baden-Württemberg - Neueste Ergebnisse aus dem TULLA-Projekt -, in PEF (Hrsg.): 5. Statuskolloquium des PEF, KFK-PEF 50, April 1989, S. 551-564

/35/ Schulz, W.: der monetäre Wert besserer Luft, Frankfurt, Berlin, New York, 1985

/36/ Nester, K. et al.: Anwendung des DRAIS-Modells in den TULLA-Auswertungen, in PEF (Hrsg.): 4. Statuskolloquium des PEF vom 8.-10. März 1988, Bericht KFK-PEF 35, Karlsruhe, 1988, S. 575-587

/37/ Stern, R.: Das 'Transport and Deposition of Acidifying Pollutants' (TADAP)-Modell-Beschreibung und geplante Anwendung, in: Umweltbundesamt (Hrsg.): Athmosphärische Prozesse, Band 2, Texte 13/86, Berlin 1986

/38/ Heimann, D.: REWIMET - A/B Modellbeschreibung, Bericht der DLR-Institut für Physik der Atmosphäre, Oberpfaffenhofen, 1987

/39/ Ebel, A.; Neubauer, F. M.; Raschke, E.; Speth, P. (Hrsg.): Das EURAD-Modell: Aufbau und erste Ergebnisse, Mitteilungen aus dem Institut für Geophysik und Meteorologie der Universität Köln, Heft 61, Köln, 1989

/40/ Bundesministerium der Justiz: Richtlinie zur Durchführung von Ausbreitungsrechnungen nach TA Luft mit dem Programmsystem AUSTAL 86, Bundesanzeiger Jg. 39, Nr. 131 a, 21. Juli 1987

/41/ Sardemann, G.: Modellannahmen und Aufbau des Programms MESOS zur Berechnung des weiträumigen Transports von Luftverunreinigungen, Kernforschungszentrum Karlsruhe, Primärbericht Nr. 12.04.04 P03, Oktober 1985

/42/ Voß, A.; Friedrich, R.; Boysen, B.; Mattis, M.; Bach, G.; Claus, G.; Bässler, R.; Essers, U.; Greiner, E.; Besser, P.: Kosten-Effektivitäts-Analyse von Maßnahmen zur Reduzierung der SO_2- und NO_x-Emissionen in Ballungsräumen am Beispiel der Stadt Stuttgart, Kernforschungszentrum Karlsruhe, KFK-PEF 27, September 1987

/43/ Schneider, G.; Sprenger, R.-U. (Hrsg.): Mehr Umweltschutz für weniger Geld, ifo-Studien zur Umweltökonomie, Band 4, München, 1989

/44/ Külp, B.; Knappe, E.: Wohlfahrtsökonomik, Werner-Verlag GmbH, Düsseldorf, 1984

/45/ Chiang, Alpha C.: Fundamental Methods of Mathematical Economics, McGraw-Hill, Singapore, 1984

/46/ M. Krantz GmbH, Anlagenbau: persönliche Mitteilung, Aachen 1989

/47/ Sulzer Anlage- und Gebäudetechnik GmbH: Aufbau und Wirkungsweise der ACOM-Aktivators, Stuttgart, 1988

/48/ Wittig, S.; Spiegel, G.; Platzer, K.-M.; Willibald, U.: Simultane Rauchgasreinigung durch Elektronenstrahl, Kernforschungszentrum Karlsruhe, Bericht KFK-PEF 45, Karlsruhe, 1988

/49/ Baumbach, G.: Luftreinhaltung, Berlin, Heidelberg, 1990

/50/ Michek, H.: Rauchgasreinigung mit trockenen Sorbentien - Möglichkeiten und Grenzen, Chem.-Ing. Tech. 56, Nr. 11, 1984, S. 819-829

/51/ Quarles, J.; Lewis, W. M.: The NEW Clean Air Act; Morgan, Lewis and Bochins, Washington, D. C., 1990

/52/ Boysen, B.; Mattis, M.; Friedrich, R.,; Voß, A.: Kosten-Effektivitäts-Analyse von Maßnahmen zur Minderung von SO_2- und NO_x-Emissionen in Baden-Württemberg für alle Emittentengruppen,
Projekt Europäisches Forschungszentrum für Maßnahmen zur Luftreinhaltung (PEF), Bericht KFK-PEF 54, Karlsruhe, 1989

/53/ Ewrigmann, D.; Schafhausen, F.: Abgaben als ökonomischer Hebel in der Umweltpolitik, UBA-Bericht 8, Berlin, 1984

/54/ Friedrich, R.; Voß, A.: Emission Inventories and Cost-Effectiveness Analysis, the Base for Sound Environmental Control Policies,
In: J. Fenhann (ed.): Environmental Models; Emissions and Consequences; Amsterdam 1990

/55/ Friedrich, R.: Taxes as a Political Instrument for Air Pollution Control and their Impacts on the Energy Systems,
In: IAEE (Hrsg.): Integrated Energy Markets and Energy Systems; Conference Proceedings, Copenhagen, 1990

/56/ Heister, J.; Michaelis, P.; Mohr, E.: Praktische Einsatzmöglichkeiten für Zertifikate im Rahmen der marktwirtschaftlichen Umweltpolitik in der Bundesrepublik Deutschland und der EG, - Kohlendioxid -,
Manuskript, Institut für Weltwirtschaft, Kiel, 1990

/57/ Nichols, Albert, L.: Targeting Economic Incentives for Environmental Protection, Cambridge, London, 1984

Anhang

A1 Mögliche optimale Maßnahmen bei konkaven Kostenfunktionen der Emissionsminderung

In Kap. 2 wird unter anderem gezeigt, daß die Funktion der Kosten von Emissionsminderungen konkave Teilstücke aufweisen kann, d. h., daß die zusätzlichen Kosten zur Minderung einer weiteren Einheit Schadstoff mit zunehmender Emissionsminderung auch sinken können. Es wurde dann gesagt, daß **für ein Wohlfahrtsoptimum - bei konkaven Teilkurven - nur die Emissionsminderungen in Frage kommen, die durch obere Endpunkte der stetigen Teilkurven repräsentiert werden.**

Dies soll im folgenden bewiesen werden:

Dazu wird ein Emittent mit der Kostenfunktion der Schadstoffminderung K = f (EM) betrachtet. Dabei bezeichnet EM die Emissionsminderung. Es wird nun die Hypothese aufgestellt, daß ein Punkt P_o (K_o, EM_o), der sich innerhalb eines konkaven Teilstücks von f (EM) befindet, zu einem Wohlfahrtsoptimum gehört. Führt man eine marginale Änderung der Emissionsminderung ausgehend von P_o durch, so wird die Wohlfahrt einerseits durch die Änderung der Kosten dK, andererseits durch die Änderung des Schadens dS beeinflußt. Im Optimum muß gelten:

$$f'(EM_o) + S'(EM_o) = 0 \qquad \text{(A1.1)}$$

$$\text{mit} \quad f'(EM) = \frac{df(EM)}{dEM}$$

$$\text{und} \quad S'(EM) = \frac{dS(EM)}{dEM} \quad ,$$

denn sonst könnte man durch eine marginale Änderung der Emissionsminderung die Wohlfahrt erhöhen.

Wird nun die Emissionsminderung EM_o um einen Betrag ΔEM erhöht, so erhöhen sich unter Berücksichtigung des Taylorschen Satzes die Kosten um

$$\Delta K = f'(EM_o)\cdot\Delta EM + \frac{1}{2}f''(EM_o + \theta\cdot\Delta EM)\cdot(\Delta EM)^2 \qquad \text{(A1.2)}$$

mit $0 < \theta < 1$.

Die Schäden verringern sich um

$$\Delta S = S'(EM_o)\cdot\Delta EM + \frac{1}{2}S''(EM_o + \delta\cdot\Delta EM)\cdot(\Delta EM)^2 \qquad \text{(A1.3)}$$

mit $0 < \delta < 1$.

Die gesamte Wohlfahrt ändert sich dann unter Berücksichtigung von A1.1 um:

$$\Delta W = -\Delta K - \Delta S = -\frac{1}{2}(f''(EM_o + \theta\cdot\Delta EM) + S''(EM_o + \delta\cdot\Delta EM))\cdot(\Delta EM)^2 . \qquad \text{(A1.4)}$$

Da f konkav oder linear ist, ist f'' ≤ 0. Soll der Punkt P_o (K_o, EM_o) aber ein Optimum sein, so muß $\Delta W < 0$ sein.

Dies ist aber nur der Fall, wenn S konvex, also S'' > 0 und zudem S'' > | f'' | ist, d. h. wenn der marginale Schaden bei Erhöhung der Emissionen schneller wächst als die dabei eingesparten marginalen Kosten der Emissionsminderung. Ist dies nicht der Fall, z. B. bei linearer Schadensfunktion, so kommen offensichtlich nur die Endpunkte einer konkaven Kostenfunktion für ein Wohlfahrtsoptimum in Betracht.

Die für einen Emittenten getroffene Einschränkung hinsichtlich des Verlaufs der Schadensfunktion kann entfallen, sobald eine größere Zahl von Emittenten vorhanden ist.

Um dies zu zeigen, betrachten wir zwei Emittenten mit der Kostenkurve $K_1 = f_1$ (EM_1) und $K_2 = f_2$ (EM_2). Als Hypothese nehmen wir an, daß die Maßnahmen ($K_{1,0}$, $EM_{1,0}$) und ($K_{2,0}$, $EM_{2,0}$) zusammen eine optimale Minderungsstrategie bilden und beide auf einem konkaven differenzierbaren Teilstück der Kostenkurven f_1 und f_2 liegen.

Weiter wird angenommen - diese Annahme wird im folgenden noch näher erläutert -, daß

$$S(EM_1, EM_2) = S(EM_1 + \alpha\, EM_2) .$$

Dies bedeutet, daß bei einer Absenkung der Emissionen des Emittenten 1 um ΔEM_1 und gleichzeitiger Anhebung der Emissionen des Emittenten 2 um

$$\Delta EM_2 = -\frac{1}{\alpha}\Delta EM_1$$

der Schaden konstant bleibt.

Außerdem muß gelten, wenn ein Wohlfahrtsoptimum vorliegen soll:

$$\frac{df_1(EM_{1,0})}{dEM_1} - \frac{1}{\alpha}\frac{df_2(EM_{2,0})}{dEM_2} = 0 . \tag{A1.5}$$

Senkt man nun die Emissionen bei dem einen Emittenten um ΔEM_1 und erhöht sie beim zweiten Emittenten um

$$\Delta EM_2 = -\frac{1}{\alpha}\Delta EM_1 ,$$

so bleibt definitionsgemäß der Schaden konstant. Die Kosten ändern sich aber unter Berücksichtigung von A1.5 um:

$$\begin{aligned} \Delta K = \Delta K_1 + \Delta K_2 = \frac{1}{2}(f_1''(EM_{1,0} + \theta \Delta EM_1) \\ + \frac{1}{\alpha^2} \cdot f_2''(EM_{2,0} - \delta \frac{1}{\alpha}\Delta EM_1)) \cdot (\Delta EM_1)^2 \end{aligned} \tag{A1.6}$$

$$\text{mit} \quad 0 \le \delta < 1, 0 \le \theta < 1 .$$

Da f_1 und f_2 konkav sind, sind die zweiten Ableitungen kleiner als Null. Die Kosten nehmen daher ab bzw. die Wohlfahrt zu, die obige Hypothese muß also falsch sein.

Daraus folgt, daß **bei konvexer Schadensfunktion** die optimale Minderung nur bei einem von mehreren Emittenten innerhalb einer konkaven Kostenkurve liegen kann. Bei allen anderen Emittenten kommen nur die Unstetigkeitsstellen bzw. Endpunkte konkaver Kostenkurven für das Optimum in Frage.

Bei linearer oder konkaver Schadensfunktion gilt dies für alle Emittenten.

Da im folgenden immer eine größere Anzahl von Emittenten betrachtet wird, wird der Sonderfall, daß die optimale Maßnahme bei einem einzigen Emittenten innerhalb einer konkaven Kostenkurve liegt, vernachlässigt.

In praktisch allen Fällen kann zudem der linksseitige Endpunkt einer stetigen konkaven Teilkurve als optimaler Punkt ausgeschlossen werden, da von da ein Kostensprung nach unten zur nächsten Technologie erfolgt, die meist die gleichen Minderungen mit niedrigeren Kosten bewerkstelligt.

A2 Ermittlung einer Formel zur Berechnung der optimalen Minderungsstrategie bei konvexer Schadensfunktion

In Kap. 2 wurde für den Fall einer linearen Schadensfunktion (der Schaden ist proportional zu den Emissionen) abgeleitet, daß die optimale Emissionsminderungsstrategie für den Emittenten i die Maßnahme j enthält, für die gilt:

$$\sum_k \beta_{ik} EM_{ijk} - K_{ij} \stackrel{!}{=} \max. \tag{A2.1}$$

mit β_{ik} = konstanter Grenzschaden, der durch die Emission einer zusätzlichen Einheit des Schadstoffs k beim Emittenten i entsteht,

EM_{ijk} = Emissionsminderung des Schadstoffs k beim Emittenten i bei Durchführung der Maßnahme j,

K_{ij} = Kosten der Maßnahme j beim Emittenten i.

Eine entsprechende Gleichung läßt sich für den allgemeinen Fall eines konvexen und monoton steigenden Verlaufs der Schadensfunktion ableiten.

In diesem Fall gilt (entsprechend Gl. 2.6 und 2.7 in Kap. 2):

$$S = \sum_k \int_A s_k(I_k(\vec{r}), \vec{r})\, dA = \sum_k \int_A s_k((\sum_i \alpha_{ik} E_{ik}), \vec{r})\, dA \tag{A2.2}$$

mit

$$\frac{\partial s_k}{\partial I_k} = s_k^{\prime}(I_k) \geq 0$$

$$\frac{\partial^2 s_k}{\partial I_k^2} = s_k^{\prime\prime}(I_k) \geq 0 \,.$$

E_{ik} bezeichnet die Emission des Schadstoffs k durch die Emissionsquelle i, I_k die Immission des Schadstoffs k.

Setzt man Gl. (A2.2) in Gl. (2.4) ein, so erhält man:

$$\Delta W_q = \sum_k \int_A (s_k(I_{ok}, \vec{r}) - s_k(I_{qk}, \vec{r}))\, dA - \sum_i K_{iq} \stackrel{!}{=} max \tag{A2.3}$$

mit

$$I_{ok} = \sum_i \alpha_{ik} E_{iok}$$

$$I_{qk} = \sum_i \alpha_{ik}(E_{iok} - EM_{iqk})$$

und E_{iok} = Emissionen des Schadstoffs k beim Emittenten i ohne Minderungsmaßnahmen

I_{qk} = Immission des Schadstoffs k bei Durchführung der Minderungsstrategie q.

Sei $M_l = \{K_{il}, EM_{ilk}\}$ die optimale Emissionsminderungsstrategie.

Dann muß gelten:

$$\Delta W_l - \Delta W_q > 0 \quad \text{für} \quad q \neq l \tag{A2.4}$$

Setzt man Gl. (A2.3) in Gl. (A2.4) ein, so muß gelten:

$$\sum_k \int_A (-s_k(I_{lk},\vec{r}) + s_k(I_{qk},\vec{r}))dA - \sum_i (K_{il} - K_{iq}) > 0 \tag{A2.5}$$

$$\text{für} \quad l \neq q,$$

wenn M_l ein Maximum sein soll.

Definiert man:

$$\Delta I_k = I_{qk} - I_{lk} = \sum_i \alpha_{ik}(EM_{ilk} - EM_{iqk}), \tag{A2.6}$$

und setzt dies in Gl. (A2.5) ein, so erhält man:

$$\sum_k \int_A -s_k(I_{lk},\vec{r}) + s_k(I_{lk} + \Delta I_k,\vec{r}))dA - \sum_i (K_{il} - K_{iq}) > 0. \tag{A2.7}$$

Entwickelt man den Ausdruck s_k $(I_{lk} + \Delta I_k)$, so ergibt sich nach dem Taylorschen Satz aus Gl. (A2.7):

$$\sum_k \int_A (s_k'(I_{lk},\vec{r}) \cdot \Delta I_k + \frac{1}{2} s_k''((I_{lk} + \delta \Delta I_k),\vec{r}) \cdot \Delta I_k^2) dA - \sum_i (K_{il} - K_{iq}) > 0$$

für alle $q \neq l$ mit $0 \leq \delta < 1$.

Nun ist der Ausdruck

$$\int_A s_k''(I_{lk} + \delta \Delta I_k,\vec{r}) \cdot \Delta I_k^2 dA \tag{A2.9}$$

auf jeden Fall größer oder gleich Null, niemals aber kleiner als 0, weil ja s_k konvex, s_k'' also immer größer oder gleich Null ist.

Findet man daher eine Lösung für die Gleichung

$$\sum_k \int_A s_k'(I_{lk},\vec{r}) \cdot \Delta I_k dA - \sum_i (K_{il} - K_{iq}) > 0 \tag{A2.10}$$

$$\text{für alle} \quad q \neq l,$$

so ist damit auch Gl. A2.8 gelöst; denn wenn man zu dem positiven Ausdruck A2.10 den positiven Wert A2.9 hinzuzählt, so bleibt natürlich auch die Gesamtsumme positiv.

Mit der Definition A2.6 kann man Gl. A2.10 umformen in:

$$\sum_i \int_A s_k'(I_{lk},\vec{r}) \cdot \alpha_{ik}(\vec{r}) dA \cdot (EM_{ilk} - EM_{iqk}) - \sum_i (K_{il} - K_{iq}) > 0 \quad \text{(A2.11)}$$

für alle $q \neq l$.

Es wird nun definiert:

$$\beta_{ik}(EM_{ulk}) = \int_A s_k'(I_{lk},\vec{r}) \cdot \alpha_{ik}(\vec{r})\, dA \,. \quad \text{(A2.12)}$$

β_{ik} ist der Grenzschaden, der entsteht, wenn die Emissionen des Schadstoffs k beim Emittenten i - ausgehend vom Emissionsniveau im optimalen Zustand - um eine marginale Einheit angehoben werden.

Unter Berücksichtigung der Unabhängigkeit der Vektoren (EM_{iqk}/K_{iq}) eines Emittenten von den Maßnahmen bei anderen Emittenten kann Gl. A2.11 mit Gl. A2.12 in m Gleichungen separiert werden; die Formeln für die Berechnung der optimalen Minderungsstrategie M_q lauten dann.

$$\sum_k \beta_{ik}(EM_{uqk}) \cdot EM_{iqk} - K_{iq} \overset{!}{=} max. \quad \text{für alle i.} \quad \text{(A2.13)}$$

Damit ist formal derselbe Ausdruck wie in Gl. (A2.1) abgeleitet. Der Unterschied besteht darin, daß β_{ik} nun nicht konstant ist wie bei einer linearen Schadensfunktion, vielmehr hängt β_{ik} vom erreichten Immissionsniveau der betrachteten Strategie und damit der Emissionsminderung aller Emittenten ab.

Die Gleichungen A2.13 können jedoch in einem iterativen Verfahren mit verhältnismäßig geringem Aufwand gelöst werden. Mit festgelegten $\beta_{ik}(EM_{uqk})$ wird eine Startlösung ermittelt. Diese ergibt eine Emissionsminderungsstrategie M_r (K_{ir}, EM_{irk}). Mit entsprechend veränderten $\beta_{ik}(EM_{urk})$ wird eine neue Lösung berechnet usw..

Es bleibt noch zu prüfen, ob - wie vorausgesetzt - immer eine Lösung der Gl. A2.10 und damit der Gl. A2.13 existiert. Eine genauere Betrachtung dieser Frage zeigt, daß es bei *einem* von allen Emittenten hier unter ungünstigen Umständen zu Problemen kommen kann. So kann es theoretisch vorkommen, daß mit den Grenzschäden einer Strategie 1 eine Strategie 2 optimal wird, während umgekehrt mit den Grenzschäden von Strategie 2 die Strategie 1 als optimal errechnet wird, wobei sich Strategie 1 und 2 nur bei einem Emittenten unterscheiden. Dies liegt daran, daß die Immissionen nur in diskreten Schritten statt kontinuierlich vermindert werden können. Man erhält aber eine eindeutige Lösung, wenn man die optimale Immission und damit die Grenzschäden auf einen fiktiven optimalen

Punkt, der sich zwischen den Grenzschäden von Strategie 1 und 2 befindet, legt. Die Optimalität der so gefundenen Lösung bleibt davon unberührt.

Da dieses Problem keine Praxisrelevanz hat, wenn eine Vielzahl von Emittenten vorliegt, wird auf eine ausführliche Darstellung hier verzichtet (siehe Kap. 2.5). Es bleibt aber festzuhalten, daß eine Lösung der Gl. 2.25 immer existiert und daß diese Lösung - unter Berücksichtigung der getroffenen Annahmen über die Schadensfunktion - die optimale Emissionsminderungsstrategie, also die Strategie, die die Wohlfahrt maximiert, darstellt.

A3: Berechnung der Zielerreichung bei konvexer Schadensfunktion

Wie in Kap. 6.2 erläutert, mißt das Kriterium der Zielerreichung, wie nahe man bei Anwendung eines umweltpolitischen Instruments der optimalen Emissionsminderungsstrategie kommt.

Die Erfüllung des Kriteriums läßt sich quantitativ ermitteln durch die folgende Gleichung, die die Abweichung vom Wohlfahrtsoptimum ΔW_q angibt, wenn statt der optimalen Strategie j die Strategie q durchgeführt wird:

$$\Delta W_q = -\Delta S_q - \Delta K_q \qquad \text{(A3.1)}$$

mit $\Delta S_q = S_q - S_j$ = Differenz der Schäden, die bei den Minderungsstrategien q und j auftreten,

$\Delta K_q = \sum_i (K_{iq} - K_{ij})$ = Differenz der Kosten der Schadstoffminderung bei der Strategie q und j.

setzt man den Schaden wie in Gl. 2.6 definiert in diese Gleichung ein, so erhält man:

$$\Delta W_q = \sum_k \int_A (-s_k(I_{qk}, \vec{r}) + s_k(I_{jk}, \vec{r}))dA - \sum_i (K_{iq} - K_{ij}) \qquad \text{(A3.2)}$$

$s_k (I_{jk}, \vec{r})$ = Schaden am Ort $\vec{r}$ bei Vorliegen der Immission I_{jk} $(\vec{r})$,

I_{jk} $(\vec{r})$ = Immission des Schadstoffs k bei Emissionsminderungsstrategie j am Ort $\vec{r}$.

Mit Gl. A3.2 kann die Erfüllung des Kriteriums 'Zielerreichung' prinzipiell errechnet werden. Wie bereits mehrfach erwähnt, ist die Ermittlung der Schadensfunktion derzeit noch nicht möglich. Im folgenden wird daher eine Näherungsformel abgeleitet, in die nur der Wert des - festgelegten - Grenzschadens β_{ik}

(EM_{ijk}) im optimalen Zustand, nicht jedoch andere Werte der Schadensfunktion einfließen.

Definiert man

$$\Delta I_k = I_{qk} - I_{jk} = \sum_i \alpha_{ik}(EM_{ijk} - EM_{iqk}) \tag{A3.3}$$

und setzt dies in Gl. A3.2 ein, so ergibt sich

$$\Delta W_q = \sum_k \int_A (-s_k((I_{jk} + \Delta I_k), \vec{r}) + s_k(I_{jk}, \vec{r}))dA - \sum_i (K_{iq} - K_{ij}). \tag{A3.4}$$

Die Taylorentwicklung von s_k (I_{jk} + ΔI_k) ergibt

$$\Delta W_q = \sum_k \int_A (-s_k'(I_{jk}, \vec{r}) \cdot \Delta I_k - s_k''((I_{jk} + \delta \Delta I_k), \vec{r}) \cdot (\Delta I_k)^2) dA \\ - \sum_i (K_{iq} - K_{ij}) \tag{A3.5}$$

mit $0 \leq \delta < 1$.

Mit den Definitionen A3.3 und A2.12 ergibt sich:

$$\Delta W_q = \sum_{ik} \beta_{ik}(EM_{ijk})(EM_{iqk} - EM_{ijk}) \; - \varepsilon - \; \sum_i (K_{iq} - K_{ij}) \tag{A3.6}$$

$$\text{mit } \varepsilon = \sum_k \int_A s_k''((I_{jk} + \delta \Delta I_k), \vec{r}) \cdot (\Delta I_k)^2 dA .$$

ΔW_q muß kleiner oder gleich Null sein, denn eine Erhöhung der Wohlfahrt über den optimalen Fall hinaus ist natürlich nicht möglich. Der erste Term in Gl. A3.6 ist offenbar ein Maß für die Schäden, die entweder im Vergleich zum optimalen Fall zusätzlich entstehen, nämlich wenn $EM_{ij} < EM_{iq}$, oder aber zusätzlich vermieden werden (falls $EM_{ij} > EM_{iq}$); der zweite Term stellt den Kostenunterschied dar.

Weil s konvex ist, ist ε größer oder gleich Null. Bei linearer Schadensfunktion ist ε gleich Null.

Näherungsweise kann man nun die Zielerreichung bestimmen durch die Formel:

$$\Delta \tilde{W}_q = \sum_{ik} \beta_{ik}(EM_{iqk} - EM_{ijk}) - \sum_i (K_{iq} - K_{ij}), \tag{A3.7}$$

in der ε gleich Null gesetzt ist. In dieser Formel kommt nur der Grenzschaden im optimalen Fall, aber keine anderen Werte der Schadensfunktion vor.

Es gilt: $\Delta \tilde{W}_q = \Delta W_q$,

wenn die Schadensfunktion innerhalb der betrachteten Bandbreite der Emissionen linear ist, β_{ik} also konstant bleibt.

Ist die Schadensfunktion dagegen nicht linear, sondern streng konvex (ein konkaver Verlauf wurde bereits ausgeschlossen), so ist ΔW_q kleiner als $\Delta \tilde{W}_q$, der Betrag von ΔW_q also größer als der von $\Delta \tilde{W}_q$, weil ε in Gl. A3.7 größer als Null ist. Dies kann man sich auch anhand der Prinzipskizze in Abb. A3.7 leicht klarmachen.

Sind die Emissionsminderungen bei Strategie 1 kleiner, die Emissionen also größer wie bei der optimalen Strategie j, so gibt der Ausdruck

$$\beta_{ik} \left(EM_{ilk} - EM_{ijk}\right)$$

in Gl. A3.7 die Schadensdifferenz ΔS zu klein wieder, da er der Strecke AB und nicht der Strecke AC, die die tatsächlichen Zusatzschäden darstellt, in Abb. A3.1 entspricht.

Entsprechend wird bei Strategie 2 der Betrag des zusätzlich vermiedenen Schadens EF mit DF, also zu groß abgeschätzt.

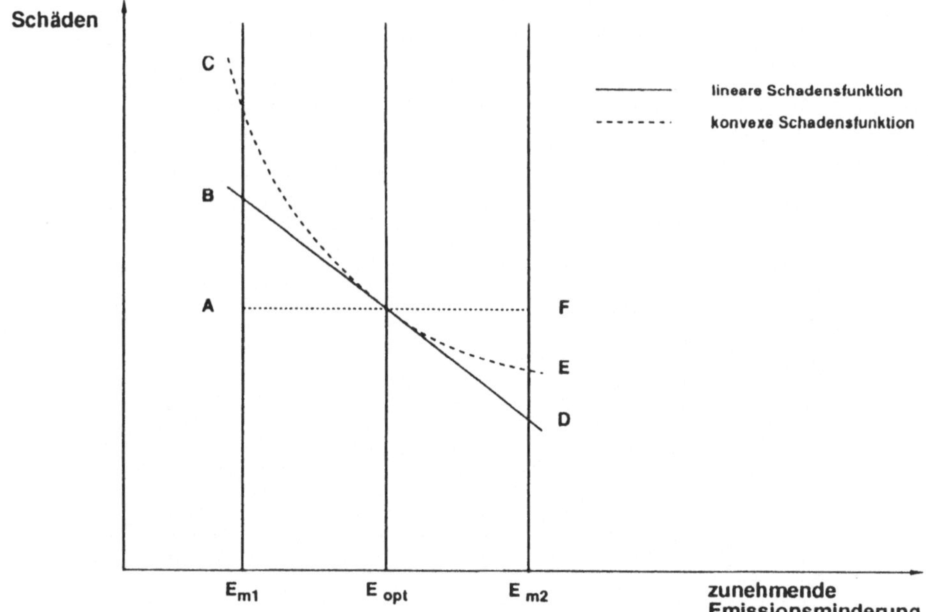

Abb. A3.1: Prinzipskizze zur Darstellung des Zusammenhangs zwischen Schadensänderung und Emissionsänderungen bei konvexer Schadensfunktion, siehe Text.

In beiden Fällen führt dies dazu, daß der Betrag der tatsächlichen Wohlfahrtsdifferenz ΔW größer ist als der nach Gl. A3.7 berechnete. Wegen des konvexen Verlaufs der Schadensfunktion kann Gl. A3.7 jedoch dennoch zur Bewertung und kardinalen Einordnung der Zielerreichung von Emissionsminderungsstrategien verwendet werden. Gilt nämlich:

$$\Delta \tilde{W}_1 > \Delta \tilde{W}_2 ,$$

so gilt auch

$$\Delta W_1 > \Delta W_2 .$$